生物生産工学概論

―これからの農業を支える工学技術―

近藤 直　清水 浩　中嶋 洋
飯田訓久　小川雄一

編著

朝倉書店

執 筆 者

清水　浩*	京都大学大学院農学研究科地域環境科学専攻	〔1, 8章〕
大角雅晴	石川県立大学生物資源環境学部生産科学科	
小川雄一*	京都大学大学院農学研究科地域環境科学専攻	〔10章〕
飯田訓久*	京都大学大学院農学研究科地域環境科学専攻	〔4, 6章〕
中嶋　洋*	京都大学大学院農学研究科地域環境科学専攻	〔2, 3章〕
川村周三	北海道大学大学院農学研究院生物生産工学分野	
佐藤禎稔	帯広畜産大学畜産学部地域環境学研究部門	
小宮道士	酪農学園大学農食環境学群循環農学類	
岡山　毅	茨城大学農学部地域環境科学科	
近藤　直*	京都大学大学院農学研究科地域環境科学専攻	〔5, 7, 9章〕

*は編著者，〔　〕内は編集担当章，執筆順．

まえがき

　今年は，1925年（大正14年）に日本で最初の農業機械学講座が京都大学（当時の京都帝国大学農学部農林工学科）に設立されてから88年目にあたる．ちょうど末広がりの数字で，今後の当該分野を占うような年に多くの編者，著者とともに本書を刊行できることは喜びに絶えない．その間の先達によって蓄積された農業技術，機械技術，工学技術の業績を垣間見ると，その偉大さに圧倒される．

　小職は典型的な第二種兼業農家の環境で育ったことから，当時の農繁期における三ちゃん農業（三ちゃんとはじいちゃん，ばあちゃん，かあちゃんのこと）を営む農家の「てんやわんや」ぶりと，50年間の農業機械の歴史を肌で感じてきた．少し振り返っただけでも以下のような感情，情景が蘇る——子供心ながら牛を使って田畑を耕す難しさ，稲刈りや田植えの腰を曲げる作業を長時間我慢できる大人の不思議，当時の過酷な労働条件で腰が曲がったまま伸びなくなってしまった老人，脱穀機を父親と2人で棚田から棚田へ移動させるときの肩の痛み，バインダの刈取りとノッタビルの結束作業の心地よさ，乗用型トラクタに乗る父親と圃場の周囲を鍬で耕す母親の作業分担の不条理さ，魔法を使っているかのごとく思えた田植機，コンバインが稲わらを切断する作業を初めて見たときのショック，新しい機械で作業を行ったときの家族の笑顔など．今では小さな棚田も基盤整備され，地域に設立された法人が補助金で購入した大型機械を使って作業する風景に取って代わられている．

　近年，米の消費量も当時の半分（成人1人あたり約60 kg/年）になり，農学部に入学してくる学生も米作をはじめとする農作業および米の知識に乏しくなったことを痛感する．大学や試験研究機関における農業機械学関連分野においても，従来の農業機械そのものを研究対象としているところは減少している．最近の京都大学における研究テーマのキーワードを羅列すると，植物工場，エネルギー，リモートセンシング，精密農業，農業ロボット，生産物の計測・検査，バイオセンサなどが挙げられ，農業機械や農業施設に関してはそのセンサの開発，自動化，知能化，情報化が主テーマとなってきた．対象作物も米などの穀物に加え，野菜や果実，さらには畜産物，水産物の生体に拡大されつつある．そのスケールも衛星画像やリモートセンシングのようなマクロなレベルから，細胞や分子間レベルの応答，食品や農産物中の物質特定といったミクロなレベルまで及んでいる．当該分野の研究機関においてアクティビティがこのように拡大を続けられるのは，工学という手法が幅広く，さまざまな現象を物理的に解析可能で多様な対象に適応できるからである．その対象も規格化された工業製品とは異なり，非常に興味深い反応を示す生物であることが，多くの研究者の心を引き付けている．

　本書は大学の農学部あるいは農業大学校の，初年次生あるいは2年生を対象とした教科書として書き下ろしたもので，当該分野で長年蓄積を行ってきた種々の農業機械をはじめ，現在も拡大しつつある広範な領域をカバーした入門書といえる．そのため，タイトルは「農業」を含む「生物生産」という意味で『生物生産工学概論』とした．この多様な対象をもつ分野の目指すところは「環境との調和を保ちながら豊かな生活ができるよう食料およびエネルギーの確保を行うこと」にある．そのようなことから，

本書では農業生産における大きな変革の立役者である農業機械および農業施設を体系的にまとめると同時に，近年拡大されつつある領域についても記述している．

　1章では農業に対する理解を深めるために，農業生産に関わる統計的データ，農業の多面的な役割などを述べ，2章ではエネルギーならびに農業機械の動力源である熱機関を中心に説明した．3章では稲作に関わる作業とそれらを行う機械についてトラクタ，田植機，コンバインを中心に記述し，4章では畑作に関わる各種作業とその機械について詳述した．5章では畜産業のための飼料とその生産用機械，給餌装置，畜産施設の概要について説明した．6章では近年多くの国で説かれている精密農業について，圃場管理，可変施肥機械，リモートセンシング，収量モニタリングに焦点を当てると同時に，畜産業，水産業への展開も加えている．7章では，近年の自動化を支えるロボット技術についてビークル型ロボットとアーム型ロボットに大別し，農業分野で研究，開発されたものを紹介した．8章ではグリーンハウスを中心とした施設栽培および近年大きなプロジェクトが進められている植物工場の概要，要素技術および事例などが述べられている．9章は，米および果実・野菜の共同施設について，確立された非破壊検査技術とともに各種作業を詳述している．10章として当該分野の新しい方向性を示す意味で，バイオセンサという章立てを付加し，今まであまり取り上げられてこなかった味覚，鮮度，微生物などをセンシングする手法，およびミクロな対象である分子どうしの相互作用を計測するセンサについても紹介した．付録には，正式に使うことは少なくなってきたものの今なお農業現場で実際に使う単位，および重要な専門用語についてまとめた．

　本書を読む学生および上述のように広範で多様な対象物を有する研究分野を学ぶ諸君には，1，2年生のうちに基礎的な科目（数学，物理，化学，生物など）をしっかりと学んで3，4年生になることを期待する．入試では理科2科目の選択をしている大学が多いが，高校で習っていない科目は特に労を惜しまず進んで習得することを推奨する．4年生の卒業研究や大学院修士・博士課程の研究においては，物理学，化学，生物学的アプローチは表裏一体であることが多い．それらの基礎学に基づき，自分の研究に介在する問題を多くの異なる側面から考察し，解決することに取り組んでほしい．

　本書の執筆にあたっては，写真，図などを多くの研究機関や企業の方々よりご提供頂いた．ここに記して関係各位にお礼申し上げる．また本書の出版にあたりご尽力いただいた朝倉書店の担当者の皆様に感謝申し上げる．

2012年8月

編者を代表して　　近藤　直

目　　次

第1章　農業とは …… 1
1.1　日本農業の現状 …〔清水　浩〕… 1
- 1.1.1　農家とは　　1
- 1.1.2　農家戸数の変遷　　1
- 1.1.3　農家の高齢化　　2
- 1.1.4　耕地面積の減少　　2
- 1.1.5　耕作放棄地の増加　　3

1.2　消費構造の変化と自給率 …〔大角雅晴〕… 3
- 1.2.1　食の洋風化　　3
- 1.2.2　社会構造の変化（共働きの増加）　　3
- 1.2.3　食料自給率　　4

1.3　農業労働，機械化およびエネルギー …〔大角雅晴〕… 5
- 1.3.1　農業労働　　5
- 1.3.2　農業機械の利用　　6
- 1.3.3　機械化の歴史と現状　　7
- 1.3.4　農業機械の安全性　　8
- 1.3.5　農業機械に必要な経費　　8

1.4　環境と健康への関わり …〔小川雄一〕… 9

第2章　エネルギーと動力 …… 13
2.1　エネルギー …〔飯田訓久〕… 13
- 2.1.1　エネルギー事情　　13
- 2.1.2　化石燃料　　13
- 2.1.3　原子燃料　　14
- 2.1.4　生物由来燃料　　15
- 2.1.5　自然エネルギーによる発電　　16

2.2　原動機 …〔中嶋　洋〕… 18
- 2.2.1　熱機関　　18
- 2.2.2　電動機　　19

2.3　ディーゼル機関 …〔中嶋　洋〕… 20
- 2.3.1　機関のサイクル　　20
- 2.3.2　主な構造　　20

2.4　ガソリン機関 …〔中嶋　洋〕… 21
- 2.4.1　機関のサイクル　　21
- 2.4.2　主な構造　　22

2.5　熱機関の性能と試験方法 …〔中嶋　洋〕… 22

第3章　稲作体系と農業機械 …… 25
3.1　ごはんのできるまで …〔大角雅晴〕… 25
3.2　稲作機械化体系 …… 25
- 3.2.1　耕うん整地　〔大角雅晴〕25
- 3.2.2　移　植　〔大角雅晴〕26
- 3.2.3　管　理　〔大角雅晴〕26
- 3.2.4　収　穫　〔大角雅晴〕26
- 3.2.5　乾燥調製貯蔵　〔川村周三〕26
- 3.2.6　精米（搗精）　〔川村周三〕27
- 3.2.7　炊　飯　〔川村周三〕27

3.3　トラクタ …〔中嶋　洋〕… 27
- 3.3.1　主な構造　　27
- 3.3.2　駆動作業とけん引作業　　29

3.4　田植機 …〔大角雅晴〕… 29
- 3.4.1　主な構造　　29
- 3.4.2　移植作業　　30

3.5　自脱コンバイン …〔飯田訓久〕… 31
- 3.5.1　主な構造　　31
- 3.5.2　収穫作業　　33

目　次

- 3.6　農業機械の走行力学 ………〔中嶋　洋〕…… 33
  - 3.6.1　走行装置の種類　33
  - 3.6.2　けん引力　34
  - 3.6.3　トラクタのけん引性能試験　34

第4章　畑作体系と農業機械 ……………………………………………………………… 36

- 4.1　わが国の畑作体系 ………〔佐藤禎稔〕…… 36
  - 4.1.1　畑作の現状　36
  - 4.1.2　主な畑作物の栽培カレンダー　37
- 4.2　大規模畑作体系 …………〔佐藤禎稔〕…… 38
  - 4.2.1　耕うん砕土整地作業機　38
  - 4.2.2　施肥・播種・移植機　41
  - 4.2.3　中耕除草作業機　44
  - 4.2.4　防除機　45
  - 4.2.5　収穫機　46
- 4.3　小規模畑作体系 …………〔飯田訓久〕…… 49
  - 4.3.1　野　菜　49
  - 4.3.2　果　樹　49
  - 4.3.3　花　き　50
  - 4.3.4　茶の生産　50

第5章　畜産機械 …………………………………………………………………………… 52

- 5.1　粗飼料収穫作業の概要と収穫調整機械
  ……………………………〔佐藤禎稔〕…… 52
  - 5.1.1　モーア　52
  - 5.1.2　テッダレーキ　53
  - 5.1.3　ヘイベーラ　53
  - 5.1.4　フォーレージハーベスタ　54
- 5.2　家畜飼料の種類と給餌 ……〔小宮道士〕…… 55
  - 5.2.1　飼料の種類　55
  - 5.2.2　サイロ　55
  - 5.2.3　調整と給餌　56
- 5.3　畜産施設と飼養管理機械 ‥〔小宮道士〕…… 58
  - 5.3.1　飼養管理方式と牛舎　58
  - 5.3.2　搾　乳　59
  - 5.3.3　糞尿処理　63

第6章　精密農業と情報化 ………………………………………………………………… 65

- 6.1　精密農業 …………………………………… 65
  - 6.1.1　精密農業の流れ　〔飯田訓久〕　65
  - 6.1.2　土壌調査　〔岡山　毅〕　66
  - 6.1.3　施肥コントロール　〔飯田訓久〕　68
  - 6.1.4　生育診断　〔大角雅晴・飯田訓久〕　69
  - 6.1.5　収量モニタリング　〔飯田訓久〕　72
  - 6.1.6　地理情報システム（GIS）
    〔飯田訓久〕　73
- 6.2　精密畜産 …………………………………… 74
  - 6.2.1　乳生産　〔小宮道士〕　74
  - 6.2.2　肉用牛生産　〔近藤　直〕　76
- 6.3　精密養魚 …………………〔近藤　直〕…… 79
  - 6.3.1　養殖の種類　79
  - 6.3.2　生簀と給餌システム　79
  - 6.3.3　生体計測システムと精密養魚　80

第7章　自動化・ロボット化 ……………………………………………………………… 83

- 7.1　ビークル型ロボット ………〔飯田訓久〕…… 83
  - 7.1.1　ビークル型ロボットシステムの構成　83
  - 7.1.2　農業機械での研究例　87
- 7.2　アーム型ロボット ………………………… 89
  - 7.2.1　アーム型ロボットシステムの構成
    〔近藤　直〕　89
  - 7.2.2　農業現場での実用例と研究例
    〔近藤　直・小宮道士〕　97

第8章　施設生産と生物環境 ･･････････ 104

- 8.1　はじめに ･･････････〔清水　浩〕･･･ 104
- 8.2　植物工場の概要と特徴 ････〔清水　浩〕･･･ 104
  - 8.2.1　定　義　104
  - 8.2.2　位置付け　104
  - 8.2.3　太陽光利用型・完全制御型　105
  - 8.2.4　露地栽培との比較　106
  - 8.2.5　栽培プロセス　106
- 8.3　要素技術 ･･････････〔清水　浩〕･･･ 106
  - 8.3.1　光環境　106
  - 8.3.2　人工照明の種類　107
  - 8.3.3　温度環境　108
  - 8.3.4　湿り空気線図　109
  - 8.3.5　葉面境界層　110
  - 8.3.6　養液栽培　110
- 8.4　環境要因が植物成長に与える影響
  ･･････････〔清水　浩〕･･･ 112
  - 8.4.1　光合成と限定要因　112
  - 8.4.2　光合成作用スペクトル　113
  - 8.4.3　光形態形成　114
  - 8.4.4　温　度　115
  - 8.4.5　湿　度　116
  - 8.4.6　二酸化炭素　116
- 8.5　植物工場の実用例と研究例
  ･･････････〔岡山　毅〕･･･ 117
  - 8.5.1　完全制御型植物工場「亀岡プラント」　117
  - 8.5.2　太陽光利用型植物工場「土浦グリーンハウス」　118
  - 8.5.3　店舗内に植物工場を併設した「サブウェイ野菜ラボ」　119
  - 8.5.4　有用物質生産のための「密閉型遺伝子組換え植物工場」　119

第9章　農産施設とトレーサビリティ ･･････････ 122

- 9.1　米の収穫後のプロセス ･･〔川村周三〕･･･ 122
  - 9.1.1　共同乾燥調製（貯蔵）施設　122
  - 9.1.2　精米工場　130
  - 9.1.3　米のトレーサビリティ　131
- 9.2　果実・野菜の選別施設 ･･〔近藤　直〕･･･ 132
  - 9.2.1　共同選果施設　132
  - 9.2.2　非破壊検査装置　135
  - 9.2.3　選果システムとトレーサビリティ　137

第10章　バイオセンサ ･･････････〔小川雄一〕･･･ 140

- 10.1　バイオセンサ概論　140
  - 10.1.1　バイオセンサの構成　140
  - 10.1.2　速度反応論　141
  - 10.1.3　生体分子の基本構造と結合　142
- 10.2　味覚センサ　143
- 10.3　鮮度センサ　145
- 10.4　微生物センサ　147
- 10.5　分子間相互作用計測　148
  - 10.5.1　水晶発振子マイクロバランスセンサ　149
  - 10.5.2　表面プラズモン共鳴センサ　150

付　録 ･･････････〔近藤　直〕･･･ 152
重要用語解説 ･･････････ 155
章末問題解答 ･･････････ 161
索　引 ･･････････ 167

第1章
農業とは

1.1 日本農業の現状

1.1.1 農家とは

農業とは，耕地や施設などにおいて植物を栽培・収穫したり，動物を飼育し乳製品や皮革，肉，卵を得て，人間が生きていく上で必要な食料などを生産する根幹産業である．この産業に従事し生計を立てている個人や家庭を農家というが，農家の区分には何通りかの方法がある．

まず耕地面積が10a以上，あるいは年間の農産物販売金額が15万円以上の個人世帯を農家と定義している．さらに，これらの中で世帯の全収入に対する農業収入の割合で分類した場合や，農業規模で分類した場合で呼び方が異なる．収入割合での分類では，すべての収入を農業収入に依存しており，農業以外の仕事をしている人（兼業従事者）がいない農家を専業農家，農業以外の収入もある農家を兼業農家と呼ぶ．兼業農家はさらに，農業収入が全収入の主たる部分を占める第一種兼業農家，農業以外の収入が主たる第二種兼業農家に分けられる．また農業規模による分類では，経営面積が30a以上，あるいは年間の農産物販売金額が50万円以上の農家を販売農家，30a未満かつ50万円以下の農家を自給的農家という．加えて，1年間で農業に従事している日数で分類する方法もある．

1.1.2 農家戸数の変遷

図1.1は，過去100年にわたる農家戸数の推移を示したものである．1930年代後半までは専業農家，兼業農家ともに安定した戸数で推移してい

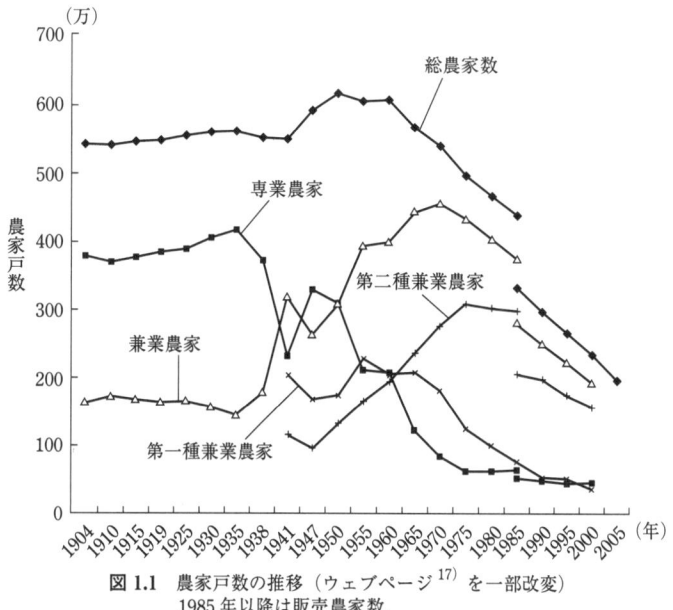

図1.1 農家戸数の推移（ウェブページ[17]を一部改変）
1985年以降は販売農家数．

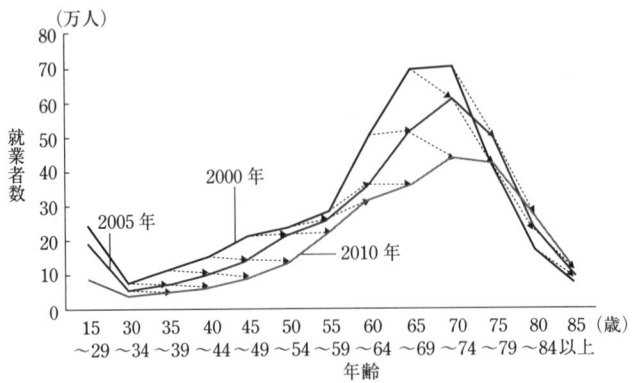
図 1.2　農業就業者の年齢分布（文献[12]より作成）

た．これは農業と工業のバランスが保たれていたことによる．しかし，1941～1945年までの第二次世界大戦を機に，この構造が大きく変化する．1947年にGHQの指揮下で日本政府によって実施された農地改革の結果，総農家数は増えたもののその内実は大きく変化し，経済発展とともに，専業農家が減少し兼業農家が増加した．また，兼業農家の中でも第二種兼業農家の数が大幅に増加し，1960年代後半には第一種兼業農家を上回った．これは，工業分野の発展とともに，農業所得に依存しなくても生計が成り立つようになったことを意味する．

また，1960年から農家総戸数は減少し続け，唯一増加していた第二種兼業農家数も1975年から増加傾向がなくなった．1985年からは第二種兼業農家数も減少し始める一方で，専業農家数は横ばいになっている．

1.1.3　農家の高齢化

農家総戸数が減少し続けていることは前述の通りであるが，この主たる要因の1つとして高齢化による離農がある．

2010年の農業就業者の平均年齢は65.8歳であり，65歳以上の者の割合が60%，75歳以上の者の割合が30%である．図1.2は2000年，2005年，2010年の農業就業者の年齢ヒストグラムであるが，2000年のグラフを10年分，2005年のグラフを5年分だけ右にシフトすると，50歳代までの年齢（2010年時点）では2010年のグラフとほぼ重なることがわかる．一方，60～65歳では増加しているが，これは定年後の就農によるものである．また70歳以上では減少し，75歳以上ではその減少傾向が著しくなっているが，これは高齢化による離農が原因であると考えられる．

1.1.4　耕地面積の減少

図1.3は全国の耕地面積（田畑計）の推移を示したものである．1960年以降は第二種兼業農家が増加し，専業農家および農家総戸数が減少している時期であるが，その減少傾向と同じように耕地面積も減っている．担い手がいなくなるという要因のほかに，工業用地や宅地などへの転用，耕作放棄などのかい廃がある．

また，作付延べ面積も減少しており，1995年

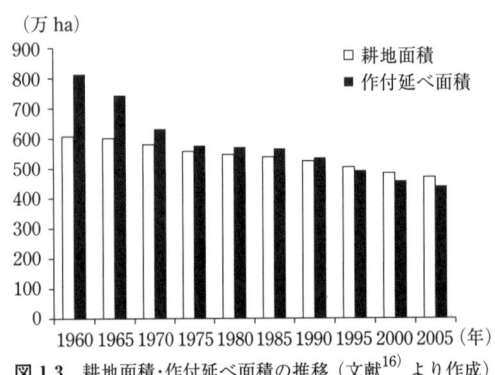
図 1.3　耕地面積・作付延べ面積の推移（文献[16]より作成）

からは耕地面積を下回っている．耕地面積に対する作付延べ面積の割合である土地利用率は，長期的には減少傾向にあり，1995 年以降は 100% を切る値となっている．この原因としては，米の生産調整による不作付地の増加や労働力の減少などが挙げられている．

1.1.5 耕作放棄地の増加

耕作放棄地とは，農家が一年以上作付けをせず，今後数年において再び耕作するというはっきりとした意思を示していない土地を指す．一方，1 年以上作付けをしなかったが，今後は再び耕作する意思を示している土地は不作付地と呼ばれ，**経営耕地**に含まれる．耕作放棄地は 1985 年までは約 13 万 ha でほぼ一定であったが，1990 年からは増加し続けており，2010 年には約 40 万 ha に達している（図 1.4）．

1.2 消費構造の変化と自給率

1.2.1 食の洋風化

戦後の食料不足を補うため，アメリカから小麦などの支援を受けたパン給食の実施などによって，外国の食文化が日本に入ってきた．それに伴い，肉，乳製品，卵，油脂，外国産果物の消費量が飛躍的に増えた結果，従来より日本の主食である米をはじめ，古くから食べられていた野菜などの消費量が減少してきている（図 1.5）．

1.2.2 社会構造の変化（共働きの増加）

戦後の経済成長期，男性のサラリーマン化，女性の主婦化が進んだが，近年は女性の社会進出が進み，女性就労者数も増加してきている．その結果，専業主婦家庭が減少する一方で共働き家庭が増加し，現在では共働き家庭が上回るようになっている（図 1.6）．

また，核家族化の進行による家族形態の変化に

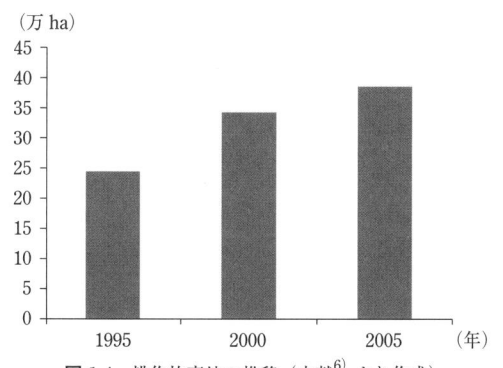

図 1.4 耕作放棄地の推移（文献[6]より作成）

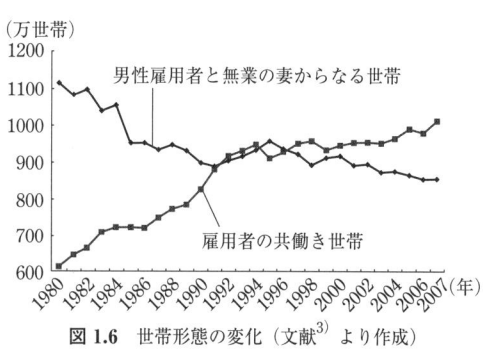

図 1.6 世帯形態の変化（文献[3]より作成）

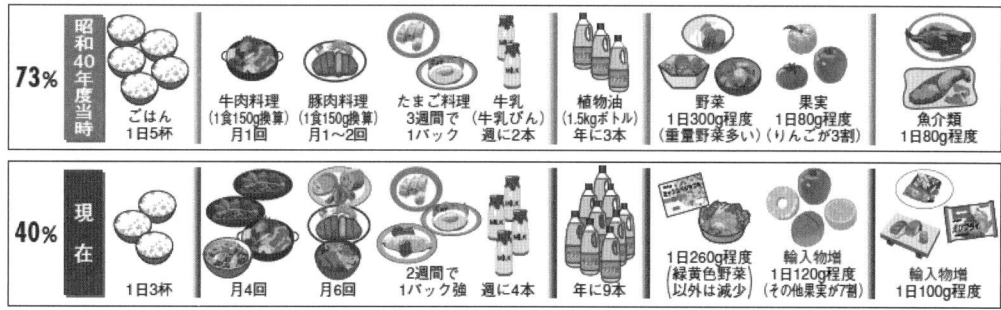

図 1.5 食生活の変遷（文献[6]より引用）

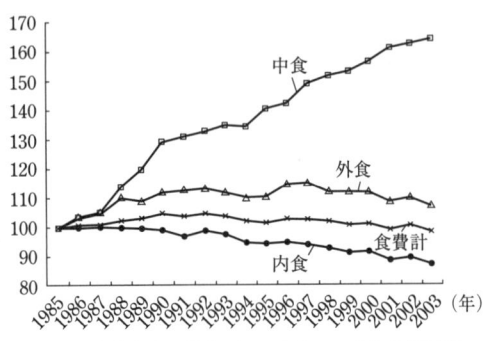

図 1.7 食費支出の推移（1985年を100とした相対値，ウェブページ[18] を一部改変）

よって，祖父母のような働き手以外の家族構成員が同居していないことから，夕食を自宅でつくる十分な時間がなくなり，外食や惣菜を購入して自宅で食べる中食が増加している．

図 1.7 は，1985年を基準とした外食，中食，内食への1人あたり実質消費支出の推移であり，中食のみが大きく伸びているのがわかる．上述の理由のほか，家庭での料理の簡便さや外食ほど経費がかからないことも，中食産業の市場規模拡大の要因と考えられる．

1.2.3 食料自給率
(1) 食料自給率の定義

食料自給率とは，国内における食料消費が国内の農業生産でどの程度まかなえているかを示す指標のことであり，生産品目別に示したものと食料全体を示したものがある．食料全体の自給率には，基礎的な栄養価であるエネルギーを評価する観点からのカロリーベースと，経済的価値を評価する観点の生産額ベースという，2通りの算出方法がある．

なお，輸入された飼料で育てた牛や豚などの畜産生産物は国産には算入しない．これは牛乳，卵，油についても同様である．

カロリーベースおよび生産額ベースの食料自給率の算出方法は以下の通りである．

カロリーベースの食料自給率（供給熱量総合自給率，2003年度）

$$= \frac{国民1人1日あたり国産熱量(1,029\,\text{kcal})}{国民1人1日あたり供給熱量(2,588\,\text{kcal})}$$
$$\times 100 = 40(\%) \qquad (1.1)$$

生産額ベースの食料自給率（2003年度）

$$= \frac{食料の国内生産額(10.6兆円)}{食料の国内消費仕向額(15.2兆円)}$$
$$\times 100 = 70(\%) \qquad (1.2)$$

(2) 食料自給率の変遷

図 1.8 を見ると，カロリーベースの食料自給率は，1965年の73%からしだいに減り続け，ここ数年は約40%という値になっている．一方，生産額ベースの食料自給率は，多少の増減を繰り返しながら86%（1965年）から69%（2010年）になっており，いずれも減少しているのが実態である．ただし，日本ではカロリーベースの食料自給率がよく議論に挙がるが，諸外国で自給率を議論するときには生産額ベースが多く用いられることも念頭に置いておく必要がある．カロリーベース自給率を指標とすることに対してはさまざまな意見があり，自給率に関する議論をするためには，一面的ではなく多面的な見方を養う必要がある．

図 1.9 は，現在までの1965年に対する品目別の比率を示しているが，米の生産額が減少し，野菜，鶏卵がほぼ同程度であることがわかる．一方，油脂類，牛乳・乳製品，肉類は飛躍的に増加している．

それでは，肉類（畜産物）や油脂を生産するためにどれくらい輸入原料に依存しているのであろ

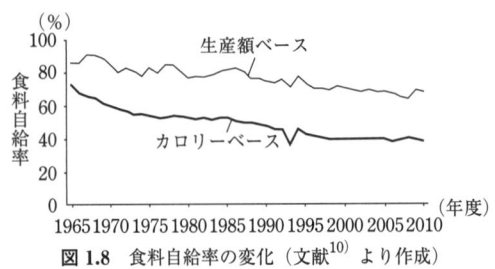

図 1.8 食料自給率の変化（文献[10] より作成）

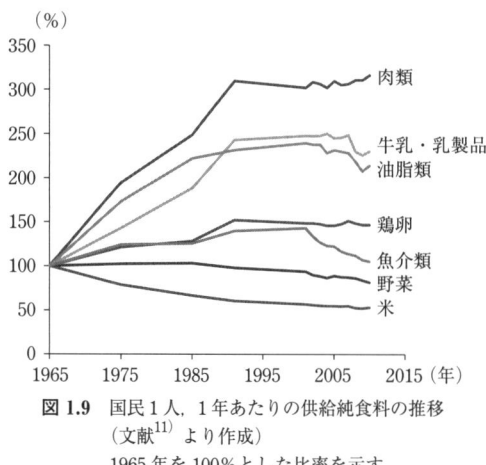

図1.9 国民1人, 1年あたりの供給純食料の推移（文献[11]より作成）
1965年を100%とした比率を示す.

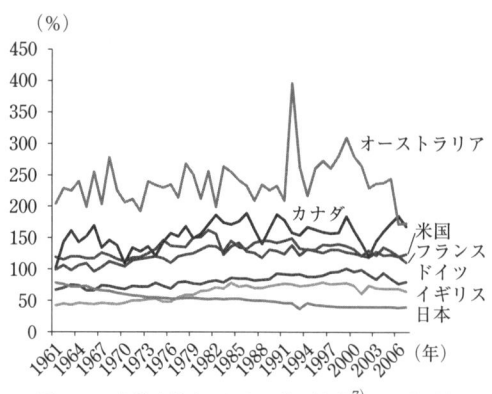

図1.11 食料自給率の国際比較（文献[7]より作成）

うか？　これについては非常にわかりやすい資料が公開されている（図1.10）. 例えば図中の豚肉では, 白い部分が外国で飼育された豚をそのまま輸入している割合, 灰色が輸入飼料で国内で飼育している割合, 黒色が国産飼料で国内で飼育している割合を示している. 純粋に国産といえるのはたった5%しかないわけである. 牛肉, 牛乳・乳製品, 鶏卵, 植物油脂についても表示は同様で, いずれも国産の割合が非常に少ないことがよくわかる.

(3) 食料自給率の国際比較

図1.11は主要国の食料自給率（カロリーベース）の過去約50年の推移を示したものである.

自給率が100%を下回っているドイツ, イギリス, 日本の3か国のうち, 日本のみが右下がりで減少し続けていることがわかる. ただし, このグラフはカロリーベースであり, 農産物全体を表しているわけではないことに注意しなければならない.

1.3　農業労働, 機械化およびエネルギー

1.3.1　農業労働

農耕の始まり以来, 農作業は人力で行われてきた. 人間は80W程度の動力しか出せないので, 農作業は比較的重労働である.

作業の強度は次式で計算されるエネルギー代謝

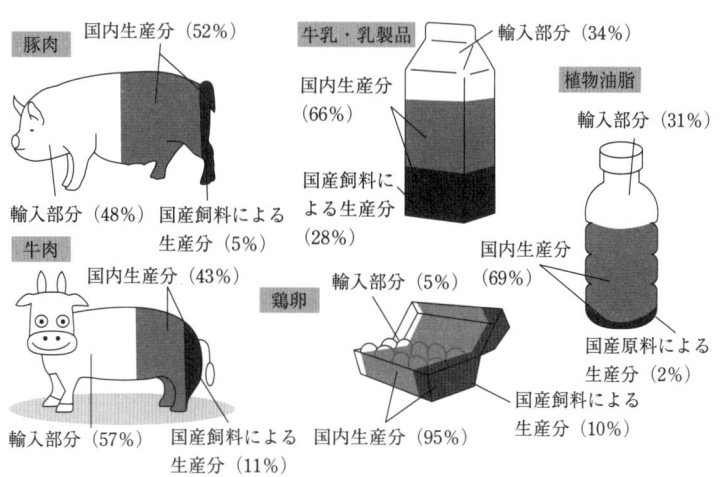

図1.10 農産物の輸入・国産割合（文献[8]より作成）

率（R.M.R.）で表される．

R.M.R. = (W − R)/B　　　　　　(1.3)

ここで，Wは労働代謝，Rは安静代謝，Bは基礎代謝である．労働代謝は作業中の消費熱量，安静代謝は作業前の準備状態における消費熱量，そして基礎代謝は外的な作業に関係なく常に消費される熱量である．一般にエネルギー代謝率が2以下を軽作業，2〜4を中程度作業，4〜7を重作業，7以上を激作業と呼んでいる．

例えば，稲作における耕うん作業のエネルギー代謝率は，鍬などを使用した人力作業の場合，6.0〜8.0で重・激作業に分類される．歩行トラクタを使用した場合は3.0〜4.0，乗用トラクタを使用した場合には1.0〜2.0にまで低減される．同様に田植えや収穫についても，乗用田植機や乗用コンバインを利用できるようになると，作業強度は中・重作業から軽作業へと低減された．

一方，農業機械が普及すると**労働生産性**は向上した．水稲の栽培と収穫物の調整に要する労働時間は，昭和初期では水田10 a あたり200時間程度であった．トラクタ，田植機，コンバインなどが順次開発されて普及が進み，さらにこれらの農業機械が作業しやすくなるように圃場整備が進められた結果，平成の時代には40時間程度にまで減少した（図1.12）．

水稲の収量は，品種改良が進められ，肥料や農薬などの生産資材が多く投入されるようになることで向上してきた．この肥料や農薬を能率的に散布する農業機械として，施肥機や防除機が使用されるようになった．

このように，農業機械は農作業強度の低減と，労働生産性の向上に貢献してきている．

1.3.2 農業機械の利用

農業機械とは，作物の栽培，家畜の飼育，農産物の加工調整に使用される機械のことであり，その分類方法にはいくつかある．例えば，土を耕すロータリーなどの直接農作業をする作業機械，作業機械に動力を供給する**内燃機関**（エンジン）などの原動機や，トラクタなどの動力機械に分けられる．また，水田や畑など圃場での作物生産に使われる圃場機械，収穫物の調整・加工に使われる農産機械，家畜の飼育に使用される畜産機械などに大別される．さらに，農業機械を使用する目的によって，耕うん整地用機械，移植用機械，収穫用機械などに分類したり，対象作物によって，稲作用機械，畑作用機械，飼料作物用機械などに分類する場合もある．

このように多種多様な農業機械が存在しており，現代農業は農業機械がなくては成り立たないといってよい．多種多様な農業機械が必要とされる背景には，次のような農作業の特徴がある．

①土壌，肥料，農薬，水，作物，家畜など働きかける対象が多種多様である．

②農産物を直接産出するのは作物や家畜であり，作物や家畜の状態に合わせ順序立てて作業を

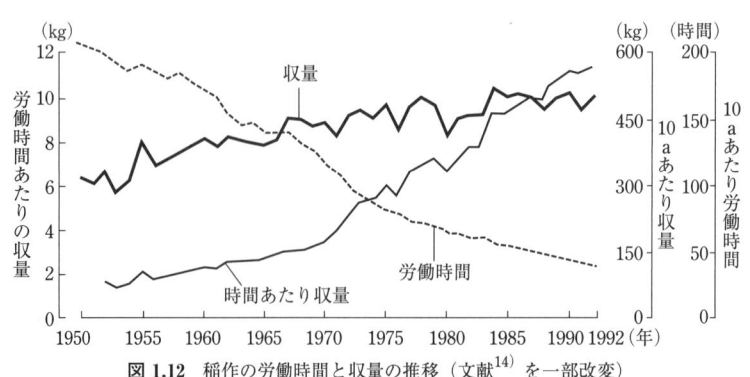

図 1.12　稲作の労働時間と収量の推移（文献[14]を一部改変）

行わなければならないという制約がある．

③作物や家畜などの生物を直接取り扱う場合が多く，それらを傷つけたり成長を損なわないように作業を行う必要がある．

農業生産においては多種多様な農作業が組み合わされ，適正な順序で実施されなければならない．この一連の農作業の組み合わせや実施順序を作業体系という．作業体系の中に各種の農業機械を組み込み，生産性の向上を実現した作業体系が機械化作業体系である．単に1つの手作業を1台の機械に置き換えるだけではなく，複数の作業を同時に1台の機械で実施したり，手作業の順番を変更して機械化しやすいようにしたりすることで，作業能率の向上が実現されている．

このような機械化作業体系の中で効率的に運用される農業機械は，次のような役割を果たす．

①労働強度を軽減し，労働生産性を向上させる．

②農作業の精度や質を向上させ，土地生産性（単位面積あたりの収量）を向上させる．

③適期作業を実現させ，農産物の収量と品質を向上させる．

1.3.3 機械化の歴史と現状

人類は農耕を始めて以降，さまざまな農機具をつくり，人力や畜力，そして風力や水力などの自然エネルギーを利用してきた．わが国でエンジンやモータの動力を利用した農業機械が開発されたのは明治の終わりごろであり，**灌漑・排水**，籾すりなどに使われた．昭和になると動力脱穀機や動力噴霧機が開発されたが，いずれも定置式の農業機械であった．耕うんなど，圃場を移動しながら行う作業が機械化されたのは第二次世界大戦後である．

1955年ごろから動力耕うん機が普及し，さらに1970年ごろからはわが国で独自に開発された田植機とバインダが普及し始め，これにより稲作の耕うん，移植，収穫の機械化作業体系が確立された．初期の機械は人が後ろをついて歩く「歩行型」であったが，その後乗用トラクタや乗用田植機，自脱コンバインが開発され人が乗って運転する「乗用型」が普及し，大型化が進むとともに作業能率はさらに向上した（図1.13）．

わが国の主食は米であるため，まず稲作用機械の開発が先行した．現在では育苗から移植，そして収穫から乾燥・調整までの一連の作業はすべて機械化されている．畑作についても，麦類や豆類についてはほぼ機械化作業体系が確立されている．芋類も機械化は進んでいるが，種芋の予措や育苗，収穫前の茎葉処理などに人力を要することが多い．野菜については種類が多く，収穫物が傷つきやすいことから機械化は遅れた．しかし葉菜類や根菜類の一部の野菜については，育苗用機械と移植用機械，そして収穫用機械が開発され，大規模産地では機械化が進んでいる．果樹についても種類が多く収穫物が傷つきやすいことに加え，傾斜地が多いこと，樹高が高いことなどから機械化が遅れている．農薬散布や運搬，収穫後の選別などの作業は機械化されているが，整枝・剪定作業や収穫作業など人力に頼らなければならない作業は多い．

農家戸数の減少や高齢化，外国産農産物との競争，消費者の要望など社会情勢が変化する中，農業機械の利用方法や機械自体のあり方も変化しつつある．例えば，さらなる作業能率の向上や労働

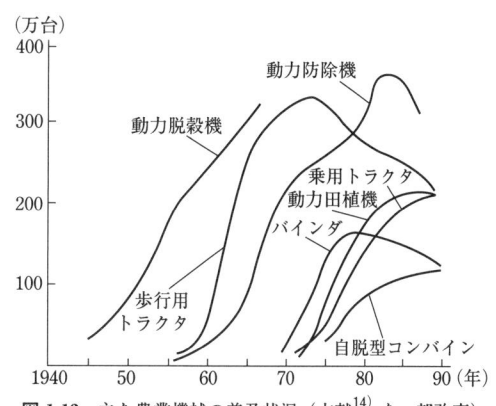

図1.13 主な農業機械の普及状況（文献[14]を一部改変）

力不足に対応するために，農業機械の複合化や自動化，そしてロボット化の研究開発が進んでいる．また，環境問題に対応し化学肥料や農薬の施用量をできるだけ少なくするための農業機械も，開発が進められている．精密農業と呼ばれるシステムはその代表例であり，農業機械が労働負荷の軽減ばかりではなく，農作業計画や農業経営を支援するための情報ツールとして拡張された例でもある．

1.3.4 農業機械の安全性

農業機械が普及し，大型化・高性能化が進むにつれ事故が発生した場合の被害も大きくなった．農林水産省の調査によれば，わが国の農作業中の死亡事故は年間 350 〜 400 件程度発生している．図 1.14 に示すように，このうち農業機械作業に関係する死亡事故は約 60 〜 80% 程度を占めている．農業機械の中で最も多いのは乗用型トラクタに関係する事故で，続いて歩行型トラクタ，農用運搬車の順になっており，これら 3 つの機械で 70 〜 80% を占める．事故原因としては機械の転落・転倒が最も多く，機械に挟まれたり，回転部分などへ巻き込まれたりする場合も少なくない．

事故が発生する要因は人的要因，環境的要因，機械的要因の 3 つに分類される．1 つの要因でも事故は発生するが，複数の要因が重なるとより重大な事故につながる．例えば，「降雨中に急カーブのアスファルト道路で（環境的要因），片側のブレーキが故障しているトラクタに乗り（機械的要因），運転者がスピードを出しすぎたためあわてて急ブレーキをかけた（人的要因）」場合，転倒事故が起こる可能性は非常に高くなる．

農業機械では安全性向上のため，設計段階から取り組みが進められている．例えば，トラクタには転倒した場合に備えて**安全フレーム**や**安全キャブ**，シートベルトが装備されており，運転者が転倒したトラクタの下敷きにならないような設計になっている．

農作業における安全については，国際的な条約，国内の法律や基準などの取り決めがある．日本国内で市販される農業機械については，性能，構造，耐久性および操作の難易度について評価判定する「型式検査」や，基準に適合する一定水準以上の安全性を有するかどうか判定する「安全鑑定」という制度がある．合格した機械にはそれぞれ「検査合格証票」や「安全鑑定証票」が貼り付けられている．

1.3.5 農業機械に必要な経費

農業機械は農作業能率を向上させ軽労化してくれるが，利用するためには経費がかかる．機械を利用するために年間に必要となる経費を機械利用経費といい，固定費と変動費に分類される（図 1.15）．

固定費は，機械を使用しなくても所有するだけで必要となる経費である．償却費，資本利子，税金，保険料，修理費，格納費などがこれに該当する．変動費は運転経費とも呼ばれ，機械を使用す

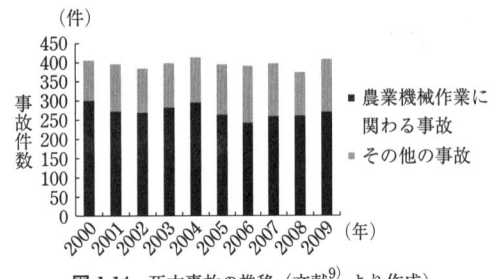

図 1.14 死亡事故の推移（文献[9]より作成）

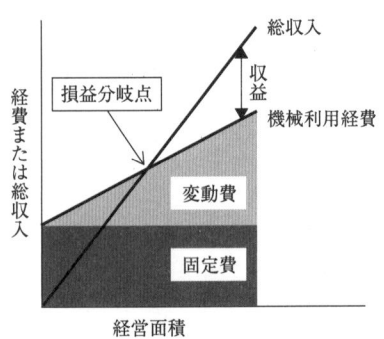

図 1.15 経営面積と機械利用経費

ることによって発生する経費である．燃料費，潤滑油費，資材費，人件費などがこれに該当する．

農業経営における経費は，機械利用経費のほかにも肥料費や農薬費など多くの種類があるが，ここでは機械利用経費のみに着目すると，固定費と変動費の関係は図1.15のようになる．固定費は経営面積に無関係で一定となり，変動費は経営面積にほぼ比例して増加し，総収入も経営面積にほぼ比例して増加する．総収入線と機械利用経費線の交点を損益分岐点と呼び，この点より経営面積が大きいと，総収入が機械利用経費より多くなるため収益が生じる．

新規に機械を購入する場合は，性能などの技術的な面だけではなく，経済的な面の検討も行い，最終的な収益を考慮する必要がある．例えば，高性能な機械を導入する場合は作業能率が向上し，人件費などの変動費は低減できるが，償却費などの固定費が増加する．また機械利用経費線が変わり損益分岐点も移動するため，経営面積を増加させないと収益が悪化する場合もある．

1.4 環境と健康への関わり

「農業」は，食料確保のために農産物を生産するだけでなく，その活動を通じて自然環境の保全，伝統文化や食文化の継承，地域社会の形成など多面的な役割を担っている（図1.16）．

特に環境面に対しては，農業的な土地利用が物質循環系を補完することによる環境への貢献が挙げられる．例えば，水田や畑は水を制御する機能を有しており，大雨時の河川の氾濫を抑え，洪水を防ぐ働きがある（図1.17）．また，傾斜地に切り開かれた水田の水や畑に植えられた植物体は，風雨による土壌浸食を防止する働きをもっており，土砂の流失や飛散を抑え，土埃のない清浄な空気を確保するなど，下流や風下の環境保全につ

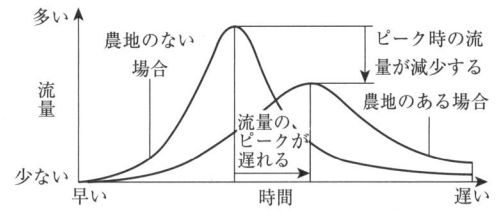

図1.17 河川のピーク流量の軽減効果（文献[15]より作成）

---

1 持続的食料供給が国民に与える将来に対する安心

2 農業的な土地利用が物質循環系を補完することによる環境への貢献
　1）農業による物質循環系の形成
　　（1）水循環の制御による地域社会への貢献
　　　　洪水防止／土砂崩壊防止／土壌侵食（流出）防止／河川流況の安定／地下水涵養
　　（2）環境への負荷の除去・緩和
　　　　水質浄化／有機性廃棄物分解／大気調節（大気浄化／気候緩和など）／資源の過剰な集積・収奪防止
　2）二次的（人工の）自然の形成・維持
　　（1）新たな生態系としての生物多様性の保全等
　　　　生物生態系保全／遺伝資源保全／野生動物保護
　　（2）土地空間の保全
　　　　優良農地の動態保全／みどり空間の提供／日本の原風景の保全／人工的自然景観の形成

3 生産・生活空間の一体性と地域社会の形成・維持
　1）地域社会・文化の形成・維持
　　（1）地域社会の振興　（2）伝統文化の保存
　2）都市的緊張の緩和
　　（1）人間性の回復　（2）体験学習と教育

図1.16 日本学術会議の答申で示された農業の多面的機能（文献[15]より作成）

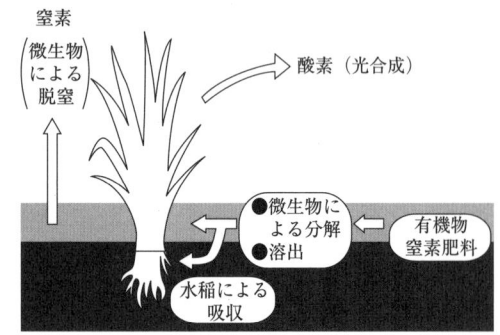

図 1.18　水田の水質浄化機能（文献15)より作成）

ながっている．水田に利用される灌漑用水や雨水の多くは地下に浸透し，時間をかけて河川に還元される．このようにして生じる時間遅れによって，河川の流量が安定に保たれ，都市用水などに再利用されている．

さらに，農地で栽培される作物は光合成や蒸発散によって光や熱を吸収し，気温を下げる働きがある．特に水田は水面からの蒸発により気候の変動を緩和する．また，大気中の有毒ガスや亜硫酸ガス，二酸化窒素などを吸収する働きも認められており，二酸化炭素を吸収して酸素を発生させるだけでなく，大気汚染物質の無害化にも寄与している．水田では，水中や土の中の微生物が水の中に含まれている有機物を分解し，稲などの作物が窒素を吸収するほか，微生物の働きにより窒素分を取り除き（脱窒），水質を浄化する機能がある（図 1.18）．

わが国では，このように多面的な役割をもつ農業を有効に活用し，環境，資源（天然資源，食料資源など）やエネルギーなどに関わる地球規模での課題解決に貢献することが求められ，グリーン・イノベーションに向けた農林水産研究として，循環型食料生産やバイオマスの利活用，農林水産業における地球温暖化への適応などへの研究開発が必要とされている．一方，同様に食料生産を担う農業は国民の健康に対する役割も担っており，ライフ・イノベーションにおける農林水産研究として，予防医学における食品の機能性の活用や，生物機能を活用した医療分野への展開が求められている．

近年，消費者の健康志向は大きなブームとなっており，さまざまな食品や農産物と健康との関わりはますます重要視されている．従来，食べ物の価値は栄養特性や嗜好特性を中心に議論されてきたが，1984～1986 年にかけて実施された文部省特定研究「食品機能の系統的解析と展開」において，食品の役割を身体に対する働き（機能）から見る「機能性食品」という新たな概念が提唱され，一次機能：栄養機能，二次機能：感覚機能，三次機能：生体調整機能の 3 つの機能について研究が行われた．この結果，さまざまな食品成分に第三の機能である生体調整機能が見出された．こういった成分を強化した加工食品は「機能性食品」と呼ばれ，現在も多くの食品メーカーが開発し，製品化している．この効果は，栄養学的，医学的にも立証される必要があるが，一般の食品として販売されるため，法制度上薬事法で定められる医薬品とは大きく分けて考える必要がある．そこで，厚生労働省は食生活の改善を促し国民の健康増進に役立てるため，保健機能食品制度を導入し，図 1.19 に示すような仕分けがつくられた．日常摂取している野菜や果物，乳製品，魚介類などにもさまざまな機能性をもつ成分が含まれており，これらも広い意味での機能性食品といえる（表 1.1）．

一方，諸外国における機能性食品の食品ごとの明確な定義はないが，米国では「従来の栄養素の機能を超えて健康効用を提供する可能性のあるすべての加工食品，または加工食品素材」とし，EU では「身体における 1 つないしそれ以上の生

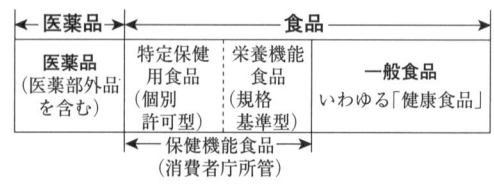

図 1.19　医薬品と食品の区分（ウェブページ4)より作成）

表 1.1 機能性成分を含む主な食品，期待される機能と機能性成分[5]

由来の食品	期待される機能	関与する成分
牛乳	免疫増強 カルシウム吸収促進 脳神経鎮静 血圧降下 抗感染（抗菌）	カゼイン由来のオリゴペプチド カゼイン由来のスホペプチド カゼイン由来のオピオイドペプチド カゼイン由来のオリゴペプチド ラクトフェリン
米	抗酸化 抗感染（抗菌） 血圧降下	ガンマオリザノール オリザシスタチン γ-アミノ酪酸
小麦	免疫増強 抗アレルギー 脳神経鎮静	リポ多糖類 グルテイン由来のハプテンペプチド グルテイン由来のエキソルフィン
大豆	インシュリン作用増強 がん予防，脂質代謝改善 血圧降下	グリシニン イソフラボン グリシニン由来のオリゴペプチド
茶	抗アレルギー 抗酸化 がん予防	ポリフェノール類 ポリフェノール類 ポリフェノール類
野菜	がん予防 免疫増強 メラニン産生制御	β-カロテン，アスコルビン酸，糖タンパク質 野菜（抽出物） 高分子成分，クロロゲン酸
カンキツ類	抗酸化 がん予防	ポリフェノール類 アスコルビン酸，オーラプテン，β-クリプトキサンチン
ゴマ	抗酸化 脂質代謝改善 肝機能改善	セサミノール ゴマセサミン ゴマセサモリン
エビ・カニ	免疫増強 血圧降下	キチン キトサン
シイタケ	免疫増強	β-1,3-グルカン
納豆	カルシウム吸収促進	メナキノン 7（ビタミン K_2）
トウガラシ	アドレナリン分泌	カプサイシン
青魚	抗血栓	エイコサペンタエン酸（EPA）

理機能に好ましい影響を与える食品成分（栄養素を含む）を含んでいる食品」としている．なお，機能性食品の定義そのものについての本質的な違いはないが，米国では機能性食品とは別に「ニュートラシューティカル（食品，栄養補助食品，薬草（ハーブ）製品などに含まれ，健康増進，病気予防または医薬的特性のある天然の生理活性化合物）」と定義される区分がある．これらは，わが国やEUでは機能性食品の範疇としているものの，米国においては機能性食品には属さない別のカテゴリーとして取り扱っている．

このように，機能性成分が明らかになるにつれて，食品がサプリメントや栄養補助食品などへ多様化するとともに，農産物生産においてもこれらの含有量を多くするための栽培様式や品種の開発なども精力的に行われるようになり，植物工場などによる効率的な機能性成分の生産についても検討されている．これからの農業には，従来の多面的な機能に加えて，国民の健康に資する機能性物質の生産や，医薬品開発のための原材料探索など，新たな利活用を視野に入れた役割も期待されている．

◆章末問題

1. 日本のカロリーベースの食料自給率が1965年以降低下している要因について述べなさい．
2. 農業機械の農業における役割について述べなさい．
3. 稲作用農業機械の歴史について述べなさい．
4. 水田のもつ大気調節機能について説明しなさい．
5. 食品のもつ3つの機能を答えなさい．

◆参考文献

1) 藍 房和ほか（2007）新版 農業機械の構造と利用，p.2-14, 農山漁村文化協会．
2) 長谷川明宏・茂木伸一（2002）科学技術動向2002年3月号，文部科学省科学技術政策研究所科学技術動向研究センター．
http://www.nistep.go.jp/achiev/ftx/jpn/stfc/stt012j/feature2.html
3) 厚生労働省（2009）共働き世帯の増加．
http://www.mhlw.go.jp/shingi/2009/06/dl/s0608-11c_0013.pdf
4) 厚生労働省，「健康食品」のホームページ．
http://www.mhlw.go.jp/seisakunitsuite/bunya/kenkou_iryou/shokuhin/hokenkinou/
5) 農林水産技術会議（2002）農林水産研究開発レポート，（4）：5.
6) 農林水産省（2007）平成18年度食料・農業・農村白書．
http://www.maff.go.jp/j/wpaper/w_maff/h18/index.html
7) 農林水産省（2007）世界の食料自給率．
http://www.maff.go.jp/j/zyukyu/zikyu_ritu/013.html
8) 農林水産省（2008）「食料の未来を描く戦略会議」資料集．
http://www.maff.go.jp/j/study/syoku_mirai/pdf/data2-2.pdf
9) 農林水産省（2011）平成21年の農作業死亡事故について．
http://www.maff.go.jp/j/press/seisan/sien/pdf/110502-01.pdf
10) 農林水産省（2011）平成22年度食料自給率をめぐる事情．
http://www.maff.go.jp/j/zyukyu/zikyu_ritu/pdf/22slide.pdf
11) 農林水産省（2011）平成22年度食料需給表．
http://www.maff.go.jp/j/zyukyu/fbs/pdf/22sankou3.pdf
12) 農林水産省（2011）平成22年度食料・農業・農村白書 概要．
http://www.maff.go.jp/j/wpaper/w_maff/h22/pdf/g_2_3.pdf
13) 農林水産省，統計情報．
http://www.maff.go.jp/j/tokei/
14) 農林水産省農林水産技術会議事務局・昭和農業技術発達史編纂委員会編（1993）昭和農業技術発達史第2巻 水田作編，農山漁村文化協会．
15) 農村振興局農村環境課（2005）21世紀への提言 Solution 農業・農村の多面的機能を見直そう．
http://www.maff.go.jp/j/pr/annual/pdf/nousin_05.pdf
16) 政府統計の総合窓口 GL08020103.
http://www.e-stat.go.jp/SG1/estat/List.do?lid=000001061493
17) 社会実情データ図録，農家数・専兼別主副業別農家数の長期推移．
http://www2.ttcn.ne.jp/honkawa/0520.html
18) 社会実情データ図録，食費支出の推移（内食，中食，外食，エンゲル係数）．
http://www2.ttcn.ne.jp/honkawa/2350.html
19) 生源寺眞一（2008）農業再建 真価問われる日本の農政，岩波書店．

第2章

エネルギーと動力

2.1 エネルギー

2.1.1 エネルギー事情

わが国のエネルギー消費量は，アメリカ，中国，ロシア，インドについで世界で第5位であり，全世界で消費される**一次エネルギー** 127.7億 t（石油換算）のうち4%を消費している（図2.1）．

また，日本の一次エネルギー供給量の内訳は，主に石油，石炭，天然ガスなどの化石燃料と，原子力によりまかなわれている（図2.2）．新エネルギーとは，太陽光，風力，地熱，および**バイオマス**などを指す．化石燃料の使用は温室効果ガス CO_2 を発生し，環境負荷が大きいため，わが国では原子力や新エネルギーによる供給量の増大が進められてきた．しかし，2011年3月11日の東日本大震災に伴う福島第1原発事故により，原子力の利用が大きく見直されている．

2.1.2 化石燃料

石油，石炭，および天然ガスなどは化石燃料と呼ばれ，地質時代に動植物が太陽エネルギーを固定したものと考えられている．石油とは，原油と

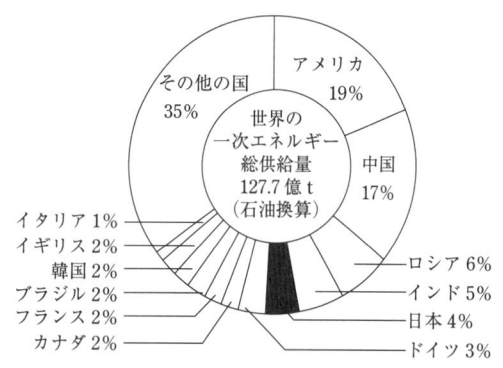

図 2.1 世界の一次エネルギー消費
（2008年，文献[1]より作成）

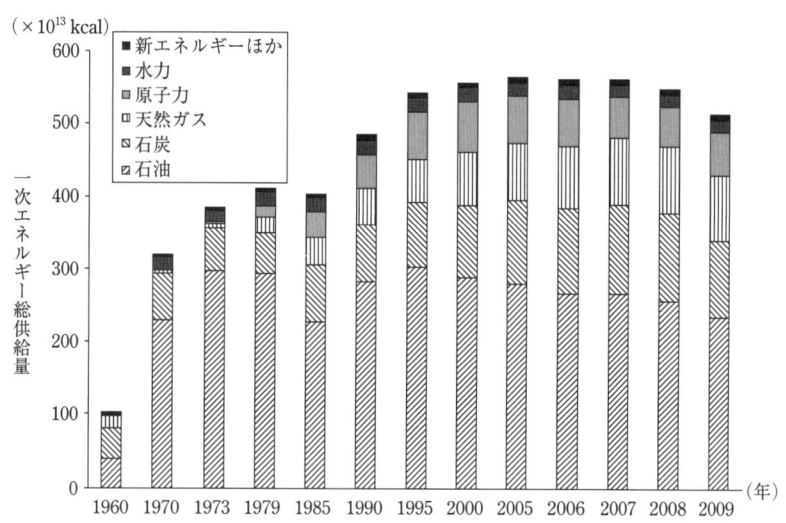

図 2.2 日本の一次エネルギー供給量（文献[5]より作成）

その加工製品の総称である．原油からは，ガソリン，軽油（ディーゼル油），重油，灯油，および液化石油ガス（LPG）などの石油燃料が製造される[9]．これらは沸点の違いにより，液化石油ガス，ガソリン，灯油，軽油，重油，および残渣油に分けられ，精製工程で蒸留，改質，分解，および混合して製造される．

農業生産の現場で多く使用される農業機械は，ガソリンや軽油を燃やして回転力を発生する内燃機関（エンジン）で動いている．農業施設や温室では，施設内の暖房用に灯油や重油を燃やして熱を得る．近年では，ビルや建物の室温管理は天然ガスを用いたガスヒートポンプによって行っている．

(1) ガソリン

ガソリンは，主に自動車や小型農業機械のガソリンエンジンの燃料として用いられる．ガソリンの燃料として注目すべき性質は，揮発性（気化性）とアンチノック性である．

揮発性は，低温環境での始動の難易と高温でのパーコレーション（燃料パイプ内の燃料が高温になると液体中に気泡が生じて，必要量がエンジンに送られず不調になること）に関係する．揮発性の指標には，蒸留温度と揮発量の関係を示すASTM曲線がある．

また，エンジンの負荷が大きく吸気温度が高い場合，ガソリンが自然発火して異常燃焼し，音を発する**ノッキング**現象を生じる．アンチノック性とは，この異常燃焼の起こりにくさであり，尺度としてオクタン価を用いる．オクタン価100の場合が最も起こりにくい．

(2) 灯 油

灯油は，古くからランプ（照明器具）や暖房など日用品の燃料として用いられてきた．ガソリンと比べて揮発性が低く取り扱いが容易であるため，農業施設の暖房や乾燥に用いるヒータやボイラーの燃料に使われている．

(3) 軽 油

軽油は，農業機械に多いディーゼルエンジンの燃料として用いられる．軽油の燃料としての重要な性質は，粘度と着火性である．

粘度が高いと燃料ホースの詰まりや噴射による微粒子化が進まず，エンジン出力が低下する．一方で，粘度が低過ぎるとエンジン各部の潤滑が不十分になる．

また，燃料の着火性はセタン価で表される．ディーゼルエンジンは圧縮による燃料の自然発火で動くため，着火性のよい軽油が必要で，高速ディーゼルエンジンではセタン価約40の軽油を用いる．さらに軽油に含まれる硫黄分は，燃焼するとSO_2やSO_3を発生し，水と化合してH_2SO_4になり，金属腐食や大気汚染の原因となるため，脱硫される．

(4) 重 油

重油は，ガソリン，灯油，軽油より沸点が高く重粘質である．その動粘度により3種類に分かれ，1種（A重油）は小型高・中速ディーゼルエンジンや施設のヒータやボイラーに，2種（B重油）と3種（C重油）は船舶や発電などの大型低速ディーゼルエンジンに用いられる．

2.1.3 原子燃料

原子燃料（核燃料とも呼ぶ）とは主にウラン燃料を指し，その利用方法は原子力発電である．発電には，水力，火力，原子力，地熱，および風力を利用したものが一般的である．このうち火力，原子力，地熱発電では，発電機を蒸気タービンで回転させて発電を行うが，蒸気の発生方法が異なる．

原子力発電では，核分裂反応で生じる熱エネルギーを利用して蒸気を発生する．ウラン235に中性子が1つ当たると原子核が2つに分裂（核分裂）し，同時に中性子も飛び出す．この飛び出す中性子の数を調整し，ウラン235を定常的に核分裂させることで熱エネルギーを取り出す．蒸気タ

ービンは高温な蒸気の方が効率よく運転できるが，放射線による機器の脆弱化で損傷しやすいため，ウラン燃料を水で冷却して温度を調整している．この冷却水が必要なため，原子力発電所は海岸や大きな河川の近くに設置されている．原子燃料を反応させる装置を原子炉と呼び，日本では加圧水型（PWR）と沸騰水型（BWR）の2種類の原子炉が使用されている（図2.3）．

加圧水型原子炉の冷却系は，原子炉内を冷却する一次冷却系と蒸気発生器を調整する二次冷却系の2つに分かれている．このため，発電機を回す蒸気（二次冷却系）には放射能を含まない．また一次冷却系では，水の沸騰を抑えるために15 MPa以上の圧力がかけられている．沸騰水型原子炉では冷却系に区別がなく，ウラン燃料の冷却水で直接蒸気を発生している．このため，蒸気タービンまで放射性物質で汚染されている．

2.1.4 生物由来燃料

地球上で太陽光により成長する植物や，その植物を餌とする動物などの生物由来の有機物を総称してバイオマスと呼ぶ．バイオマスは太陽エネルギーに由来しているので，再生可能なクリーンエネルギーの源として注目されている[4]．また，さまざまな種類や形態があり，多様な利用が単純な方法で可能である．その反面，エネルギー密度が低く，広く分布するため，収集と運搬に多くの労力と手間がかかり，まとまったエネルギーを大規模に取り出すことが難しい．しかしながら，将来枯渇する石油燃料の代替品として，安定したエネルギーを供給するための技術開発が進められている．

(1) バイオディーゼル

油を搾取できる作物として，ナタネ，ヒマワリ，オリーブ，ベニバナ，大豆，パームなどがある．これらの作物から搾取した油は，通常食用油として一度利用される．その後の廃食油は，不純物を取り除き粘度を下げればディーゼルエンジンの軽油代替燃料として使用できる．これをバイオディーゼルと呼ぶ．

(2) バイオエタノール

植物の糖分，デンプン，セルロースを原料として発酵させ，エタノールを製造することができる．バイオエタノールは，このエタノールを蒸留して高濃度エタノールとしたものである．また，エチル・ターシャリ・ブチル・エーテル（ETBE）に変換し，ガソリンと混合してガソリンエンジンに使用できる．原料には，サトウキビ，トウモロコシ，米，テンサイ，スィートソルガムなどがある．しかしこれらの作物は，食料や飼料としても重要な作物であるため，燃料製造の原料として使用することが問題視されている．

(3) 固形燃料

固形燃料とは，間伐材，廃棄材，竹材，および上記の製造過程で発生する有機物残渣を乾燥・圧縮成形したペレットや，それを炭化したものである．固形燃料は，農業施設や温室のボイラーやストーブに用いられる．

(4) バイオガス

家畜糞尿，し尿，農産物残渣，食品残渣などの

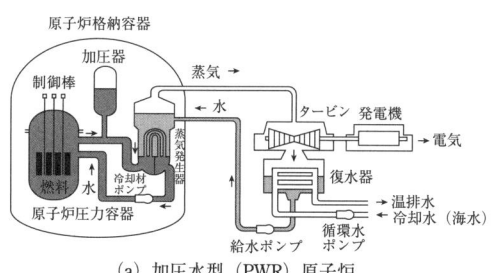
(a) 加圧水型（PWR）原子炉

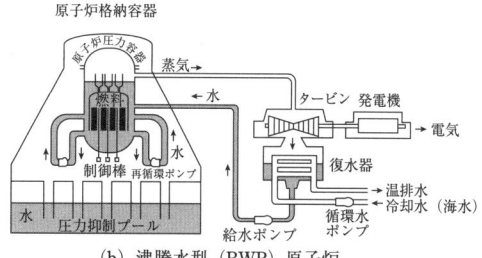
(b) 沸騰水型（BWR）原子炉

図2.3 原子力発電の仕組み（ウェブページ[2]を一部改変）

廃棄系バイオマスを原料としてメタン発酵させると，バイオガスを生成できる（図2.4）．このバイオガスにはメタンガスが含まれており，ガスエンジンを駆動して発電できる．またエンジンからの余剰な熱を利用して，暖房や発酵槽の加温を行うことができる．

メタン発酵は，多種の細菌が有機物を低級脂肪酸に変換する酸発酵と，その低級脂肪酸をメタン菌がメタンガスに変換するガス発酵の2段階で構成される．メタン発酵は嫌気性であるため，密閉容器内で行う．メタン菌は36℃程度の温度（中温発酵）と，50℃程度の温度（高温発酵）で活発に活動する．メタン発酵後には，残渣としてメタン発酵消化液が残る．この消化液は汚水処理を行った後に河川に放流されていたが，近年では牧草地や水田に液肥として施用されている．

(5) その他のバイオ燃料

植物体をガス化炉でガス化し，これを合成してバイオメタノールやバイオジメチルエーテルなどを製造することができる．しかし，植物の収集や燃料の製造に多くのエネルギーを要するため，エネルギー収支が低い．

2.1.5 自然エネルギーによる発電

地球に入射する太陽光は，大気，土壌，および海において吸収や反射を繰り返し，風，雨，波などの気象の変化や，植物での光合成に利用されている．太陽光や風は再生可能な自然エネルギーとして注目され，それらを利用した発電システムが数多く実用化されている．

(1) 太陽光発電

太陽光発電では，太陽光を電気に換える太陽電池を用いる．太陽電池は図2.5に示すように，n型半導体とp型半導体をつなぎ合わせた構造になっている．これに光が当たると，n型とp型の境界付近で電子と正孔が発生し，電子がn型半導体の方へ，正孔がp型半導体の方へ集まる．半導体の端に電極をつけて結線すると，電子がマイナス電極からプラス電極に移動し，その反対方向に電流が流れる．このように，光を当てることで電子が移動し起電力が発生する現象を光起電力効果と呼ぶ．この起電力は光を当てている間はずっと発生するが，蓄電する能力はない．

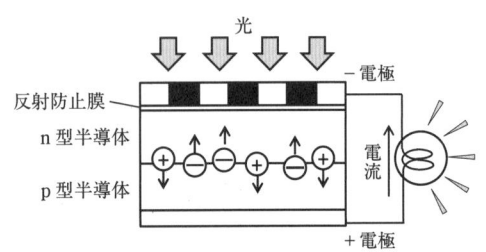

図2.5 太陽電池の原理

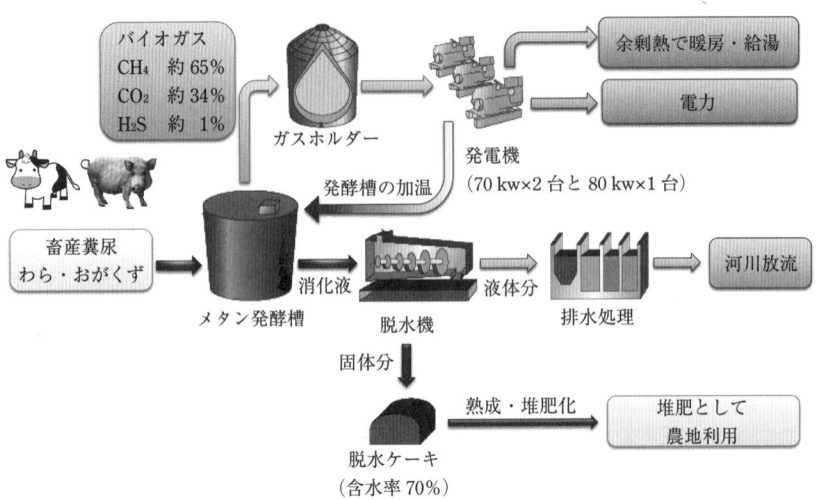

図2.4 家畜糞尿からのメタン発酵

太陽電池に用いられている半導体は主にシリコンであるが，それには単結晶シリコン型，多結晶シリコン型，および薄膜シリコン型（アモルファスシリコン型）の3種類がある．発電効率は，単結晶シリコン型が高く20%程度，多結晶シリコン型で17%，薄膜シリコン型で10%である．しかし，単結晶シリコン型はシリコン使用量が多く，コスト高である．

(2) 風力発電

風は，太陽が存在し地球が自転を続ける限り，絶えることがない自然エネルギーの源である．風力エネルギーは，古くから揚水や製粉などに利用されてきた．風力を電力に変換する風力発電は，1891年デンマークで始まり，第一次オイルショックを契機に世界中で開発が進められてきた．

風車は，回転軸の方向で水平軸型と垂直軸型に分けられ（図2.6），作動原理でも風車のブレードに生ずる揚力を利用するもの（揚力型）と抗力を利用するもの（抗力型）に分けられる．風車の性能は，次のパワー係数 C_P，トルク係数 C_Q，周速比 λ で表される[11]．

$$C_P = \frac{P_e}{\frac{1}{2}\rho A V^3} \tag{2.1}$$

$$C_Q = \frac{Q_e}{\frac{1}{2}\rho A R V^2} \tag{2.2}$$

$$\lambda = \frac{2\pi R n}{V} \tag{2.3}$$

ここで，P_e は実際に得られるパワー（W），ρ は空気密度（kg/m^3），A は受風面積（m^2），V は風速（m/s），Q_e は実際に得られるトルク（Nm），R は風車半径（m），n は風車回転数（rps）である．

パワー係数は，自然風から風車が取り出すことのできるパワーの割合で，理想風車でも0.593，プロペラ形風車で0.45，サボニウス風車で0.15～0.20程度である．トルク係数は，風車が得られる回転トルクの割合である．周速比は，回転する風車ブレード先端速度と風速の比を表し，揚力型のプロペラ形風車では5～10倍速く回転する．

風力を利用するためには，設置場所の風況調査が重要である．同時に，ブレードの風切り音，増速機からの機械音などの騒音や，高い構造物による電波障害など，周辺環境への影響についても考慮する必要がある．

(3) 地熱発電

地下数千mにある火山や天然の噴気孔，温泉などの地熱地帯に，地中に浸透した水などが加熱されて地熱貯留層を形成している．地熱発電では，ここからボーリングによって蒸気や熱水を取り出して，蒸気タービンを回し発電する．

地熱発電の方式には，ドライスチーム，フラッシュサイクル，およびバイナリーサイクルなどがある．ドライスチームは，地下から熱水を含まない高温の蒸気を取り出し，直接蒸気タービンを回すもので，フラッシュサイクルでは，得られる蒸気に熱水が多く含まれる場合に，汽水分離器で蒸気を取り出し発電する．バイナリーサイクルは，地下から得られる熱水の温度や圧力が低い場合に，水より沸点の低い物質を沸かして蒸気を発生しタービンを回す方式である．

地熱発電は探査や開発に長い期間とコストが必要であり，火山性の自然災害に遭遇する可能性もある．しかし，燃料を必要としないため枯渇や価

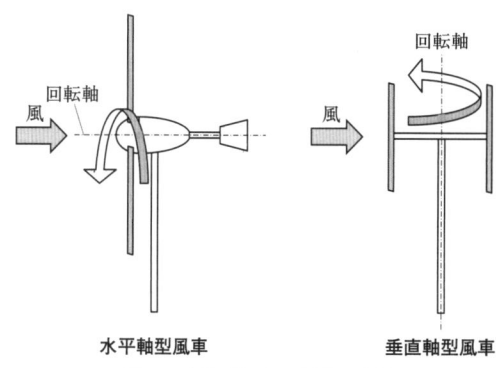

図2.6 回転軸による風車の分類

格の高騰の問題がなく，太陽光や風力に比べて安定的な出力を得られる．

2.2 原動機

2.2.1 熱機関

熱機関とは，熱または熱エネルギーを継続的に仕事に変換する動力源である．熱機関は，さらに内燃機関と外燃機関に分類される．内燃機関は，シリンダ内で燃料を燃焼させ，発生する高温高圧ガスの爆発力によってピストンを押すことで機械仕事を行う．

内燃機関は，用いる燃料によって，ガソリン機関，ディーゼル機関，灯油機関，重油機関，ガス機関に分類できる．また1作動サイクル内の行程数により，吸入→圧縮→膨張→排気という4行程からなる4サイクル機関（あるいは4ストローク機関，図2.7），圧縮（排気）→爆発（吸入）の2行程からなる2サイクル機関（あるいは2ストローク機関）がある．さらに冷却方式の違いにより，空冷エンジンと水冷エンジンがある．小型エンジンでは空冷が主流であり，トラクタ搭載用ディーゼル機関では水冷である．図2.8に小型空冷ディーゼル機関の例を示す．

4サイクルのガソリン機関やディーゼル機関に共通する基本部品には，図2.9のように，シリンダ，シリンダヘッド，ピストン，ピストンリング，連接棒，吸・排気弁，クランク軸，はずみ車がある．そのほかに，クランクケース，シリンダブロック，防振機構，冷却装置，潤滑装置，動弁機構（**カム軸**，タペットなど），調速機，始動装置，空気清浄器，排気消音器，燃料タンクがある．また，シリンダは気筒ともいい，高出力エンジンは多気筒となる．

ピストンは燃焼室の底面となる部品で，燃焼ガス圧を受け止め，連接棒を介してクランク軸へ回転力として伝えるものである．なお，ピストンが図2.7の圧縮または排気のときのように，最も高い位置にあるときを**上死点**といい，吸入または膨張のときのように，最も低い位置にあるときを**下死点**という．

調速機は，農業用機関には必ず装備されてい

図 2.8 小型空冷ディーゼル機関（ヤンマー（株）提供）

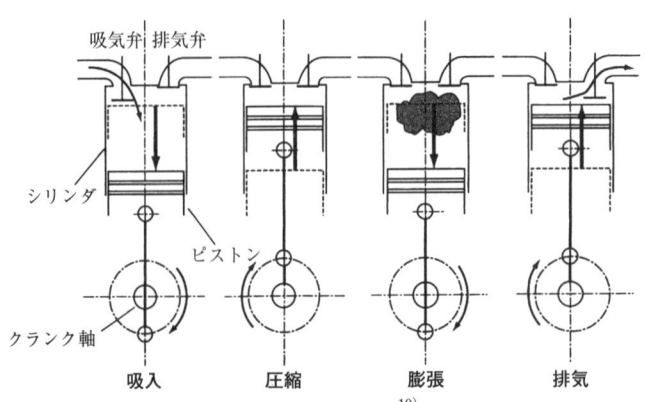

図 2.7 4サイクル機関の各行程（文献[10]を一部改変）

2.2 原動機

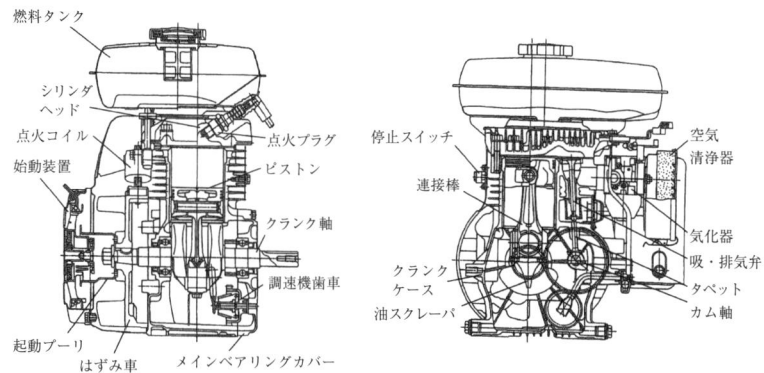

図 2.9 エンジンの構造（小型 4 サイクルガソリン機関の例，文献[6] を一部改変）

る．これは機関の出力軸の回転速度を一定に保つためのもので，各種農作業において，負荷変動に関わらず所定のエンジン回転数を維持するための機構である．小型単気筒ガソリン機関では機械式が，トラクタ用多気筒ディーゼルエンジンでは電子式などが用いられる．

2 サイクル機関は，構造が単純で軽量かつ高速回転が可能であり，1 爆発につきクランク軸が 1 回転するため動作に無駄がない．一方，吸気弁，排気弁の代わりにそれぞれ吸気ポート，排気ポートを用いるため，排ガスの排出や混合気の吸入が完全に分離されず不完全燃焼が発生しやすいことから，燃料消費の点では 4 サイクル機関に比して不利になる．

エンジンの始動は，多気筒ディーゼル機関ではセルモータにより，また小型単気筒エンジンでは手動のリコイルスタータにより行うことが多い．

2.2.2 電動機

電動機は，交流電動機と直流電動機に二分される．交流電動機は，さらに三相誘導電動機，単相誘導電動機に分類される．

三相誘導電動機の回転原理は，**アラゴの円盤**である．図 2.10(a) のように，ロータ（回転子）がステータ（固定子）巻線を流れる三相交流電流のつくる回転磁界に対応して，渦電流による電磁力で回される．ロータの種類によってかご形と巻線形があり，図 2.10(b) にかご形誘導モータの構造を示す．

三相誘導電動機では，始動時に大電流が流れる

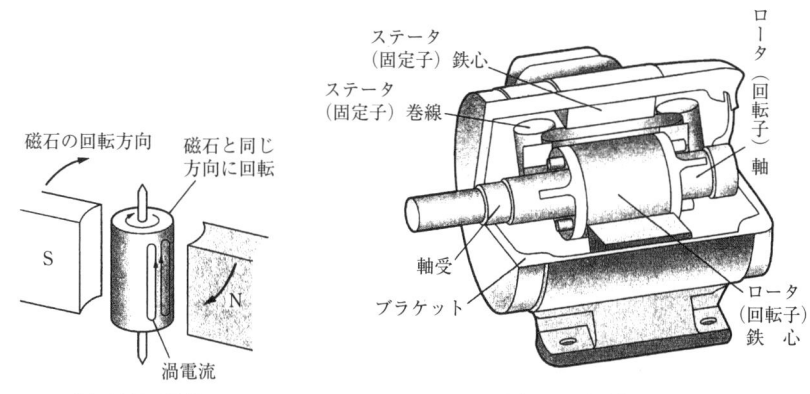

図 2.10 三相誘導電動機（文献[3] を一部改変）

ため電源に悪影響を与える．大出力の電動機では，スターデルタ，始動補償器，始動抵抗器などの始動法により過大電流を抑えている．

単相誘導電動機には，分相始動誘導形，コンデンサ始動誘導形，反発誘導形がある．単相の性質上，そのままでは回転磁界ができず始動しないので，分相始動誘導形やコンデンサ始動誘導形では主巻線から90度ずらした位置に補助巻線を配置し，電気回路で90度の位相差を発生させることでロータを回転させる．出力750W以下の小型の電動機が多い．

内燃機関のセルモータなどに使用される直流電動機は，固定磁界中に置かれたコイル巻線付き回転子に直流電流を流すことで，巻線に作用する電磁力によりコイルが回転するものである．半回転するごとに電流の向きを変えるため，回転軸に付属して整流子とブラシを備えている．

農業機械においては，屋内で稼働する穀物乾燥機のファンや搬送装置，籾すり機や精米機などの動力源として交流電動機が用いられる．

2.3 ディーゼル機関

2.3.1 機関のサイクル

ディーゼル機関の作動サイクルは，図2.11に示すディーゼルサイクルであり，定圧サイクルとも呼ばれる．このサイクルは低速エンジン用であり，高速ディーゼル機関用にはサバテサイクル（複合サイクル）がある．4サイクル行程との関係は，図中の$0 \to 1$が吸入，$1 \to 2$が圧縮，（$2 \to 3$が爆発，）$3 \to 4$が膨張，$4 \to 1 \to 0$が排気に相当し，有効な仕事は$1 \to 2 \to 3 \to 4 \to 1$で囲まれた部分でなされる．圧縮と膨張は断熱的に行われ，燃焼による熱量供給q_1は圧力一定，熱量q_2の排出は容積一定である．仕事に寄与する熱量は供給熱量q_1と排出熱量q_2の差，$q_1 - q_2$である．

定圧比熱をC_p，定容比熱をC_vとすると，比熱比は$\kappa = C_p / C_v$となる．また，図中の3での体積V_3と2の最小行程容積V_2の比として定義される締切比は$\varphi = V_3 / V_2$であり，最大行程容積V_1と最小行程容積V_2の比である圧縮比$\varepsilon = V_1 / V_2$を用いると，熱の入出力比である熱効率η_dは，

$$\eta_d = \frac{q_1 - q_2}{q_1} = 1 - \frac{C_v(T_4 - T_1)}{C_p(T_3 - T_2)}$$

$$= 1 - \frac{1}{\varepsilon^{\kappa-1}} \left\{ \frac{\varphi^\kappa - 1}{\kappa(\varphi - 1)} \right\} \quad (2.4)$$

と表される．ここで，Tは温度である．

通常のディーゼル機関の圧縮比は20前後である．また上式より，締切比が増加すると熱効率は低下することも明らかである．

2.3.2 主な構造

ディーゼル機関は燃料の自己着火により燃焼させるもので，高圧縮比が特徴であり，ガソリン機関のような点火装置は不要である．このため，機関には頑丈な構造が要求され，機関重量が増加する．一方，燃焼の特徴からピストン径が大きくでき，結果的に出力トルクが大となり，かつ熱効率が高くなる．特徴的な構造は，燃料噴射ポンプ，燃料噴射ノズル，燃焼室，機関停止装置である．

図2.12にボッシュ型燃料噴射ポンプの機構図，図2.13に燃料噴射ノズルの形状を示す．図2.12のコントロールラックにより設定回転数分だけプランジャが回転し，規定量が上部出口よりプランジャにより吐出される．燃料は燃料噴射ノズルに圧送され，図2.13の針弁と燃料溜りとの圧力差

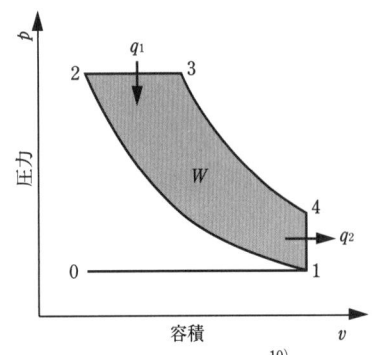

図2.11 ディーゼルサイクル（文献[10]を一部改変）

により，設定量の燃料が燃焼室へ供給される．最近では，さらに高圧な燃料供給によりきめ細かな噴射制御を実現し，かつ排出ガスの環境対策としても有効なコモンレールシステムを搭載したディーゼル機関も実用化されている．

燃焼室形状は，図2.14のように直接噴射式，渦流室式，予燃焼室式があり，主な部品は燃焼室，主燃焼室，予燃焼室，渦流室，燃料噴射ノズル，ピストンである．直接噴射式を除き，低温始動時に難点があるため，予熱用グロープラグを用いて燃焼室の壁面温度を上げる必要がある．

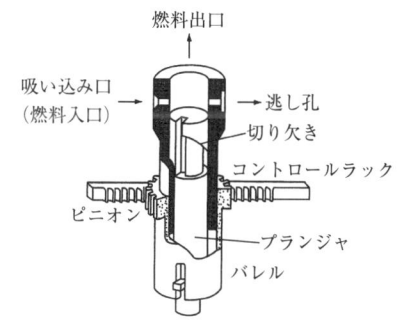

図2.12 燃料噴射ポンプ（ボッシュ型）のメカニズム（文献[10]を一部改変）

ディーゼル機関を停止させるためには，燃料噴射ポンプへの燃料供給を止める機関停止装置が必要である．これには，電磁バルブなどを利用して燃料供給を遮断する電気式と，ポンプのスロットルレバーを直接ワイヤーで引く機械式がある．

2.4 ガソリン機関

2.4.1 機関のサイクル

ガソリン機関の動作サイクルはオットーサイクルであり，定容サイクルとも呼ばれる．4サイクル行程との関係は，図2.15において，$0 \to 1$ が吸入，$1 \to 2$ が圧縮，（$2 \to 3$ が爆発，）$3 \to 4$ が膨張，$4 \to 1 \to 0$ が排気に相当する．圧縮と膨張は，ディーゼルサイクルと同様に断熱的であるとみなせる．

圧縮比 ε と比熱比 κ を用いると，熱効率 η_o は，

$$\eta_o = \frac{q_1 - q_2}{q_1} = 1 - \frac{(T_4 - T_1)}{(T_3 - T_2)} = 1 - \frac{T_1}{T_2} = 1 - \frac{1}{\varepsilon^{\kappa-1}} \tag{2.5}$$

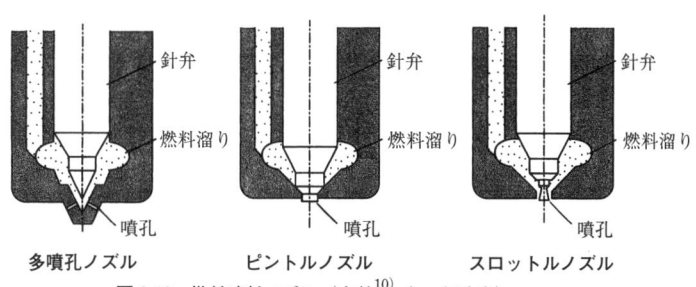

図2.13 燃料噴射ノズル（文献[10]を一部改変）

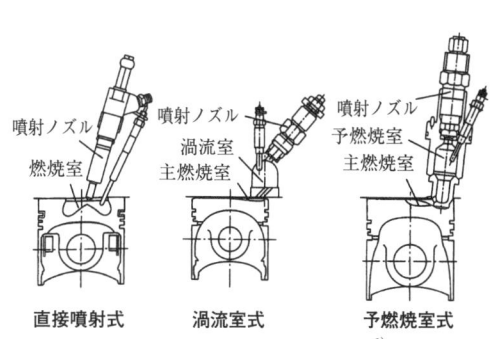

図2.14 ディーゼル機関の燃焼室形状（文献[6]を一部改変）

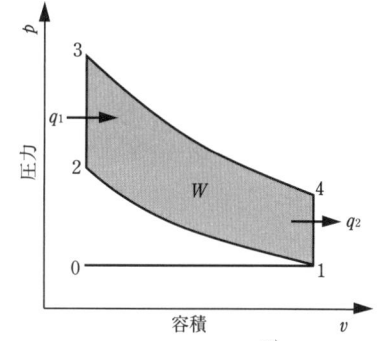

図2.15 オットーサイクル（文献[10]を一部改変）

と表され，オットーサイクルでは，圧縮比と比熱比のみにより熱効率が決まることがわかる．なお圧縮比を高めると熱効率が高くなるが，筒内温度も上昇するため，混合気の自然発火により点火が早まるノッキングが発生しやすくなる．したがって，圧縮比には10前後という限界がある．

2.4.2 主な構造

ガソリン機関独自の特徴的な構造は，気化器と点火装置である．

小型農用ガソリン機関は，図2.16のような気化器を有する．図中のフロート室の燃料は，空気流れを絞ったベンチュリ部にあるメインノズルから負圧で吸い出され，空気との混合ガス状態となり燃焼室へ送られる．チョークバルブは流入空気量を調節し，スロットルバルブは混合気の量を調節することで機関出力を制御する．フロートは燃料液面を一定に保つためのものである．低速回転時の燃料供給を確保するためのスローポートとアイドルポート，高速回転時に燃料が多く供給されても空気量を確保して**空燃比**を維持するためのエアブリードが設けられている．

点火装置は，電源方式により，電磁誘導に基づくマグネット点火とバッテリを有する電池点火に分類される．図2.17にマグネット点火装置を示す．また，二次点火コイルに高電圧を発生させる回路について，機械的に断続する接点式，無接点式のトランジスタ遮断点火，コンデンサ放電点火がある．農用小型ガソリン機関では，バッテリが不要なマグネット点火がほとんどである．二次コイルに発生した高電圧が接続された点火プラグの電極間に火花放電を起こし，気化器で供給されピストンで圧縮された混合気を爆発燃焼させる．

2.5 熱機関の性能と試験方法

機関性能は，実際の農作業で想定される負荷に対応し，余裕をもって設計すべきものである．特に，農用エンジンは作業精度の観点から，機械作業時の負荷変動に対しても一定の機関回転数で運転することが要求される．連続して5時間以上運転できる軸出力として機関製造者が指定する値を，連続定格出力という．また，そのときの回転数を連続定格回転数という．

機関の軸出力 N_e (W) は，機関出力軸の回転角速度 ω (rad/s)，および軸トルク T (Nm) が得られると，次式で計算できる．

$$N_e = T\omega \tag{2.6}$$

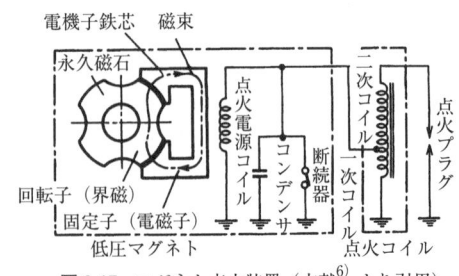

図2.17 マグネット点火装置（文献[6]より引用）

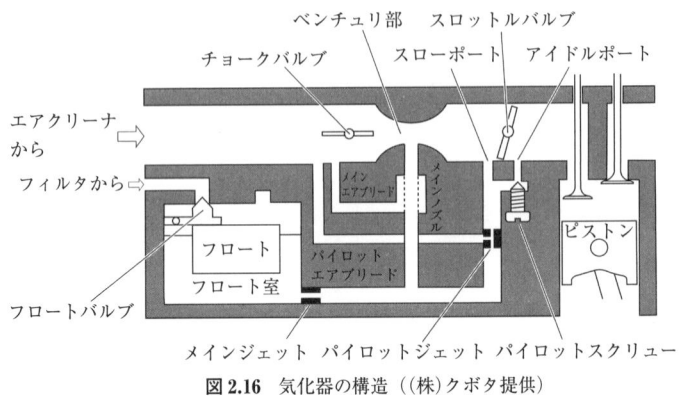

図2.16 気化器の構造（（株）クボタ提供）

また，回転角速度の代わりに機関回転数 n（rpm）を用いると，$\omega = 2\pi n/60$ の関係より，

$$N_e = \frac{2\pi T n}{60} \quad (2.7)$$

が得られる．なお，軸出力はkW単位で表すこともある．従来単位（PS）との関係は，1 PS = 0.735 kW である．

燃料消費率 b_e（g/kWh）は，単位軸出力，単位時間あたりの燃料消費量であり，次式で求められる．ここで，B（kg/h）は単位時間あたりの燃料消費量である．

$$b_e = \frac{1,000 B}{N_e} \quad (2.8)$$

個々のエンジンの動力性能を比較するには，測定手順を定めて同じ方法で性能試験を実施する必要がある．農業用を含む陸用エンジンについては，日本工業規格（JIS）により，小型空冷ガソリン機関と小型ディーゼル機関用の試験方法が，それぞれ JIS B 8017 ならびに JIS B 8018 として規定されている[7,8]．

負荷運転試験では，エンジンに 4/4 負荷，11/10 負荷，3/4 負荷，2/4 負荷，1/4 負荷，および無負荷の順に負荷をかけ，安定状態に達したとき，それぞれ決められた試験時間をかけて動力計荷重，回転数，燃料消費量などを計測する．4/4 負荷とは，標準大気条件下での連続定格回転数で，連続定格出力を発生している場合である．動力計によりエンジンに負荷をかける方法には，電気式として発電負荷を用いる交流電気動力計や，渦電流による回転抵抗を利用する渦電流式電気動力計がある．調速機をもつ場合は，調速性能試験も実施する．

例えばトラクタ用エンジンについて，全負荷試験において得られた各種回転速度ごとの性能曲線から包絡線をプロットすると，図 2.18 のように機関回転数に対する軸出力性能ならびにトルク性能が得られる．また，燃料消費率についても同様に得られる．軸出力グラフにおいて，最大値を示

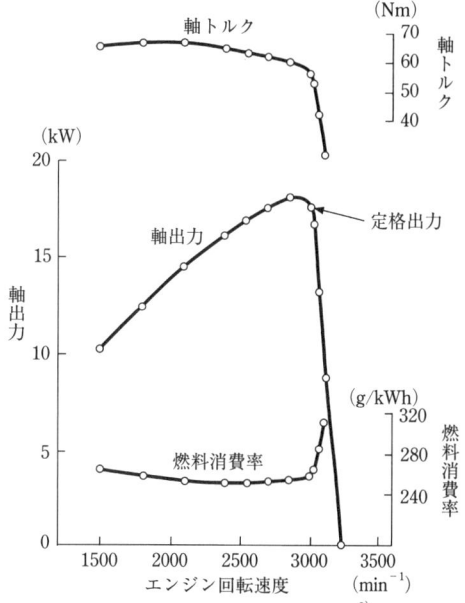

図 2.18 農用エンジンの性能曲線例（文献[8]より作成）

すところが最大出力となる．

農業機械作業の特徴として，耕うんのように最大出力や定格出力付近の機関回転数で作業することが多い．このため，農用エンジンには突発的な作業負荷により万一機関回転数が低下しても，回転力を維持して一定回転を続けようとする「粘り」を意味するトルクライズ特性が要求される．つまり，図 2.18 の軸トルク結果のように，機関出力最大点よりも低い機関回転数において軸トルクの最大値が発生するようなトルク性能をもっている．

◆章末問題

1. 生物由来燃料を生産し利用する上での長所と短所を述べなさい．
2. 受風面積 0.27 m²，パワー係数 0.4 のプロペラ型風車が，風速 5 m/s，空気密度 1.22 kg/m³ のとき，実際に得られるパワーを求めなさい．
3. ディーゼルサイクルにおいて，圧縮比 18，締切比 1.8，比熱比 1.35 のとき，熱効率を求めなさい．
4. オットーサイクルの熱効率が（2.5）式のようになることを示しなさい．

◆**参考文献**

1) 電気事業連合会（2011）原子力・エネルギー図面集 2011 年版, p. 1-3, 日本原子力文化振興財団.
2) 原子力安全研究協会, 緊急被ばく医療研修のホームページ《原子力発電のしくみと構造》. http://www.remnet.jp/lecture/b05_01/4_6.html
3) 飯高成男ほか（2002）絵ときでわかるモータ技術, オーム社.
4) 池田善郎ほか（2006）農業機械学 第3版, 文永堂出版.
5) 日本エネルギー経済研究所計量分析ユニット（2011）EDMC／エネルギー・経済統計要覧 2011, 省エネルギーセンター.
6) 日本機械学会編（2006）機械工学便覧 応用システム編 γ4 内燃機関, 日本機械学会.
7) 日本規格協会（1987）小形陸用空冷ガソリンエンジン性能試験方法, JIS B 8017.
8) 日本規格協会（1989）小形陸用ディーゼルエンジン性能試験方法, JIS B 8018.
9) 農業機械学会編（1996）生物生産機械ハンドブック, p. 208-211, コロナ社.
10) 田坂英紀（2010）内燃機関 第2版, 森北出版.
11) 牛山 泉（2002）風車工学入門―基礎理論から風力発電技術まで―, 森北出版.

第3章

稲作体系と農業機械

3.1 ごはんのできるまで

日本人の主食である「ごはん」は米を炊飯したものである．稲の種子である籾から表面を覆っている籾殻を取り除いたものを玄米と呼び，白米は玄米の表層部分にあるタンパク質や脂肪，果皮，種皮などからなる糠(ぬか)を取り除いたものである．

稲の栽培方法には移植栽培と**直播栽培**(じかまき)がある．移植栽培は，種籾から生育させた苗を代かき後の水田に植え付ける方法で，日本では大部分を占めている．直播栽培は，直接水田に種籾を播いて栽培する方法で，育苗作業を省略できる．

稲の移植栽培から消費者のもとに白米が届き，ごはんとなるまでの一般的な流れを図3.1に示す．稲作の場合，すべての作業について機械化が進んでいる．

3.2 稲作機械化体系

3.2.1 耕うん整地

耕うんの目的は，水田土壌を稲の生育に適した

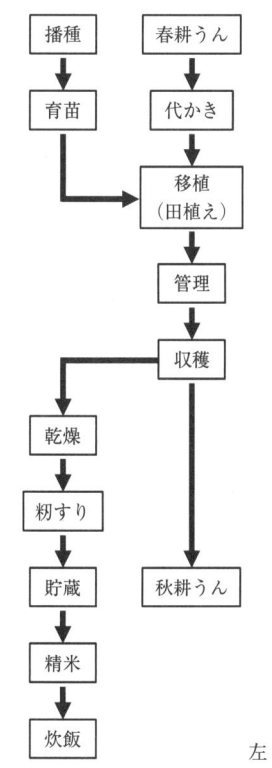

(a) 田植機による移植作業

(b) 自脱コンバインによる収穫作業

(c) 大型精米工場の精米機
左（1番機）が研削式精米機，右の2台が摩擦式精米機．

図3.1 ごはんができるまで

状態にすることである．具体的には，①雑草や前作の残渣を土壌中に処理する，②土壌の通気性・保水性・透水性などを改善する，③耕うん前に散布した肥料と土壌とを混和する，④雑草の種子や害虫の卵などを土壌中に埋没させて発生を抑制する，などの機能がある．

さらに，稲作では耕うん後の水田に水を引き入れて整地を行うが，これは代かきと呼ばれる．代かきの目的は耕うんの場合と同様であるが，加えて⑤表層を砕土し均平にならす，⑥水田底からの漏水を防止する，などがある．

稲作では，耕うん用機械としてトラクタに装着されたロータリが使用されることが多い．代かきにはロータリも使用できるが，ロータリハローと呼ばれる専用機も市販されている．

3.2.2 移植

稲作の場合は田植えと呼ばれ，専用の田植機が使用される．田植え作業の機械化は田植機の開発だけではなく，田植機に適した育苗技術が同時に開発され連携した成果とされている．田植機で使用される苗の多くは，土付きのマット苗である．

マット苗は田植機に合わせたプラスチック製の育苗箱を使用して育苗される．まず，育苗箱に土入れ，かん水，播種，かん水，覆土の手順で播種作業を行う．省力化のため，これら一連の作業を自動化できる播種プラントが市販されている．出芽したら育苗箱をビニールハウスなどに移し，日光，水，温度を管理しながら健全な苗を育成する．

3.2.3 管理

田植え後から収穫までの管理作業は，稲の生育・収量・品質に大きな影響を与える．管理作業には，水管理，施肥，雑草防除，病害虫防除などがある．

水管理では稲に水分を供給するだけではなく，水田の水深を稲の生育時期に適するように調節する．例えば穂の形成が始まる10～15日前には，田面に亀裂が入る程度にまで断水する中干しを行うことが多い．

施肥には，田植え以前に与える元肥，生育途中に散布する追肥がある．元肥を散布する機械としては，堆肥を散布するマニュアスプレッダ，粒状肥料を散布するブロードキャスタ，粉状肥料をすじ条に散布するライムソーワなどがある．これらには，トラクタに装着あるいはけん引される機械と自走式機械がある．追肥では，畦から散布するための背負式動力散布機が使用されることが多い．

雑草・病害虫防除に使用される農薬には粉剤と液剤がある．畦から粉剤を散布するためには動力散粉機が，液剤を散布するためには動力噴霧機が使用される．大区画水田の場合は，水田の中を走行できる専用のブームスプレーヤが市販されている．

栽培面積が広い場合には，産業用無人ヘリコプタを無線操縦して施肥や防除を行う方法もある．

3.2.4 収穫

機械化以前の収穫では，鎌を使用して手刈りが行われ，天日乾燥，脱穀の手順で作業が行われてきた．その後，収穫用機械としては最初にバインダが開発され，刈取りと稲わらの結束が機械化された．さらに，わが国独自の自脱コンバインが開発されて刈取りと脱穀が同時に行われるようになり，作業能率が著しく向上した．自脱コンバインが導入されると，籾の状態で乾燥する必要があるため乾燥機が必要になり，収穫から出荷までの作業体系が変化した．

3.2.5 乾燥調製貯蔵

収穫直後の米（籾）を生籾（なまもみ）と呼ぶ．生籾は水分が高く，カビが発生する，籾の呼吸により熱が発生するなどして品質が大きく損なわれる可能性が高いため，乾燥する必要がある．

収穫後の生籾をコンバインからトラックへ移し、乾燥機まで運搬する。乾燥機の多くは、灯油を燃料とするバーナを使って40℃程度の熱風をつくり、水分が14〜15%程度になるよう籾を乾燥する。乾燥した籾を乾籾(かんもみ)とも呼ぶ。

乾燥後の米の貯蔵は、乾籾をサイロやビンでバラ貯蔵する場合（籾貯蔵）と、乾籾を籾すりし玄米を袋に詰め玄米専用倉庫に貯蔵する場合（玄米貯蔵）とがある。籾貯蔵では、貯蔵後に籾すりを行い玄米とする。

籾すりは、ロール式籾すり機を用いて行い、籾すり直後に風力選別機を用いて籾殻を吸引除去し、揺動選別機を用いて玄米を選び出す。さらに粒厚選別機を用いて粒厚の大きい（成熟のよい）玄米を選び出し、色彩選別機を用いて異物（小石やガラス片、金属片など）や着色粒・未熟粒を除去し、整粒玄米（成熟がよく品質がよい玄米）を選び出す。これらの一連の操作を調製と呼ぶ。

調製後の玄米は農産物検査員による品位検査を受け、等級（1等、2等、3等、規格外）を決定し出荷（販売）される。

3.2.6 精米（搗精）

農家や農業協同組合から出荷された玄米は精米工場へ運ばれる。精米工場では玄米から胚芽や糠を除去し精白米とする。この操作を精米（または搗精）と呼ぶ。

精米機には、研削式精米機と摩擦式精米機とがある。研削式精米機は、米粒の表面を金剛砂ロール（砥石）で削り、糠や胚芽を切削除去する精米機である。摩擦式精米機は、精米機内の米粒に圧力をかけ、米粒どうしの摩擦により糠や胚芽を剥離除去する精米機である。多くの精米工場では、研削式精米機1台と摩擦式精米機2または3台を直列に配置し搗精を行う。

大型精米工場では、精米機の前後に風力選別機、石抜機、ロータリシフター（回転式の糠球砕粒除去機）、色彩選別機、金属除去機などの精選別設備を備えている。これらの選別機により、正常粒割合が多く異物混入のない（品質のよい）精白米を出荷（販売）する。また、無洗化処理装置を用いて精白米（普通精米）の米粒表面を研磨した無洗米（洗米しないで炊飯してもよい米）も市販されている。

3.2.7 炊飯

精白米の炊飯は電気炊飯器やガス炊飯器を用いて行う。一般家庭では電気ヒータ炊飯器やIH（誘導加熱）炊飯器を用いて炊飯する場合が多い。多量の炊飯を行う業務用炊飯では、火力の強いIH炊飯器やガス炊飯器を用いる場合が多い。さらに、外食産業やコンビニエンスストアのおにぎりやお弁当の米飯供給のために、複数の釜の炊飯を連続的に行う炊飯プラント（IH、ガス）も使われている。

3.3 トラクタ

農用トラクタは、まず蒸気機関を搭載したものが19世紀半ばに欧米で出現し、20世紀に入って内燃機関を搭載したものが主にけん引作業用として普及した。わが国においては、第二次大戦後の外国製トラクタの試験的導入期を経て、高度経済成長期に稲作における耕うん作業の機械化用の国産農用トラクタが相次いで開発された。

3.3.1 主な構造

図3.2に水田稲作でよく用いられる最新の農用トラクタの例を示す。

図3.2(a)のように、小型の前輪と大径の後輪を駆動する四輪駆動であり、車体前部にエンジンを搭載している乗用車と同様に前輪で操舵する。主な構造は、エンジン、クラッチ、変速装置、差動装置、終減速装置、3点リンクヒッチ、油圧昇降装置、動力取出軸（PTO軸）、安全キャブあるいは安全フレーム、走行装置である。そのほかにか

(a) ロータリ作業機装着の　　　　(b) 構造透視図
　　トラクタ（安全キャブ付き）

図3.2 農用トラクタとその構造の例（(株)クボタ提供）

じ取り装置，制動装置，各種制御装置を有する．

エンジンは，多気筒水冷ディーゼルエンジンが搭載される．小排気量かつ高出力を実現するためのターボチャージャを搭載したものもある．

変速装置は，走行のみならず作業も同時に行うため，走行用と駆動作業用の2系統の変速機をもっている．そのためエンジンからの動力は，駆動用と走行用の2段クラッチを介して伝達される．また，クラッチによりエンジン動力を切断してからギア変速を行うものが多い．なお最近では，油圧駆動と遊星歯車を利用したHMTや，パワーシフト変速装置によってクラッチ操作を省略できる変速機構をもつものもある．

差動装置は，旋回時に左右後車軸に適切な速度差を与えるための機構である．四輪駆動トラクタでは，前輪駆動軸にも差動装置を有する．また，ぬかるみなどで片側後輪が空転して走行不能になることを防ぐデフロックも備えている．

終減速装置は，車輪へ駆動力を伝達する前にさらに回転を落として高い車軸トルクを発揮させるもので，高負荷けん引作業を行うことの多いトラクタに特徴的なものであり，この装置構造により最低地上高を大きくとることができる．

3点リンクヒッチは，作業機をトラクタ後部に装着する際に使用する．左右のリフトアーム，リフトロッドで吊られる左右の下部リンク，真ん中にある上部リンクの3本のリンクで構成された装置である（図3.3）．

油圧昇降装置は，下部リンクに接続された左右のリフトアームを上昇させる．図3.2(b)のロータリのような駆動型作業機では，3点リンクに装着し，トラクタ搭載エンジンからの動力を動力取

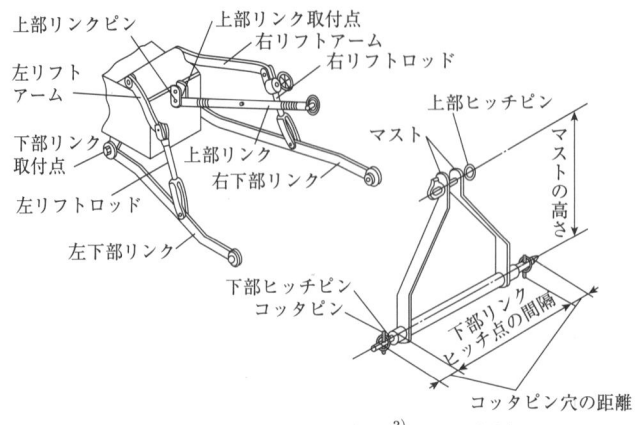

図3.3 3点リンクヒッチ（文献[3]を一部改変）

出軸から取り出して，自在継手（ユニバーサルジョイント）を介してロータリへ伝達し利用する．

トラクタは，前輪駆動部をエンジン下部の車体中心の1か所でピン支持しており，側方に転倒しやすい．そこで万一の転覆時にオペレータを致命傷から守るため，箱型の安全キャブや門型の安全フレームが装着されている．

四輪駆動トラクタが装着するタイヤのトレッドパターンは**ラグ**型であり，軟弱圃場条件でのけん引作業に適している．図3.2(a)のように後輪にタイヤを装着したもののほか，(b)のように履帯を装着したものも市販されている．

トラクタの車体は，前輪部に補助フレームを用いるが，全体としてはモノコック構造を基本としており，エンジンや変速装置，終減速装置などのハウジングにより車両の構造強度が分担発揮されるとともに，屋外作業を考慮して車体の気密性を高めている．これにより，代かき時のような冠水状態の圃場条件でも難なく作業できる．

かじ取り装置は，乗用車と同様，ステアリングハンドルにより前輪を操舵するものがほとんどである．大型トラクタではパワーステアリングを搭載したものもある．旋回方式は，アッカーマン理論に基づき，前輪については旋回円の内側車輪の切れ角を大きくするようになっている．

通常トラクタの最高走行速度は35 km/h以下であり，制動装置を後輪のみに搭載する．また，作業時に小旋回を実現するため，左右後輪をそれぞれ独立して制動するペダルを有する．

3.3.2 駆動作業とけん引作業

トラクタによる代表的な耕うん方法として，プラウをけん引するプラウ耕，PTO軸から駆動力を供給しロータリの耕うん爪を回転させて作業するロータリ耕がある．水田稲作においては，主として後者のロータリ耕うんを行う．なお，現在国内で市販されているトラクタは，ロータリ作業機が付属するものがほとんどであり，取り外されることは少なく，春秋耕うんや代かき作業のみを担当する土づくり専用機械となっている．

けん引作業には，プラウ耕以外にもハローやローラを用いた土壌均平転圧，トレーラを用いた運搬などがある．また駆動作業には，施肥，播種，モアーによる牧草刈取り，ベーラによる牧草収穫などがある（5章参照）．

トラクタは，圃場作業中に遭遇するさまざまな作業時の負荷に対応して，オペレータの操作量を軽減するための自動制御システムを有する．主なものは，作業機の作業深さを最初に設定した深さに制御する位置制御，作業機にかかるけん引負荷が一定になるよう作業機深さを変化させて制御する抵抗制御，位置制御と抵抗制御を併用し，作業深さが深くなりすぎないように制御する混合制御などである．また圃場端での旋回時に操舵角を最大にすると，自動で旋回円中心から最も遠い前輪外側車輪を増速し，旋回半径が小さくなるよう制御する機構を搭載したものもある．

3.4 田植機

3.4.1 主な構造

田植機には，乗用と歩行用がある．いずれも苗供給装置，植付け装置，機体支持走行装置，エンジンから構成されている．ここでは，マット苗を使用する乗用田植機の構造について説明する．図3.4はマット苗を使用する6条植えの乗用田植機である．

(1) 苗供給装置

植付け条ごとに仕切られた苗のせ台にマット苗を載せて，苗を植付け装置に供給する．1株分の苗がかき取られるごとに苗のせ台は横に動き，マット苗の幅分がかき取られるとマット苗はベルトにより縦に送られる．

(2) 植付け装置

移植する苗を植付け爪でマット苗から1株分かき取り，水田の土中にさし込んで植え付ける装置

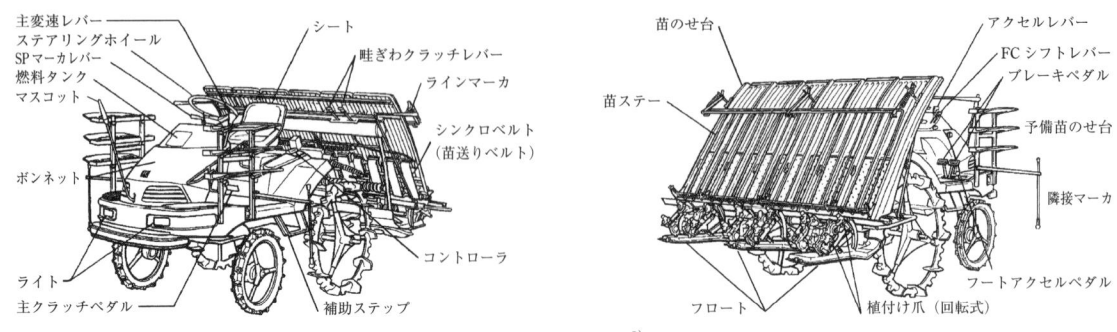

図 3.4 乗用田植機の構造（文献[2]）を一部改変）

である．植付け爪を駆動する機構には図 3.5 のようにクランク式と回転式がある．クランク式は植付け条あたり 1 本の植付け爪が配置されているが，回転式は 2 本配置されているため植付け能率が高い．

現在の乗用田植機の多くは後者の回転式を採用している．苗を土中にさし込むときには植込みフォークが前にせり出し，苗を確実に植付け爪から土中に押し出す仕組みになっている．図 3.5 の実線は，田植機が走行していないときの植付け爪先端の軌跡を示す．このとき，植付け爪は土を掘り起こすような動きをするが，田植機の走行中はその動きと合成されて点線のような軌跡を描く．

(3) 機体支持走行装置

乗用田植機では機体を車輪で支え，苗供給装置と植付け装置はフロートと機体からのリンク機構で支えている．車輪は**耕盤**で，フロートは田面で支持される．機体が前後左右に傾いても植付け装置が水平になるように自動制御され，苗の植付け深さが一定になるようになっている．

(4) エンジン

田植機を軽量化するために，これまでは主にガソリンエンジンが用いられてきた．現在では，田植機の大形化や高出力化に伴いディーゼルエンジンを搭載するものも現れている．

(5) その他

農作業の能率を向上させるためには，同時に複数の作業を行うことが必要である．田植機の場合は，田植えと同時に苗側方の土中に施肥を行う側条施肥機や，除草剤散布機が搭載されたものが市販されている．また，除草剤の散布量を低減するため植付け直前に再生紙マルチを田面に敷き，それを突き破りながら田植えを行う紙マルチ田植機が市販されている．紙マルチは日光を遮断し，田植え後約 1 か月間雑草の成長を抑制できる．

3.4.2 移植作業

田植機による移植においては，水田の土の硬さ

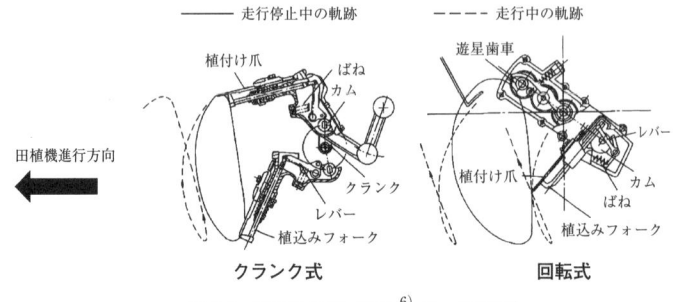

図 3.5 植付け機構（文献[6]）を一部改変）

が軟らかすぎても硬すぎても苗の植付けに悪影響を及ぼす．軟らかすぎる場合は苗が埋没したり，田植機のフロートが泥を押し流すことがある．硬すぎると，湛水したときに苗が土から離れ浮き上がってしまう浮苗や，横に倒れてしまう転び苗が発生し欠株の原因となる．代かきの後，落水し土の硬さが適当な時期に移植作業を行う必要がある．

作業を始める前には試し植えを行い，株間や植付け深さ，1株あたりの苗数が適正であるか確認する．苗を植え付ける条間は田植機によって決まるが，一般的には 30 cm である．また株間と 1 株あたりの苗数は調節可能であるが，株間は 15〜20 cm，1 株あたりの苗数は 2〜4 本が一般的である．

田植機の走行順序は，水田の形や大きさ，出入り口の位置，田植機の植付け条数などによって異なるので，あらかじめ計画を立てておく必要がある．基本は植え残しなく，出入り口から出ることができるようにすることである．図 3.6 は作業効率が良好な走行順序の例で，市販されている最大級の 8 条または 10 条植えの田植機を使用することを想定している．植付け開始は出入り口から少し離れた地点からになっている．行程①は畦畔から 1 行程分離れた地点で終了し，**枕地**を 180 度旋回して隣の行程②に入る．このとき，田植機の植付け条数が多いと旋回半径が大きくなるため操縦が容易になる．行程①と行程②の間隔が適正になるようにするためには，行程①を走行中にマーカーを使用して行程②の田面中央に目印となる線を引いておく．そして行程②を走行するときは，田面の線が機体中央になるように操舵する．この例では，田植機の植付け条数が多いため枕地の幅は 1 行分ほどとしているが，植付け条数が少ない場合は枕地の幅を 2 行分ほどにしなければならない．

3.5 自脱コンバイン

3.5.1 主な構造

自脱コンバインは，引起こし装置を有する刈取機，自動脱穀機，および排わら処理機を組み合わせた収穫機である（図 3.7）．主に 7.7〜88.3 kW のディーゼルエンジンを搭載し，2〜7 条刈り（刈幅 0.7〜2.3 m）で，履帯式走行部を有する．自脱コンバインは，刈稈をフィードチェーンで挟持しながら穂先だけを脱穀するので，脱穀損失・損傷，所要動力も少なく，選別部を小さくでき，全体を小型化できる特長がある．反面，刈取・搬送部が複雑になり，穂先のみをこぎ室に供給するので，大豆などへの適用や大型化が困難である．

作物の種類，品種，収量，収穫条件などで性能

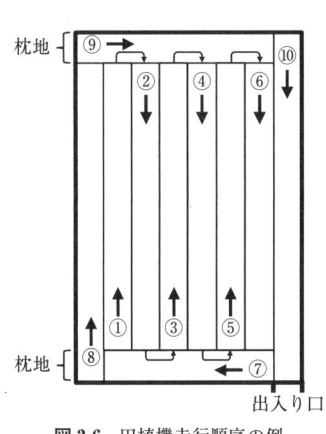

図 3.6 田植機走行順序の例

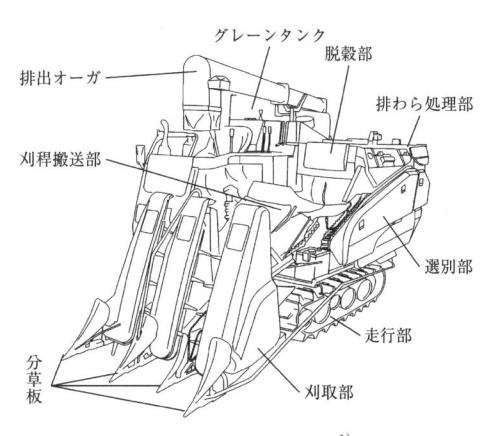

図 3.7 自脱コンバインの構造（文献[1]より引用，三菱農機（株））

は著しく異なるが，作業能率は2条刈り用で7〜20 a/h，7条刈り用で85〜100 a/h，作業精度は穀物損失で2〜3%以下，損傷粒で0.5%以下である．しかし，作物が倒伏すると穀粒損失は増加し，また雨天や早朝，夕刻には作物に水滴が付着して，脱穀・選別性能が悪化する．このため，フッ素加工などの撥水加工を施した選別装置が開発されている．

刈取部には約30 cm間隔で分草板が数個（刈取条数＋1個）設置され，往復運動する刈刃で穀稈を刈り取る．刈稈は，引起こし爪でかき込まれ，株元を搬送チェーンで，穂先を搬送ベルトやチェーンで挟持されながら，配列を乱すことなく，脱穀部へ搬送される．

脱穀・選別部は，図3.8に示すような構造で，こぎ胴の軸方向に選別部が配置されるため，軸流コンバインの一種といえる．

刈稈は，こぎ室を通過する数秒の間に回転するこぎ胴により脱穀される．こぎ胴は直径360〜410 mmの円筒形で，供給側は円錐台形になっており，V形のこぎ歯がボルト止めされている．脱穀された穀粒の大部分は受網から漏下して，唐みファンの風選作用および揺動選別網で単粒，穂切れ粒，わら屑に分けられる．刈稈の種類や状態により，チャフシーブの開度を調節して漏下する穀粒を選別する構造になっている．グレーンシーブを漏下した単粒は，揚穀コンベヤでグレーンタンクなどに運ばれる．穂切れ粒は再度選別処理を行うため，2番還元コンベヤで搬送され，再びグレーンパン上へ戻される．脱穀性能向上のため，わら屑の大部分とささり粒は受網を通過せずに，処理胴を通過して選別部に流出し，ストローラックと吸引ファンによってわら屑と穀粒に選別され，わら屑は機外に排出される．

選別された穀粒は，グレーンタンクや袋に貯留される．グレーンタンクに貯留された穀粒は，排出オーガにより機外へ排出し，運搬用コンテナなどに移し替えて乾燥施設へ搬送する．重労働である袋取りと比較して，作業負担が軽減できるため，3条刈り以上の自脱コンバインではほとんどがグレーンタンク式である．排出オーガは，左右旋回と上下旋回によって排出口の位置を合わせることができる．さらに，排出オーガに伸縮機構，排出口の回転機構，およびシャッタを備えたものもある．

長いわらが圃場に散布されると，耕うん時に爪に絡まり後処理にも多大な労力を要するので，結束装置や切断装置で排わら処理をする．結束装置はノッタビル機構である．切断装置は，ディスク形カッタで排わらを5〜20 cmの長さに切断し圃場に散布する機構である．

走行部はゴム製の履帯が用いられている．履帯の接地圧は12〜22 kPaと小さく設計され，水田でも走行可能である．接地部は4〜7個の転輪で支えられ，大型機では揺動できるイコライザが取り付けてあり，畦越えが安全かつ容易に行える構造になっている．履帯の駆動は，**静油圧トランスミッション（HST）**で行うため，速度を無段階に調節できる．

自脱コンバインは操作・調節する部分が多く，作業者の疲労軽減と安全性向上，および作業性能向上のため，各種の自動制御装置が組み込まれている．方向制御装置は，分草板に取り付けたマイクロスイッチやポテンショメータなどで作物列を

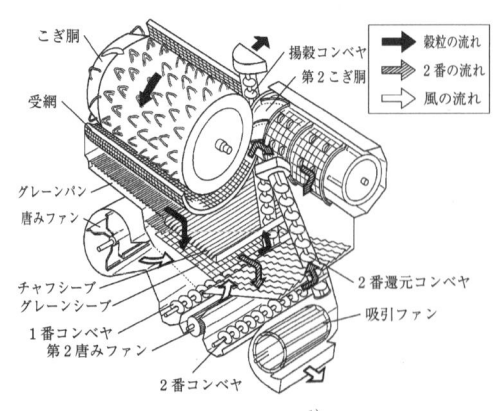

図3.8 脱穀・選別部（文献[1]）を一部改変，三菱農機（株））

検出し，走行クラッチを操作して自動操向する．刈高さ制御は，刈取り部を昇降する油圧シリンダの位置をポテンショメータで検出し，作業者があらかじめ設定した刈高さ位置に合わせる．こぎ深さ制御装置は，マイクロスイッチなどの稈長センサを刈稈搬送部に設置し，搬送装置の傾きを変えて，こぎ室へ入る穂先位置を最適に制御する．刈稈搬送速度制御は，走行用HSTとは別のHSTにより，刈取り部からフィードチェーンまでの搬送速度を走行速度に同調させ，刈稈搬送の乱れを抑え，安定した姿勢で脱穀部に刈稈を供給させる．選別制御装置は，選別部の穀粒量を検出して，チャフシーブの間隙を調節することで選別性能を最適に制御する．穀粒量の検出には，グレーンパン上の穀粒の層厚をポテンショメータで検出する方法や，チャフシーブを通過する風力変化から推定する方法がある．水平制御装置は，機体の姿勢を傾斜センサで検出し，油圧シリンダによって車高を左右・前後に調節することで，刈取り部や選別部を水平に保つ装置である．

3.5.2 収穫作業

収穫前に，コンバインが旋回時に作物を踏み倒さないよう，圃場の隅の作物のうちコンバインの（全長×全幅）程度の面積を手刈りする．刈取り作業は，外周から左回りの渦巻き状に行う．また大規模圃場では，収穫する作物の範囲を中割りによって小分けにする．刈取りの途中でグレーンタンクが満量になれば，運搬用トラックに排出オーガで穀粒を積み替え，乾燥施設まで運搬を行う．

3.6 農業機械の走行力学

3.6.1 走行装置の種類

トラクタを含めた各種車両型農業機械の主な走行装置は，タイヤと履帯であり，それぞれの例を図3.9(a)，(b)に示す．

ブルドーザのような建設機械にも多く見られる履帯は，無限軌道とも呼ばれ，タイヤに比べて接地長が大きく接地面積が増加するために接地圧が低く，自重が大きい大型農業機械でも，軟弱な圃場において少ない沈下量で作業走行ができる．なお，自脱コンバインのような農用車両の履帯はゴム履帯である．これは，金属製履帯よりも軽量であり，圃場面を痛めず，土の締め固めを嫌う農作業に適していること，また旋回時にゴム履帯が外れにくく耐久性の高いものが製品化されたことによる．

タイヤは，履帯より接地面積が小さいために軟弱地での走行は不利であるが，圃場間の道路の移動は容易であり，履帯よりも高速走行に適している．また，軟弱圃場での各種作業走行を実現するため，乗用車用タイヤよりも低い空気圧で用いられることが多い．トラクタによる水田作業では，けん引力を発揮するため高いラグ高さを有するハイラグタイヤも普及している．また粘土質圃場において，タイヤへの付着泥による農道走行時の路面土壌汚染防止の観点から，作業走行時の土離れを容易にするようにラグ断面形状を最適化したトラクタ用タイヤも普及している．一方，金属製リムに直接ゴムだけを貼り付けたソリッド形ゴム車輪も，耕盤走行を行う田植機などで用いられている．

図3.2(b)のように，最近の農用トラクタでは，前輪にタイヤ，後輪にタイヤの代わりに「三角おむすび形」の小型ゴム履帯を装着したものも普及しつつある．この場合，水田代かき作業のような

(a) トラクタ用タイヤ　　(b) コンバイン用ゴム履帯
図3.9 農業機械用走行装置の例（(株)ブリヂストン提供）

超軟弱な粘土質土壌条件下でも，車両の過大沈下を防止しつつ広い接地面を生かしてけん引性能を発揮することができる．また，大規模区画の圃場で用いられる大型高出力の農用トラクタでは，多連プラウのけん引作業性能を重視してゴム履帯のみを装着した，履帯式トラクタも市販されている．

3.6.2 けん引力

タイヤの滑り率 i（％）は，タイヤの**転がり半径**を r，タイヤ駆動軸の回転角速度を ω とし，トラクタの走行速度を V とすると，次式のように計算できる．

$$i = \left(1 - \frac{V}{r\omega}\right) \times 100 \qquad (3.1)$$

見かけの推進力 H は，駆動車軸トルク T を転がり半径 r で除した次式で定義される．

$$H = \frac{T}{r} \qquad (3.2)$$

推進力は，けん引力を発揮するためのタイヤの駆動力であり，接地面が水平であると仮定すると車両の前進方向を向く．

走行抵抗 R_r は，車輪トラクタの場合，圃場でタイヤが沈下したときに，タイヤの前に存在する土を踏み超えるときのタイヤの転がり抵抗成分（締め固め成分）と走行装置の内部抵抗成分からなる．例えば履帯車両では，履帯の張力に起因する駆動系内部の摩擦などの抵抗成分がある．

けん引力 P は正味推進力とも呼ばれ，前向きの推進力 H から後ろ向きの走行抵抗 R_r を除いた前進方向成分の力として $P = H - R_r$ と表され，これが駆動車軸に作用する後ろ向きのけん引負荷とつり合う．

作業時のけん引性能は，タイヤと圃場表土との接触面における摩擦力，ならびにタイヤのトレッド間に挟まれてせん断作用を受ける圃場土のせん断力により支配される．このことから，タイヤにおいてけん引力を発揮するには，摩擦力を発揮させるためにタイヤの軸荷重を増加すること，タイヤのトレッドを凹凸が顕著となるラグ型パターンとすること，および限界はあるもののタイヤの空気圧を低圧にして接地面積を確保し沈下を減少させることが効果的である．また，けん引性能は走行路面の土壌条件にも左右されるため，作業する圃場の土の物理的性質をあらかじめ調べておくことが望まれる．

けん引出力は，けん引力を発揮しながら走行するときの仕事出力であり，けん引力と移動速度の積で算出される．またエネルギー収支の点から，けん引出力と入力である車軸駆動動力 $T\omega$ との比として，次式のようにけん引効率 η が定義される．

$$\eta = \frac{PV}{T\omega} \qquad (3.3)$$

最大けん引力は滑り率が100％のときに得られるが，このとき走行速度はゼロとなり，(3.3)式よりけん引効率もゼロとなるため，エネルギー的に有効な仕事はできない．

3.6.3 トラクタのけん引性能試験

トラクタのけん引性能や駆動性能を明らかにするために性能試験が行われており，世界標準として経済協力開発機構（OECD）の定める性能試験法（テストコード）がある．同様の試験は米国ではSAE農用トラクタ試験（通称ネブラスカテスト），イギリスではBS農用トラクタ試験と呼ばれる．

わが国においては，1964年のOECD加盟後，OECDテストコードに準拠した動力取出軸ならびにけん引性能試験の手順が，それぞれJIS D 6706，JIS D 6707に定められており[4,5]，1966年以降，独立行政法人農業・食品産業技術総合研究機構生物系特定産業技術研究支援センター（略称：生研センター）において実施されている．

最大けん引出力試験では，トラクタに付加重量を加え，最低速度から最大けん引出力を出す速度のすぐ上の速度段までの各速度段において，けん

引出力，けん引力，機関回転速度，前進速度，進行低下率などを測定して求める[5]．試験は，空気タイヤ装着トラクタの場合は，継目の少ない水平で乾いたコンクリートまたはアスファルト面で，また鉄車輪や履帯トラクタでは，草を刈った水平な乾いた草地路面で実施される．横軸にけん引力，縦軸にけん引出力をとり，使用速度段ごとに試験結果をまとめると，走行速度段が上昇するにつれてより小さなけん引力で最大けん引出力が発揮されるような結果となる．

主動力取出軸性能試験には，エンジンの定格回転速度時の最大出力運転試験，各種回転速度における全負荷運転試験，部分負荷運転試験がある[4]．

◆章末問題

1. わが国の精米工場では，研削式精米機と摩擦式精米機とを組み合わせて玄米を精米する場合が多い．研削式精米機と摩擦式精米機についてそれぞれ説明しなさい．
2. 植付け条数が8条以上の田植機が，6条以下の田植機より作業能率がよくなる理由を述べなさい．
3. 自脱コンバインの機構構造別に作物への作用を述べなさい．
4. 後輪に外径 1.5 m のタイヤをもつトラクタが，駆動車軸回転角速度 2.6 rad/s，走行速度 3.6 km/h で作業走行している．このときのタイヤの滑り率を求めなさい．ただし，タイヤは剛体的に回転しタイヤのたわみは無視できるものとする．
5. 作業中のトラクタについて，エンジン出力軸回転数 1,500 rpm，出力軸トルク 50 Nm，エンジン出力軸から後輪タイヤ駆動軸までの総減速比が 60，また後輪タイヤ外径 1.24 m とする．車輪の滑りとたわみは無視できるものとして，(a) トラクタの走行速度，ならびに (b) 後輪の推進力を求めなさい．

◆参考文献

1) 池田善郎ほか（2006）農業機械学 第3版，p. 171-177，文永堂出版．
2) クボタ，クボタ乗用田植機 SPA6 取扱説明書，p. 2.
3) 日本規格協会（1994）農業用車輪トラクタの3点支持装置の主要寸法，JIS D 6703.
4) 日本規格協会（1995）農業用トラクタの主動力取出軸性能試験方法，JIS D 6706.
5) 日本規格協会（1995）農業用トラクタのけん引性能試験方法，JIS D 6707.
6) 農業機械学会編（1996）生物生産機械ハンドブック，コロナ社．

第4章

畑作体系と農業機械

4.1 わが国の畑作体系

4.1.1 畑作の現状
(1) 畑作の耕地面積

2010年のわが国の耕地面積は459.3万haで，そのうち水田249.6万ha，畑地209.7万haで，いずれも1960年代をピークに減少傾向にある．畑地のうち普通畑が116.9万ha，牧草地は61.7万ha，果樹や茶畑などの樹園地は31.1万haである．また，農業総産出額は8兆1,214億円で，米1兆5,517億円，畑作3兆1,299億円，畜産2兆5,525億円であり，1980年以降稲作と畑作が逆転している．その内訳は，稲作が20.3%，野菜は29.5%，麦類，豆類，芋類，**工芸作物**の合計は6.9%であり，花きを含めた畑作物は41%と稲作を上回っている．わが国の農業は稲作を中心に発達してきたが，近年は畑作や畜産の占める割合が多くなっている．

一方，大規模農業が展開されている北海道は，全国の耕地面積の約4分の1である115.8万haを有し，稲作，畑作および畜産において，わが国の食料生産基地としてカロリーベースの食料自給率で約200%を誇っている．道央地方や道南地方では大規模稲作が展開され，道北地方や根釧地方では大規模酪農が発達している．また道東地方は，麦類，豆類，芋類，テンサイ，野菜，飼料作物などの大規模畑作地帯となっている．特に十勝地方は，わが国でも有数の畑作酪農地帯であり，北海道全体の耕地面積のうち約4分の1である25.5万haを有する．農業総産出額は約2,500億円で，福島県，栃木県，新潟県などの1県の産出額とほぼ同額であり，食料自給率も約1,100%を誇る．また，農家1戸あたりの経営面積は40 haを超え，大型農業機械を利用した欧州式の農業が展開されている．

(2) 畑作物の種類と輪作体系

畑作は稲作や畜産と比較すると技術や経営的に複雑である．畑作物は，麦類，雑穀，豆類，芋類，野菜，果実，花きおよびトウモロコシ，テンサイ，茶などの工芸作物と種類が多い．特に北海道の畑作地帯では，主に小麦，バレイショ，豆類，野菜および砂糖の原料となるテンサイが栽培されている．

同一の圃場で，同じ作物を毎年繰り返して栽培する様式を連作といい，異なる種類の作物を一定の順番で年ごとに繰り返して栽培する様式を輪作という．作物を連作すると，地力の低下や種々の土壌病原菌の発生などの連作障害によって作物の収量が著しく低下する．しかし，稲作では連作障害は起こりにくく，その理由は水の循環にあるといわれている．畑作体系での輪作は水田における水の機能に匹敵し，輪作を通して養分の供給や土壌中の病害虫の制御，雑草抑制が行われ，作物の生育や収量が安定する．一方，土壌消毒剤などの農薬の開発によって連作障害を低減させ，また施肥管理技術の発達により，作物の生育をある程度調節できるようになったが，これらの化学的な手法のみでは作物の生育は安定せず，畑作体系での輪作は必要不可欠である．

欧州や東北，北海道の寒冷地では，1年1作が一般的であり，小麦，豆類，バレイショ，テンサ

イの 4 年輪作や休閑地，緑肥，野菜を組み合わせた 5 年輪作が行われている．輪作の順番は，一般に地中作物の芋類やテンサイの次は地上部の豆類や麦類というように，交互に作付けすることが望ましい．しかし，各農家が所有する耕地面積によって，必ずしもこのような順番が守られない場合も多い．

4.1.2 主な畑作物の栽培カレンダー

作物の生育期間は，栽培する地域の気象環境によって異なる．本州の温暖な地域では二期作や二毛作など冬季でも作物の栽培ができる．しかし東北や北海道では，通常 1 圃場で年間 1 種類の作物を栽培する．作物の栽培体系は，種子および苗の準備，耕うん砕土整地，施肥・播種・移植，中耕除草，防除，収穫，運搬，調整に大別される．特に，耕うん砕土整地から収穫作業までの圃場作業期間では農業機械が圃場に入ることから，積雪や土壌が凍結していない時期に限られる．わが国の寒冷地では，4 月中旬〜11 月中旬の約 7 か月間がその時期にあたる．また，バレイショやテンサイは早春の 3 月ごろから催芽や育苗作業を行い，圃場準備が完了すると同時に播種・移植される．ここで，北海道の畑作地帯の主な畑作物の栽培カレンダーを図 4.1 に示す．

北海道の畑作地帯では小麦，バレイショ，テンサイ，豆類を基幹作物とした 4 年輪作が一般的である．圃場での農作業を大別すると，耕うん砕土整地，施肥，播種・移植，管理（中耕除草，防除），収穫運搬作業がある．ここで，表 4.1 は各作物および作業別に利用される主な農業機械をまとめたものである．基本的に，耕うん砕土整地作業と管理作業は，ある程度各作物に共通した作業機を利用できる．しかし，播種・移植作業では作物の種類によって種子の形状，大きさ，播種位置が異なる．特に，テンサイはまだ雪が残る早春に

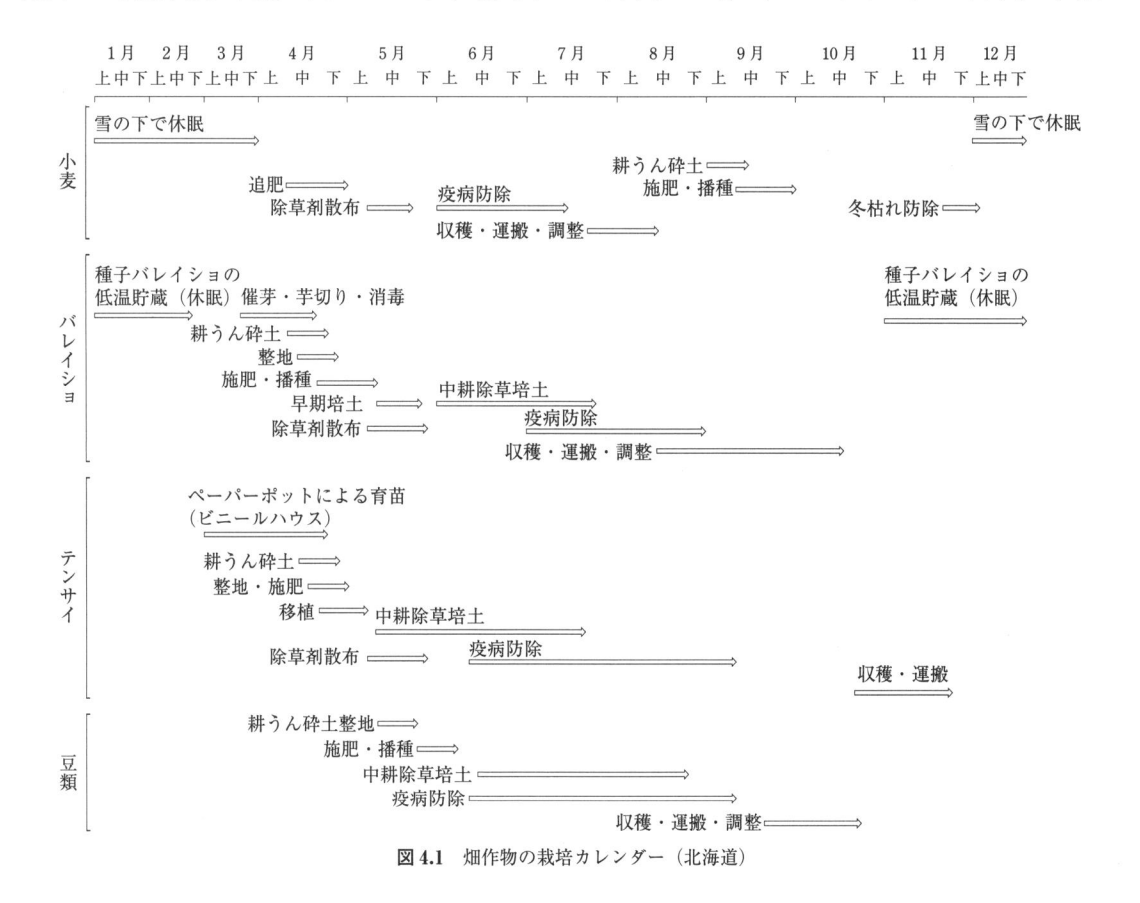

図 4.1 畑作物の栽培カレンダー（北海道）

第4章 畑作体系と農業機械

表 4.1 作物別の主な農作業機械

農作業 作物名	耕うん砕土整地	播種・移植	中耕除草	防除	収穫
豆 類	発土板プラウ ディスクハロー ロータリハロー	総合施肥点播機	カルチベータ 株間除草機	ブームスプレーヤ	ビーンハーベスタ 大豆コンバイン
バレイショ	発土板プラウ ディスクハロー ロータリハロー	ポテトプランタ	カルチベータ 株間除草機 整畦培土機	ブームスプレーヤ	ポテトハーベスタ
テンサイ	発土板プラウ ディスクハロー ロータリハロー	ビート移植機	カルチベータ 株間除草機	ブームスプレーヤ	ビートハーベスタ
小 麦	発土板プラウ コンビネーションハロー	グレーンドリル	なし	ブームスプレーヤ	コンバインハーベスタ

温室で育苗し，その後圃場に定植する．一方収穫作業は，収穫物が地上に存在する麦類や豆類であっても，形状や大きさ，結実位置，その後の収納プロセスが異なる．バレイショやテンサイは地中で作物が生育するが，その形状や大きさが異なることから，収穫作業でも作物ごとに収穫機が異なる．

このように，畑作では輪作が必須であり，また作物の種類が多くなることから，栽培技術が高度化するとともに，種々の農業機械が必要になる．

4.2 大規模畑作体系

4.2.1 耕うん砕土整地作業機

作物を順調に生育させるためには，作物にとって適切な環境に整えることが必要であり，その基本となるのが土壌環境である．耕うん砕土整地作業の目的は，土壌に対して物理的な作用を加え，作物に適した性質に改善することである．具体的には，①土を破砕撹拌し膨軟にして根の伸長に適した環境にする，②適切な土壌水分と保水性を保って土壌の流亡を防ぐ，③適度な土壌間隙をつくり通気性を向上させ地温を維持し，微生物の活性による有機物の分解を促進する，④前作物の残根や雑草を除去する，⑤害虫や病原菌などを駆除する，および⑥作物に適した畝形状に整える，などが挙げられる．

耕うん砕土整地作業は，耕起，砕土，均平，鎮圧，作畦，心土破砕に分けられる．耕うん砕土作業は，プラウで耕起，反転を行う一次耕とハロー類を用いて砕土，均平を行う二次耕を組み合わせたプラウ耕体系と，駆動耕うんのロータリハローで土壌の耕起，砕土，均平を一度に行うロータリ耕体系に大別される．前者は主に欧米や北海道のような畑作地帯で行われ，後者は稲作や施設園芸などで行われている．

(1) 発土板プラウ

プラウ耕は最初に行う農作業であり，農作業の中で最も重作業である．プラウは，トラクタでけん引し，土を切断，破壊，反転する作業機である．り体形状によって発土板プラウ，円板プラウ，チゼルプラウ，ロータリプラウ，和すきに分類され，り体数によって一連プラウおよび多連プラウに，およびけん引方法によってトラクタ直装

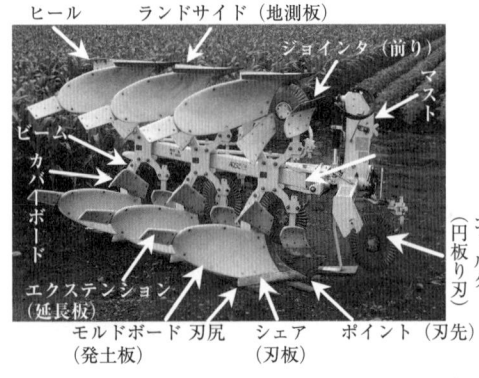

図 4.2 発土板プラウの構造（リバーシブルプラウ）

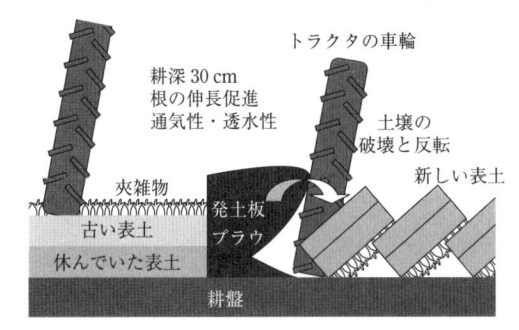

図 4.3 発土板プラウの作用

式，半直装式，けん引式に大別される．

1) 発土板プラウの構造と作用

発土板プラウは図4.2に示すように，フレームにシェアおよび捻転した発土板が取り付けられており，それを土壌に貫入させて，トラクタでけん引する．その作用は，図4.3に示すように，下層の土壌を表面に移動し，また表層の夾雑物などを下層に埋没させ，土壌を反転する．また，土壌を持ち上げたり移動させたりすることにより，作物に適した土塊に破砕する．

2) プラウの耕法

発土板プラウはその構造上，発土板によるれき土の反転方向が通常進行方向に対して右側となる．そのため，内返しや外返しの往復耕法を必要とし，圃場内での作業経路が複雑になる．近年，左右対称な発土板を上下に備え，それを切り替えて順次往復耕法を行うリバーシブルプラウが利用されるようになり，作業能率が向上し，圃場の均平作業，等高線作業などが容易に行えるようになった．

3) プラウの耕深制御

プラウの耕深は常に一定に制御される必要がある．トラクタの3点リンクヒッチに直装されるプラウの耕深制御には，けん引力制御，位置制御，混合制御がある．けん引力制御はプラウに作用する抵抗をトラクタの上部リンクで検出し，油圧バルブを操作することで下部リンクを自動的に上下させて耕深を一定に保つ制御方式である．位置制御は，トラクタの昇降操作レバーと下部リンクの高さに比例関係をもたせ耕深を制御するものである．また，混合制御は土壌の硬さが変化する圃場でも安定した耕深制御を行うために，けん引力制御と位置制御を併用した耕深制御方法である．

4) プラウ耕と土壌保全

プラウによる耕うん作業は，作物の根の伸長促進や，とりわけバレイショなどの地下生育作物の増収を目的に古くから行われてきた．しかしプラウ耕による土の反転耕うんは，土壌や養分，水分の流失，耕盤の形成，大きなエネルギー消費などを伴うため，近年見直されつつある．特に，南米の大規模畑作地帯では**不耕起栽培**や無耕うん栽培が普及している．またコスト低減のために，チゼルプラウを利用した最小耕うんなどが北海道の畑作地帯でも検討されるようになってきた．

(2) 特殊プラウ

チゼルプラウは，土の反転を行わずに作土をチゼル（刃先）が付いた数本のシャンク（爪）で破砕し膨軟にする．サブソイラは，チゼルプラウを土中深くまで貫入できるようにしたもので，硬くなった耕盤や心土を破壊する作業機であり，数年に1回の割合で利用される．

(3) ハロー

砕土整地用機械は，プラウの一次耕に続いて，作物の播種や移植に適した土壌条件に整える作業機である．プラウ耕後の土塊をさらに細かく破砕するために利用されるのがハローであり，特にトラクタのPTOを利用した駆動耕うん作業機をロータリハローという．

1) ディスクハロー

ディスク（円板）ハローは，曲面をもった皿状の直径50〜60cmの鋼鉄製円板をギャング軸に5〜10枚取り付け，それをトラクタでけん引し，切断作用によって土壌の砕土を行うものである．ギャングを前後に角度を変えて配置したオフセットディスクハローは，前列に花形円板が，後列に平滑円板が取り付けられている（図4.4）．さらに，これを左右対称に配置したものをタンデムデ

ィスクハローと呼ぶ.

2) スプリングハロー

スプリングハローは，ばね鋼を円弧状に曲げ，それをフレームに固定し，トラクタでけん引して砕土整地を行う作業機である（図4.5）．石礫や残根などの夾雑物の多い圃場でもトラブルが少なく，耕深12 cm程度までの作業が可能である．また，スパイクハローは円弧状のタインの代わりに，四角または円形断面をもつ長さ15 cm程度の鋼鉄製の釘状の棒を複数個フレームに固定し，土表面に突き刺して引きずり，砕土整地を行う作業機である．

(4) 駆動耕うん

ロータリハローは，トラクタの3点リンクヒッチに取り付けられ，水平な耕うん軸に複数の耕うん爪を取り付け，それをPTOで駆動して回転させ，土壌を反転砕土して耕うんする作業機である．

国産の大型ロータリハローの耕幅は2.6〜3.2 m，その作業能率は0.3〜0.6 ha/hである．また，必要とするトラクタの所要動力は65〜100 kWである．耕深は通常15 cm程度であるが，60 cmまで耕うん可能な深耕ロータリも開発され，野菜作で利用されている．耕うん軸に取り付けられている耕うん爪は，トラクタの進行とともに前進し，その爪の軌跡はトロコイド曲線となる．耕うん爪には，なた爪，L型爪があるが，大型畑作では後者が利用されている．通常，耕うん爪の回転方向は，進行方向に対して上から下方に土を切り込むように回転している．これをダウンカット法といい，逆にすくい上げるように回転するものをアップカット法という．耕うん爪は図4.6のように耕うん軸に取り付けられているが，その駆動方式には小型トラクタ用のセンタドライブ，大型トラクタ用のサイドドライブがあり，欧米の200 kWを超えるようなトラクタではスプリットドライブ方式が採用されている．

コンビネーションハロー（縦軸回転形ハロー）は一般にパワーハローとも呼ばれ，40〜50 cmの2本の歯かんをハンドミキサーのように水平に回転する軸に取り付け，それを複数個配置して砕土を行う駆動形ハローである（図4.7）．通常，後

図4.4 オフセットディスクハロー

図4.6 ロータリハロー

図4.5 スプリングハロー

図4.7 コンビネーションハロー

部には丸鋼を円筒状に配置したかごロータが備えられており，下層を粗く，表層を細かく砕土し，均平まで行う作業機である．

一般にバレイショ，テンサイ，豆類の耕うん砕土整地作業は，発土板プラウ，ディスクハロー，ロータリハローの順番で作業を行い，良好な播種床を形成する．しかし小麦栽培では，省力化と経費節減のために，発土板プラウとコンビネーションハローのみで作業を完了する場合が多い．

(5) 鎮圧ローラ

耕うん砕土後の土壌は膨軟であり，鎮圧して均平にすることによって種子や土壌の飛散を防止する必要がある．

また，土壌を固めることによって，その毛管孔げきを増やして作物の生育に必要な水分の上昇を図ることができる．鎮圧機には表土鎮圧機と心土鎮圧機があるが，畑作で利用される鎮圧ローラは前者のものが多く，滑面ローラのほかに，ソロバン玉を並べたようなカルチパッカやケンブリッジローラが利用されている（図4.8）．

4.2.2 施肥・播種・移植機

肥料は化学肥料と有機肥料とに大別され，その化学的・物理的性状は多岐にわたる．化学肥料は一般に粉粒体肥料であり，肥料の3要素である窒素，リン酸，カリのうち2成分以上を含む複合肥料と，1成分のみの単肥がある．圃場に施用する場合，土壌診断などを行い作物に適した化学成分に調整する必要がある．有機肥料は一般に家畜ふん尿を適切に発酵処理させたものであり，塊状の堆肥と液肥に大別される．

施肥機に求められる性能としては，所定の位置に所定量を均一に施用できること，施肥量の調節が容易であること，保守点検が容易であること，作業能率が高いこと，特に化学肥料の場合では耐食性や耐久性が挙げられる．耕うんや播種・移植時に施用する肥料を基肥，作物の生育中に施用するものを追肥と呼ぶ．

(1) 化学肥料散布機

化学肥料を圃場全体に表面散布する場合，粉末肥料散布機（ライムソーワ）と粒状肥料散布機（ブロードキャスタ）が利用される．ライムソーワは，タンクに入れた石灰などを機体の横に取り付けられている接地輪やPTOで駆動し，タンク下部の羽根車を回転させて底部のシャッタから繰り出す施肥機である．

ブロードキャスタは，ホッパ底部のシャッタから肥料を落下させ，その下方で回転しているスピンナによって肥料が遠くまで散布するものが一般的であるが（図4.9），ブロアとブームによって肥料を搬送して散布するブーム式の機種もある．このほかに，播種機や移植機に搭載され，播種・移植作業と同時に土中に施用される場合も多い．なお化学肥料散布機は，使用後そのまま放置すると肥料が水分を吸収して固結してしまうので，使用後の清掃では水洗いするのではなく，エアブローすることが望ましい．

(2) 有機肥料散布機

マニュアスプレッダ（堆肥散布機）は堆積された堆肥を圃場まで運搬し，細かくほぐしながら均一に表面散布する作業機であり（図4.10），自走式とトラクタによるけん引式がある．荷台には堆肥を後方の散布装置に送るフロアコンベヤなどの

図4.8 ケンブリッジローラ（麦踏み作業）

図4.9 可変施肥型ブロードキャスタ

送り装置を有し，横軸ビータ方式，縦軸ビータ方式，およびスピンナ方式の散布機構によって堆肥を散布する．

液肥にはスラリーやメタン発酵消化液があり，液肥散布機やスラリーインジェクタなどがある．バキューム式の散布機はポンプでタンク内の空気を吸引してスラリーを汲み上げ，散布時は逆にタンク内を空気で加圧して，表面散布を行ったり，土壌に注入したりする（図4.11）．

(3) 播種方法

播種は人工的な植物群落をつくることが目的であり，その播き方は作物の種類や圃場条件で異なるが，一般的には次の3つの方法がある（図4.12）．

図4.10 マニュアスプレッダ（けん引式）

図4.11 スラリーインジェクタ

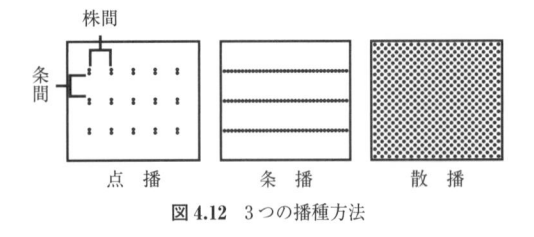

図4.12 3つの播種方法

1) 点 播

一定の条間と一定の株間を保ち，1か所に1粒もしくは複数の種子を播く方法である．対象とする作物が多く，主に豆類，バレイショ，テンサイ，トウモロコシ，野菜類であり，播種機としては点播機やポテトプランタ，ビート移植機，精密播種機（**真空播種機**）などが利用される．

2) 条 播

一定の条間を保ち，進行方向に連続的に種子を播く方法であり，主に小麦や牧草の播種で，条播機（グレーンドリル）が利用される．

3) 散 播

圃場表面に一様にばら播く方法であり，作物としては牧草や芝などで，ブロードキャスタが利用される．

(4) 点播機

豆類やトウモロコシの播種に利用される点播機は，施肥機と組み合わせ総合施肥点播機（プランタ）として利用される（図4.13）．まず作溝器によって作土に溝をつくり，そこに施肥ホッパから繰出し装置によって所定の位置に化学肥料を施用し，覆土後に種子ホッパから種子繰出し装置を介して一定間隔に種子を落下させ，覆土鎮圧までを一度に行う作業機である．この作業機はトラクタによってけん引されるが，トラクタの機種によってPTO回転数とトラクタの作業速度との比が異なることから，播種機に独自の接地輪を取り付け，その回転で肥料と種子の繰出し装置を駆動する．種子繰出しは，主に傾斜円板方式が利用され，回転目皿の種子板は種子の形状や大きさ，1株の粒数に合わせて交換式になっている．また，1粒点播の精密播種機には真空式が利用され，いずれの点播機も株間は60～80 cmの間で調節可能である．バレイショはそれ自体が種子であり，豆類の播種機とは種子の大きさが異なることから利用できないので，バレイショ専用のポテトプランタが利用される．播種機構としては回転目皿方式やエレベータ式が一般的であり，大きな種芋を

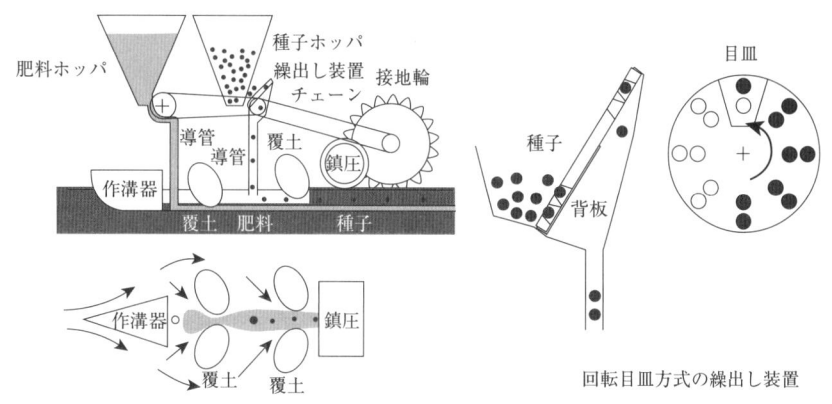

図 4.13 総合施肥点播機の構造

2つに切断して播種するカッティングプランタはわが国独自の技術である．

(5) 条播機

小麦や牧草などの播種にはグレーンドリルが利用される（図 4.14）．構造的には総合施肥点播機の施肥部を省略または簡素化したものであり，条間は約 20 cm と狭い．また，播種機構は連続的に種子を繰出すために，掻出し式や傾斜円板式，ベルト式，汲出し式，セルロール式および横溝ロール式がある．

(6) 散播機

牧草などの種子を均一に圃場全面に播種する場合，粒状肥料散布機のブロードキャスタが利用される．しかし，この作業機は圃場表面に種子を散布するだけで覆土を行わないので，播種後は滑面ローラやカルチパッカを利用して鎮圧作業を行い，種子を土中に埋没させる必要がある．

(7) 移植機

稲作では田植機を利用した移植法が一般的であるが，畑作物では地域性や作物の種類が多いことから，移植機はそれほど普及していない．しかし，野菜農家からは高性能な移植機の開発が強く求められており，今後の発展が期待される農業機械の1つである．

移植法の利点としては，事前に育苗施設で苗を育てていることから，健全な苗を選んで圃場に定植できることや，特に北海道のように，露地栽培では十分な生育期間を確保できない作物で増収効果が期待できることが挙げられる．その反面，直播栽培に比べて育苗施設が必要であり，資材や機械経費，労働力が大きくなる欠点がある．

畑作移植機用の苗には，樹脂製の苗箱に土と肥料および種子を入れて発芽させた型枠苗（成形苗，セル苗），土を圧縮してブロック状にしたソイルブロック苗などがある．北海道のテンサイをはじめ種々の野菜作では，六角形の紙筒を水溶性の接着剤で蜂の巣状に連結したものに土と肥料，種子を入れて発芽させたペーパーポット苗が利用されている．また長ネギなどの野菜作では，連続的に苗を繰出すチェーンポット苗が利用されており，移植作業の省力化に貢献している．

テンサイのペーパーポット移植機，すなわちビート移植機は，1965 年にわが国で開発された技術であり，現在その普及率は約 90% となっている．苗をばねで押さえられた2枚の回転するゴム板で挟み，円板下部から作溝器で開かれた溝に苗を投入し，定植する．苗の供給機構には光センサ

図 4.14 グレーンドリル

図 4.15 全自動ロボット型ビート移植機

を用いて，空ポットや不良苗を検出する機構を有している．慣行機は苗の補給を人力によって行っているが，近年では苗補給も自動化した全自動移植機が利用されている（図 4.15）．

4.2.3 中耕除草作業機

圃場に播種・移植された作物を順調に生育させるためには，マルチング，中耕除草，培土，間引き，追肥，かん水などの栽培管理作業が必要である．マルチングは，地温の調節や土壌水分の保持，雑草や害虫の防除，土壌流亡の防止を目的に薄いプラスチックフィルムなどで圃場表面を覆う作業であり，その作業機をマルチャと呼ぶ．

中耕除草は，図 4.16 のように作物の生育過程で固結した株間や条間の土壌を膨軟にし，通気性や透水性を向上させ，雑草を処理し，作物が倒伏しないように根際に土を覆土するものである．通常，播種時に基肥を施用するが，作物の生育状態に応じて追肥する場合がある．

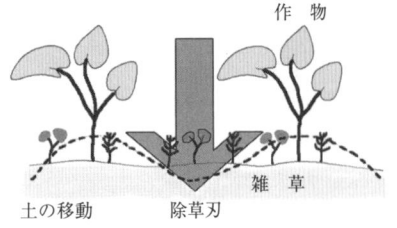

(1) 中耕除草機

カルチベータは表層 5～6 cm の中耕と条間の除草，培土を目的とした中耕除草機であり，トラクタ直装の 4 畦式が一般的である．カルチベータのアタッチメントとして，中耕爪，除草刃，培土板，護葉刃などがあり，目的に応じて取り替えて作業する．また，カルチベータに肥料ホッパと繰出し装置を追加した施肥カルチも利用されている．

ロータリカルチベータは作業幅 30 cm 程度の小型ロータリハローを条間に位置するように数セット配置し，トラクタの PTO で駆動して株間の砕土性を向上させるものである．中耕除草作業は作物の株際まで爪を作用させるため，トラクタのハンドル操作を誤ると生育している作物にダメージを与えることから，特に高度な熟練を要する．そこで，作物列をレーザセンサや CCD カメラで認識し，畝追従を自動化する研究も行われている．

(2) 株間除草機

カルチベータは条間の雑草のみを処理することから，これまで株間の雑草は人力によるホー除草に頼っていた．しかし，現在では水平に回転するロータリタインが作物の根際まで作用し，株間の雑草をも処理できる株間除草機が利用されるようになり，畑作での労働投下量を低減している（図

① 株間の固結した表土の膨軟化
② 空気や雨水の浸透を改良
③ 土壌水分の保持
④ 微生物活性の促進
⑤ 雑草の除去
⑥ 作物への覆土

図 4.16 中耕除草作業の目的

図 4.17 株間除草機

(3) 培土機

バレイショは，その生育過程で塊茎が生長し，播種時期の根圏域のままでは塊茎が露出して緑化芋となり，出荷できなくなってしまう．そのため慣行の培土作業では，2～3回程度整畦培土機を利用して根圏域を拡大する培土作業が行われている．しかし近年のバレイショ栽培では，省力化や規格のそろった芋の生産のために，早期培土のロータリヒラー方式やソイルコンディショニング方式による深植え栽培法が行われるようになってきた．

4.2.4 防除機

農作物は，その生育過程で害虫や病原菌の被害を受けるので，それを防止するために防除作業が行われる．化学農薬を利用した直接法が一般的であり，農薬を散布する機械を防除機という．一方で間接法には，天敵や害虫の不妊化処理などの生物的方法，誘蛾灯やフェロモン利用による誘引捕殺法などがある．

農薬は，除草剤，殺虫剤，殺菌剤に大別され，散布時は液剤，粉剤，粒剤の状態で施用されるが，畑作では主に液剤が利用される．液剤農薬を散布する利点としては，薬剤を混合して散布できること，薬液の粒径を調節できること，作物への付着性が高いこと，噴霧粒子の運動エネルギーが大きく，到達性が高いことなどが挙げられる．

液剤の防除機はその粒径や散布量によって表4.2のように分類されるが，大型畑作地帯では動力噴霧機を利用したブームスプレーヤが広く利用されている．農薬は，原液を水で希釈し，それを指定された散布量で圃場に噴霧する．わが国では水資源を豊富に利用できることから，原液の農薬を水で500～2,000倍（通常1,000倍）に希釈した薬液を，1 ha あたり1,000 l 散布する多量散布が一般的である．一方，欧米では水資源が貴重であることから，高濃度な農薬を散布する少量あるいは準少量散布が普及している．そのため，防除機に対する安全基準が高く，作業速度センサやGPSを利用した散布量・散布位置制御などの高精度技術が要求されている．また，近年の農薬は生物体に対し極めて安全性が高くなっているが，さらに食の安全安心を確保するために**ポジティブリスト制度**が施行され，農産物に含まれる残留農薬について厳しく規制されるようになった．

(1) 動力噴霧機

動力噴霧機は，薬液を加圧する往復動ポンプ，その脈動を軽減する空気室およびばねを利用して散布圧力を一定にする調圧弁で構成され，加圧された薬液は配管を通り，噴霧ノズルに送られる．

(2) 噴霧ノズル

噴霧ノズルは，加圧した薬液を小さなノズル噴孔から無気噴射して微粒化し，作物や土壌に噴霧する．ノズルはその噴霧パターンによって直射，扇形，中空円錐，中実円錐ノズルに分けられ，噴霧粒子の粒径はノズルの噴孔の大きさによってある程度決定される．粒径が小さいと作物の葉に一様に散布することが可能であるが，風による漂流飛散（**ドリフト**）も大きくなり，隣接圃場の他作物に影響することに注意が必要である．

(3) ブームスプレーヤ

大型畑作地帯で利用されるブームスプレーヤは，図4.18に示すように薬液タンク，動力噴霧機，分枝管，長大なブームノズルで構成される．ブームスプレーヤはトラクタ直装式，けん引式，自走式（図4.19）が利用され，タンク容量はそれぞれ1,000～1,500 l，3,000～6,000 l，3,000～5,000 l である．また，ブーム長（散布幅）はそれぞれ13～18 m，24～30 m，20～33 mであ

表4.2 液剤散布法の分類と防除機の種類（文献[2]を一部改変）

散布法	散布量（l/ha）	防除機の種類	粒径（μm）
多量散布	500 以上	噴霧機	150～440
準少量散布	100～500	ミスト機	30～100
少量散布	30～100	微量・少量散布機	40～140
過少量散布	6～30		
微量散布	6 以下		

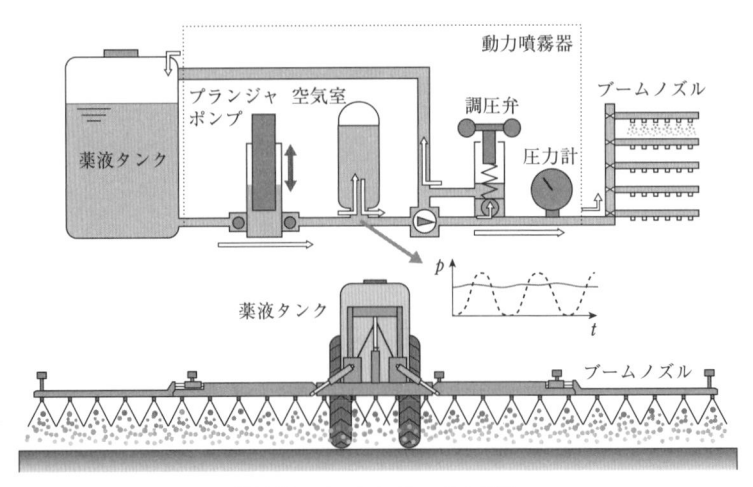

図 4.18 ブームスプレーヤの構造

(a) トラクタ直装式

(b) トラクタけん引式

(c) 自走式

図 4.19 各種ブームスプレーヤ

り，農業機械の中で最も作業能率が高い作業機である．

防除は，ドリフトを低減するために朝夕の風の少ない時間帯に作業が制限されることから，近年高能率化が進んでいる．特に，散布幅の拡大によりブームの挙動を安定させるため超音波センサを利用したり，衝撃吸収用ブーム支持機構を装備する機種も見られる．

4.2.5 収穫機

収穫作業は，収穫物の重量が大きいことから機械化の要望が極めて高い．稲作や麦類などの穀物収穫機は，古くから開発が進み機械収穫が一般化している．しかし，野菜や果物では収穫物が軟弱で高水分であることから機械化が遅れており，今後の開発が大いに期待されている．北海道の畑作では，小麦，バレイショ，テンサイ，豆類の 4 作物が輪作体系の基本となっていることから，これらの作物については機械収穫が一般化している．また，これ以外のナガイモや大根，ニンジン，キャベツなどの野菜作では近年収穫機が開発され，機械化一環体系が確立されつつあり，生産性の向

(1) 小麦収穫機

北海道の小麦は，秋に播種を行い，翌年の夏に収穫する秋播き小麦が一般的である．小麦の収穫時期は7月下旬～8月上旬であり，降雨による品質低下を防止するために，短期間に収穫される．また，一区画の圃場が数 ha と大きいことから，稲作で利用される自脱コンバインに比べて作業能率が極めて高い欧米式の普通コンバインが利用されている（図4.20）．

普通コンバインは，こぎ胴での作物の通過方式によって**直流**と**軸流**に大別され，刈り取った作物全部がこぎ室を通過して脱穀されるため，イネ，麦類，トウモロコシ，豆類など適応する作物が多い．しかし，普通型は自脱型に比べて能率が高い反面，穀粒損失や損傷粒が多いなど作業精度が若干劣る．また，こぎ室は水平に保つ必要があり，傾斜地では自動水平制御装置を備えた傾斜地用コンバインが利用されている．

(2) バレイショ収穫機

バレイショは収穫物が地中に生育することから，収穫機には土中からの芋の堀上げ，土砂石礫除去，茎葉処理，選別および集荷が求められる．また，収穫物が軟弱で打撲に弱いことから，収穫に対して細心の注意が必要である．ポテトディガは土中から芋のみを堀上げ，地上に置いていくものであり，その後に手作業やピックアップハーベスタが必要である．しかし，ポテトハーベスタは土中からの芋の堀上げから選別，タンクやコンテナへの収納まで一連の作業を行う収穫機であり，大規模畑作地帯ではこの種の収穫機が一般的に利用されている（図4.21）．国産のポテトハーベスタはトラクタけん引式の1畦用がほとんどであるが，欧米では多畦用自走式ポテトハーベスタも利用されている．

(3) テンサイ収穫機

北海道のテンサイ収穫は，10月中旬から降雪直前までの短期間に行われることから，高能率作業が求められる．収穫の際には製糖時に不要になる茎葉を切断除去するタッピング作業を必要とし，その作業機をビートタッパと呼ぶ．ビートタッパは，タッピング精度を維持するため構造上作業速度が制限され，2または4畦用が利用されている．また，ビートハーベスタにビートタッパを装着した機種もあり，先行する畦でまずタッピングを行い，次の隣接作業で根部の堀取り，土砂分離を行い，タンクに収納する．国産のビートハーベスタはトラクタけん引式の1畦用であるが，欧州では6～8畦用の自走式ビートハーベスタが利用され，一部北海道にも導入されている（図4.22）．

図4.21　けん引式ポテトハーベスタ

図4.20　欧米式の普通コンバイン

図4.22　自走式ビートハーベスタ

(4) 豆類収穫機

小豆や菜豆などは,色や形などその外見的品質が極めて重要であり,自然乾燥して脱穀する方法が伝統的に行われてきた.これらの豆類は,完熟後霜が降りる前に刈り取られるが,機械収穫では裂莢が懸念される.そのため,早朝朝露が多い時間帯にビーンカッタで刈り取りを行い,直径20〜30 cmの小株にして圃場に置く.そして人力によって直径1.5 m,高さ1.5 m程度に堆積したニオ積みをつくり,その状態で2週間程度自然乾燥を行う.その後,トラクタけん引式の豆専用の脱穀機(ビーンスレッシャ)によって豆のみを収穫する(図4.23).大豆も同様の方法で収穫乾燥が行われていたが,近年は普通コンバインによる収穫が大規模畑作地帯で普及している.

(5) 野菜収穫機

1) ナガイモ収穫機

ナガイモは健康食品として青森県や鳥取県などで生産されているが,北海道十勝地方もわが国有数の生産地帯であり,また近年では米国や台湾に輸出されている.ナガイモは地中約60〜80 cmの深さまで伸長し極めて傷に弱いため,機械収穫の障害となっている.収穫方法は,バックホーに小型のバケットを取り付け,条間を掘削してその中に作業者が入り,人手で1本ずつ収穫する方法や,深さ1 mまでプラウ状の掘削刃を挿入し,土とナガイモを同時に堀上げ,ナガイモのみを収穫するナガイモプラウ方式がある.

2) 大根収穫機

大根は地中約30〜50 cmの深さまで生育するが,ナガイモに比べると根部の形状は先が細い.また,大根の茎葉は収穫時でも鮮度が高く,人力で大根の茎葉をつかんで引き抜くこともあるが,極めて重労働である.近年,大規模生産農家では,大根の茎葉を2本のベルトで挟持し,土中をリフタで膨軟にし,土中から引き抜き,茎葉を処理してコンテナに箱詰めする自走式の大根収穫機が利用されている(図4.24).

3) ニンジン収穫機

ニンジンは大根を小さくしたような形状の作物であり,その深さは30 cm以内である.収穫機の基本的構造は大根収穫機と同様であり,茎葉をベルトで挟持して土中から引き抜く.近年は2畦用の自走式収穫機が利用されている.

4) キャベツ収穫機

キャベツは重量結球野菜の1つであり,群馬県や愛知県が主産地である.また,夏季に収穫される露地キャベツは北海道が主産地であり,古くからその収穫機の開発が切望されていた.現在のキャベツ収穫機は直径15〜18 cmの結球株を2本のベルトで挟持して土中から引き抜き,最終段階で根部を回転刃で切断してコンテナに収穫する一斉収穫機である.しかし,キャベツは生育差が大きく,実際には人手による選択収穫が行われており,キャベツ収穫ロボットの要望も高い.

図4.23 ニオ積み乾燥とビーンスレッシャ

図4.24 自走式大根収穫機

4.3 小規模畑作体系

小規模で栽培される野菜，果樹，花き，および茶などの園芸作物は種類や品種が多く，また産地の地域性が大きく関与するため，使用される機械も種類が多い．ここでは，代表的な野菜，果樹，花き，茶用の農業機械について述べる．

4.3.1 野菜

野菜は利用する部位により葉茎菜類，根菜類，果菜類に分けられ，施設や露地で栽培されている．小規模野菜栽培の作業体系は，大規模畑作と同様に，圃場の耕うん，整地，畝立て，施肥，播種（移植），管理（間引き，中耕，防除），収穫であり，使用される農業機械も同じ構造や機能を有し，一般に小型化・簡略化されたものである．野菜の作型は作物や地域により異なるために機械化が難しいが，農業資材や収穫物の運搬に使用する台車や運搬車（図4.25）が普及している．野菜では連作障害の防止と生産歩留まりの向上が重要であるため，接木苗の移植栽培が行われている．接木は，土壌伝染性病害に強い台木に収穫を目的とする穂木を接いで苗を生産しており，果菜類のキュウリ，スイカ，メロン，ナス，トマトなどで使われている．

4.3.2 果樹

果樹は一般に永年生作物であり，作業は樹間で行われる．また，果樹園は傾斜地や起伏地が多く，機械化が困難である．一方，収穫した青果物は，品質（外観，寸法，水分，糖度，酸度など）が重要であり，調整・貯蔵・選別作業に機械が大きな役割を果たす．

果樹用機械では，果樹の剪定と整枝，園地の草刈りと土壌改良，害虫や病気の防除，収穫，運搬などを行うものがある．果樹の剪定は主に手作業で行われ，剪定された枝は粉砕して有機物として圃場に還元される．果樹園の地表は，土の流亡防止のため通常草に覆われており，定期的な草刈りが必要である．このため，背負式や肩掛式の刈払機，歩行型や乗用型草刈り機などを使用する．果樹園の土壌は，運搬車や草刈り機などの走行により踏み固められるため，深耕機によって土を耕うんして膨軟にし根の張りをよくする．

平坦な果樹園での防除作業では，液剤を風で吹き付けるスピードスプレーヤが使用される．近年，農薬のポジティブリスト制度に対応し，農薬飛散を低減するためにブーム式スピードスプレーヤが開発された（図4.26）．

果樹での収穫作業は，高所での作業となるためにブーム式高所作業車や垂直昇降式高所作業車が使用される．これらの作業車は低重心化と不整地走行性のため，履帯型車両である．ブーム式はより高い位置での作業が可能であるが，その反面，重心移動が起こりやすいため，転倒に注意する必要がある．収穫した青果物の果樹園での運搬は重

図4.25　運搬車（(株)筑水キャニコム）

図4.26　ブーム式スピードスプレーヤ

労働であるため，自走式の運搬車が使用される．急傾斜地の果樹園では等高線方向の通路も狭く，自走式一輪運搬車が利用される．通路幅が十分確保できる場合には履帯型や車輪型の運搬車で収穫物が入ったコンテナを農道まで運搬し，軽トラックなどに積み替えて選果場へ運ぶ．さらに，運搬車が通行する通路の設置が困難な果樹園では，単軌条（モノレール）を園内に設置して，その軌条を走行する自走式運搬車で管理機や収穫物の運搬を行う．

4.3.3 花 き

花きは，生活環境の向上と潤いを与える農産物であり，種類や栽培法もさまざまである．花きの生産では，キク，バラ，カーネーションなどの採花した花を選別・包装・出荷するもの，チューリップやヒヤシンスのように球根を堀取り・選別・出荷するもの，さらに種子や幼苗として選別・出荷するものがある．キクの切花では，重量で機械選別するとともに下葉取りも自動で行う選別機が利用されている．

4.3.4 茶の生産

茶は製茶法の違いにより不発酵茶（緑茶），半発酵茶（ウーロン茶など），発酵茶（紅茶）の3種類に分類される．わが国で生産されている茶はほとんど緑茶である．また，てん茶などの高級茶は手摘みである．茶の生産では，茶摘み作業（摘採），施肥や茶樹の整形や更新といった管理作業，および収穫した茶葉の加工を行う機械がある．

(1) 摘採機

茶園の多くは山間傾斜地にあるために機械化が難しく，九州地方の平坦地で栽培される茶園以外では，大型の収穫機（乗用摘採機，図4.27）は導入が進んでいない．他の地域では小型の可搬型摘採機が用いられている（図4.28）．

摘採機は，小型エンジンによりバリカン状の往復動刃を駆動して茶畝上部の新茶の部分を刈り取

図4.27 乗用摘採機

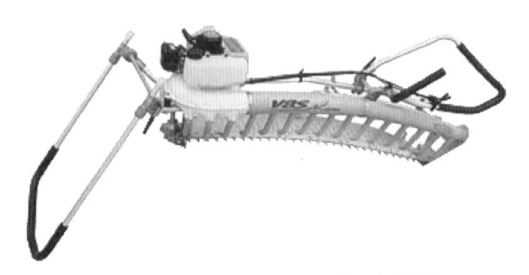

図4.28 可搬型摘採機（落合刃物工業(株)）

る．このため，刈り刃は樹冠に合わせて弧状に並び，刈り取った茶葉は空気流で摘採機後部の集葉袋に送り込む．乗用摘採機は，茶畝をまたいで畝間を走行しながら茶葉を収穫する．

(2) 管理機

茶栽培では狭い茶畝の間を歩行しながら大量の窒素肥料を施用するため，手押し車型肥料散布機が用いられる（図4.29）．自走式と手押し式があり，ホッパ下から車輪の回転速度に合わせて肥料

図4.29 手押し車型肥料散布機

を繰出す．また，茶樹の両側を刈り取って畝間を確保する裾刈り機，人や機械が通る畝間の土を耕して根の伸びを促し，土壌に酸素を入れるための深耕機がある．

(3) 茶加工機

わが国では煎茶とてん茶が生産されており，大部分は煎茶が占めている．煎茶の加工では，蒸熱，粗揉，揉捻，中揉，精揉，乾燥の6工程（製茶工程）があり，さらに火入れ，選別，合組（再製工程）などを経て出荷される．この各工程で製茶機械が使用される．てん茶は収穫前に茶樹を数日被覆して摘採する．摘んだ茶葉は，蒸して揉まずに乾燥する．抹茶はてん茶を石臼で挽いたものである．

◆章末問題

1. トラクタの3点リンクヒッチに作業機を取り付ける順番を述べなさい．
2. 発土板プラウの長所と短所を述べなさい．
3. リバーシブルプラウの長所と短所を述べなさい．
4. 毎分吐出量 $1.8\,l/min$ の噴霧ノズルが，ブームスプレーヤに取り付け間隔 30 cm で 60 個取り付けられている．このスプレーヤで 10 a あたり 100 l の散布量で農薬を散布する場合の作業速度を求めなさい．
5. 自脱コンバインと普通コンバインの刈取りから脱穀部を通過する過程について，その違いを述べなさい．
6. 一般的なバレイショの機械化栽培体系について述べなさい．
7. 秋播き小麦の機械化栽培体系について述べなさい．
8. 株間 20 cm，条間 60 cm で，1株2粒で点播する場合の 10 a あたりの種子数を求めなさい．

◆参考文献

1) 池田善郎ほか編（2006）農業機械学 第3版，文永堂出版.
2) 川村 登ほか（1997）新版 農作業機械学，文永堂出版.
3) 農業機械学会編（1996）生物生産機械ハンドブック，p. 707-787, コロナ社.
4) 岡村俊民（1991）農業機械化の基礎，北海道大学図書刊行会.
5) 大久保隆弘（1976）作物輪作技術論，農山漁村文化協会.
6) 総務省統計局編（2011）日本の統計 2011, 日本統計協会.

第5章

畜産機械

5.1 粗飼料収穫作業の概要と収穫調整機械

粗飼料の生産は，生育している作物を青刈りして直接家畜に給餌する方法と，収穫後十分に水分を低下させ，腐敗しない状態で梱包して長期収納して給餌する方法，および多汁な状態で乳酸発酵させサイレージとして貯蔵して給餌する方法に分けられる（図5.1）．牧草のグラスサイレージは材料水分によって3つに大別されるが，低水分のヘイレージは変質を防ぐために高気密タワーサイロを必要とする．また，変質しない18％以下の水分にまで牧草を乾燥させて貯蔵する乾草収穫体系は酪農の基本であったが，近年ロールベールラッパの登場により，サイレージに調整して嗜好性を高めた状態で給餌するサイレージ収穫体系が主流になっている．

また，デントコーンなどの飼料作物は，スチールタワーサイロなどを利用したサイレージ体系が一般的であったが，サイロの維持コストの問題や多頭化に伴い，近年ではバンカーサイロに貯蔵する方法が主流になっている．

5.1.1 モーア

牧草を刈り取る作業機がモーアであり，刈取機構により回転円板刃のロータリモーアとナイフが往復動するレシプロモーアに大別される．

垂直回転軸形のロータリモーアには，円板刃を駆動する位置によってディスクモーア（図5.2）とドラムモーアがあり，前者は回転刃を下から駆動し，後者は上から駆動する．円板刃の回転数は約3,000 rpmであり，ナイフ先端の周速度は50

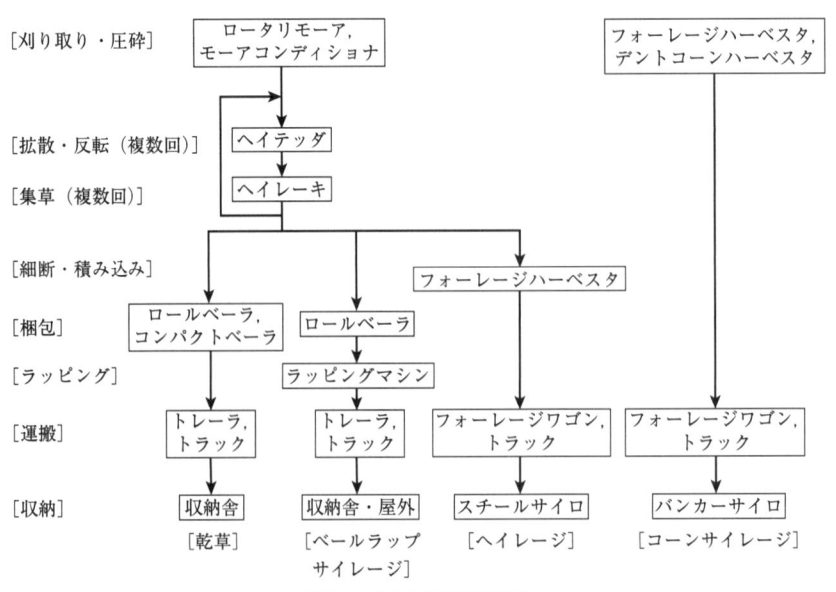

図5.1 主な粗飼料収穫体系

図5.2 ディスクモーア

〜 90 m/sであるが，周速度が低下すると切断不良になる．構造が簡単で振動が少なく高速作業が可能である反面，所要動力が大きく，石礫の飛散防止などの安全対策が必要である．また，水平回転軸形のフレールモーアは牧草に損傷を与えて乾燥を促進させる効果があるものの，さほど普及していない．

レシプロモーアは，複数のナイフを並べたカッタバーをクランク機構によって往復させ，受刃とで牧草を挟み切るものである．振動低減や作業速度を向上させるためにダブルナイフモーアなどが開発されたが，現在ではロータリモーアが主流になっている．

ヘイコンディショナは，茎葉を圧砕して乾燥を促進させるものであり，クラッシャ形，クリンパ形，溝付クラッシャ形，フレール形がある．モーアコンディショナは前述のモーアの後方にヘイコンディショナを取り付けたものであり，1行程で牧草の刈り取りと圧砕処理を行うことができる（図5.3）．

5.1.2 テッダレーキ

牧草刈り取り後に，天日によって速やかに水分を低下させるために，牧草の拡散，反転，混和の作業が必要であり，これを行う作業機をヘイテッダという．また，夜間吸湿を防いだり，ヘイベーラで収穫する際に集草する作業機をヘイレーキと呼ぶ．テッダレーキには，チェーン形テッダレーキ，回転輪形サイドレーキ，斜円筒形サイドレーキ，ジャイロ形がある．特に，ジャイロテッダは水平に回転する複数のロータに複数のタインを取り付け，下方の牧草を回転させて拡散や反転を行う．また，1ないし2軸の大型ロータと集草板を取り付けて集草作業を行うジャイロレーキが一般的に利用されている（図5.4）．**アルファルファ**やクローバなどのマメ科牧草は葉部の栄養価が高いことから，乾草調整を行う際，脱葉させない工夫が必要である．

5.1.3 ヘイベーラ

乾燥した牧草は，運搬収納を行うために圧縮して結束し梱包する必要がある．梱包の形状は直方体のコンパクトベールと円筒形のロールベールに大別される．

コンパクトベーラは，集草された乾草をピックアップ爪によって拾い上げ，約35×45×70 cm，重さ20 kg程度に圧縮成形して結束し，圃場に放置する．ビックベーラは乾草を直方体に圧縮成形し，重量500〜800 kgの大きな梱包にするベーラである．

ロールベーラはラウンドベーラとも呼ばれるが，拾い上げられた乾草をベルトやローラで円柱状に圧縮成形し，直径1.5〜1.8 m，重量600〜800 kgのベールに仕上げ，トワインやネットで結束する．現在利用されているベーラはほとんど

図5.3 モーアコンディショナ

図5.4 ジャイロレーキ

がこのロール式であり，牧草以外に稲や麦収穫後のわらの梱包にも利用されている．ロールベーラは梱包が仕上がるたびに，一旦走行を停止し図5.5のように排出する必要があり，作業能率を低下させる．しかし，近年は停止することなく梱包作業を連続的に行える機種も開発されている．

わが国は多雨多湿であるため，天日乾燥のみで長期貯蔵に耐える牧草水分に調整することは困難である．そのため，人工乾燥法のヘイドライヤやヘイキューバ（**ヘイキューブを成型する機械**）などが導入されたが，オイルショック以後ほとんど利用されなくなった．そこで，水分60％前後まで自然乾燥させた牧草をロールベールラッパによってプラスチックフィルムで覆い，ベールサイレージとして調整する技術が開発され一般化している（図5.6）．ロールベーラの登場によって，乾草収穫の軽労化と大幅な作業能率の向上を実現したが，傾斜地ではベールが転がってしまうことがあるため，前述のビックベールをラッピングする機種もある．また，図5.7のようにロールベーラとラッピングマシンを結合した複合機も開発されている．

図5.5 ロールベーラによる梱包

図5.6 ロールベールラッパ

図5.7 ロールベーラ・ラッピングマシン複合機

5.1.4 フォーレージハーベスタ

フォーレージハーベスタは，乾草やデントコーンなどの飼料作物を刈り取りまたは拾い上げ，細断して吹き上げ，運搬車に積み込む収穫機である．トラクタ直装式，けん引式，自走式があるが，北海道のような大規模酪農地帯では欧米から輸入された高能率な自走式フォーレージハーベスタが利用され，大規模農場やコントラクタ（農作業受託組織）などで利用されている．

図5.8に示す自走式のユニット形フォーレージハーベスタは，本体に細断と吹上げ機構を装備し，収穫する飼料作物に応じてカッタバーユニット，ピックアップユニット，ロークロップユニットに取り替えて収穫作業を行う（図5.9）．フォーレージハーベスタには収穫物を運搬する伴走トラックやフォーレージワゴンが必要であり，デントコーンの場合は酪農家の敷地内に搬送された後バンカーサイロなどに貯蔵し，サイレージとして調整され家畜に給餌される．

近年，粗飼料と濃厚飼料を混合して栄養価を高めたTMRと呼ばれるコンプリートフィードが普及しており，細断されたデントコーンを細断型ロ

図5.8 フォーレージハーベスタによる収穫作業

図 5.9 フォーレージハーベスタのユニット取替え

ールベーラとラッピングマシンによってサイレージに仕上げる．コーンベールサイレージ体系も開発されている．

5.2 家畜飼料の種類と給餌

5.2.1 飼料の種類

家畜の飼料は自給飼料と購入飼料，または粗飼料と濃厚飼料（配合飼料）に大別される．

2010年の国内における **TDN**（可消化養分総量）ベースの飼料自給率は25％，粗飼料自給率は78％，濃厚飼料自給率は11％である．また粗飼料給与率は乳用牛で47％，肉用牛繁殖で60％，肉用牛肥育で12％となっている．乳用牛の場合は濃厚飼料と粗飼料の組み合わせが全体の消化率に影響する．泌乳量に対して適切でない飼料の給与，すなわち濃厚飼料の多給や粗飼料の給与不足はルーメン微生物の生育環境を悪化させ，乳生産の低下や第四胃変位など疾病の原因となる．

2006年以降，燃料用エタノール製造のために輸入飼料価格が上昇したことから，エコフィードと呼ばれる食品残渣物の飼料化が推進されている．

(1) 粗飼料

粗飼料となる作物には牧草と飼料作物がある．牧草はオーチャードグラス，チモシー，イタリアンライグラスなどのイネ科と，アルファルファ，シロクローバ，アカクローバなどのマメ科がある．イネ科牧草には繊維質が多く含まれ，一方マメ科牧草には発育や乳生産に必要なタンパク質やミネラルなどがイネ科より多く含まれる．このように栄養素に違いがあることから，両者は混播して栽培されることが多い．牧草は放牧採食，青刈り給与のほか，サイレージや乾草（水分18％以下）にして梱包，貯蔵する．

飼料作物にはトウモロコシ，ソルガム，大麦，稲などがあり，主にサイレージとして調製される．サイレージは養分損失が少なく飼料価値の高い粗飼料を安定して調製，供給できる．乾草やサイレージの調製，貯蔵において重大な損害をもたらす自然発火やくん炭化は，ファイアゾーンと呼ばれる30～40％の水分域で発生するので，水分調整の際は注意する．

(2) 濃厚飼料

繊維質は少ないがデンプンやタンパク質の含有量が高い飼料で，トウモロコシ，マイロ（グレインソルガム，こうりゃん），大麦，大豆などの飼料用穀物を加熱，粉砕または圧ぺん処理したもの，小麦の製粉や米の精米過程で発生するフスマや米糠，テンサイの製糖過程で生じるビートパルプ，採油植物の搾油過程で発生する大豆油粕，なたね油粕などがある．栄養価を考慮して混合された飼料を配合飼料と呼ぶ．トウモロコシ，こうりゃん，大麦など飼料原料の多くは，米国，オーストラリア，アルゼンチンなどから輸入している．

袋詰めされていない濃厚飼料は飼料運搬車により農場に搬入されて，飼料調製庫に隣接して設置されたプラスチックやFRP製の飼料タンク（図5.10）に貯蔵される．

5.2.2 サイロ

高品質サイレージの調製には，原料の水分，嫌気性，糖含量，乾物密度（踏圧）が重要である．粗飼料をサイレージに調製して貯蔵するサイロは，排汁の処理ができること，サイレージの詰め込みや取り出しの作業が安全に行えること，床や側壁が踏圧に対して十分な強度と耐久性を備えて

図 5.10 飼料調製庫と飼料タンク

いることが求められる．サイロには以下の種類がある．

(1) タワーサイロ

コンクリート，ブロック，スチールなどの材料でつくられた円筒形のサイロである．詰め込みはカッタブロアやフォレージブロアで地上から吹き上げて投入し，取り出しはトップアンローダで上層から取り出す．下層から取り出すボトムアンローダを使用する気密サイロは再度の詰め込みがしやすく，変敗による損失が少ない．しかし，腐食などが起こるため維持管理コストの面から使用されなくなった．

(2) バンカーサイロ

平地にコンクリート製の床と側壁を設置して建設する．側壁の高さは2.4～4.2 m，幅は9～18 mである．詰め込み，取り出しが素早くできるので，大規模経営においてはタワーサイロよりも経済的である．詰め込み時にはホイールローダなどで十分に踏圧しながら，できるだけ空気に触れないようにして，素早くプラスチックシートで覆い，重しとして上にタイヤなどを並べる．取り出し時には，その日の分だけをサイレージカッタなどを用いて切り取り，変敗を防ぐ．

(3) スタックサイロ

一時的なサイロとして，平地にサイレージ原料を平積みし，プラスチックシートで密閉する．周囲は排汁や雨水を排水できるようにする．バンカーサイロと同様にホイールローダで十分に踏圧す

る必要がある．

(4) チューブ式サイロ

専用の詰め込み機械を用いて，サイレージを直径2.4～2.7 m，長さ30～70 mのチューブに密閉する（図5.11）．チューブパックサイレージとも呼ばれる．排汁が内部にたまることがあり，またチューブに穴が開いたり，破損したりしたときは変敗するので修復する．チューブの設置場所がコンクリート床であれば，開封時に取り出しやすい．複数のチューブを設置する場合には1 m以上の間隔を開けると，チューブの破損補修がしやすい．また取り出し量が少ないと開封したところから変敗することがある．

5.2.3 調製と給餌

飼料の調製，給餌は家畜の飼養管理において重要な作業である．必要とされる粗飼料や濃厚飼料を1日に1～2回調製，給与する．給餌後は2次発酵などにより嗜好性が低下するので，新鮮な飼料を多回給餌することが望ましいが，これまでは作業時間が増えるので困難であった．しかし，近年は自動給餌機の普及で改善されてきている．

(1) サイレージ取り出し機

サイロアンローダはタワーサイロからの取り出しに使用される．トップアンローダはサイロ上部のオーガが旋回しながら飼料を削り取り，中心部のブロアでサイロ壁のハッチからサイロ外壁のシュートを利用して下方に落下させる．ボトムアン

図 5.11 チューブ式サイロ

ローダは気密サイロに使用され，サイロ下方から飼料を取り出す．クロックハンド，クロスカット方式がある．

バンカーサイロでは，トラクタなどのフロントあるいは後方リンクにサイレージカッタ（図5.12）やサイレージグラブを取り付けてサイレージを切り出す．これらを用いると取り出し面が崩れず，変敗が起きにくい．

(2) 給餌機

濃厚飼料の給餌は，フリーストール牛舎やフリーバーンの一角に設置した給餌ステーションに入室した乳牛に対し個体識別をして設定量を給餌する方式と，飼槽の上を懸架式の自動給餌機（図5.13）が移動して配餌する方式がある．

乳牛が選択採食をしないよう，粗飼料と濃厚飼料をバランスよく均一に混合する TMR 給与を行う給餌機に混合給餌車（ミキシングフィーダ）がある．飼料調製庫でタンク部に粗飼料と濃厚飼料を入れて，オーガなどで撹拌した後，牛舎内に移動して飼槽に排出口から配餌する．ミキシング方式でオーガ式，リール式，縦軸オーガ式に分類される．トラクタけん引式が一般的だが，サイレージ切り出し，積み込みの機能を備えた自走式（図5.14）もある．

給餌通路幅が狭く大型の機械が導入できないつなぎ飼い牛舎では，旋回性に優れた自走式給餌車（フィードカート）が利用できる．動力には電動とエンジンの2つのタイプがある．また最近は，多回給餌が可能な懸架式 TMR 自動給餌機も利用されている（6.2.1項参照）．

放し飼い牛舎で飼槽への給餌回数が少なく嗜好性が低下したとき，餌寄せを行うことで採食効果を高めることができる．これを行う機械には，エンジン駆動の乗用型やバッテリ駆動で設定された時間に餌寄せを行う自動餌寄せ機（図5.15）がある．

(3) 飼料調製機（細断，粉砕）

青刈り牧草，稲わら，デントコーンの細断には

図 5.12　サイレージカッタ

図 5.14　自走式ミキシングフィーダ

図 5.13　濃厚飼料自動給餌機

図 5.15　自動餌寄せ機

カッタが使用される．シリンダ型カッタは回転円筒に取り付けられた1～2枚の切断刃と受刃の間で，飼料を10～150 mmに切断する．ホイール型カッタはフライホイールに切断刃を取り付けて受刃との間で切断する．切断刃には直線刃と鎌刃があり，前者は牧草，後者はデントコーンの切断に適し，切断長は10～90 mmである．フォレージブロアの送風部に切断機構をつけたシリンダ型カッタブロアや，吹き上げ能力を高めたホイール型カッタブロアは高さ18～20 mまで吹き上げ，タワーサイロの詰め込みに使用される．

飼料粉砕機にはハンマミル，フィードグラインダ，チョッパミルなどがあり，トウモロコシや麦類，野菜，根菜類，魚粉などの粉砕，圧ぺんに使用される．しかし近年は濃厚飼料が流通しており，粉砕機の利用は減少している．

乾草やサイレージロールの細断にはベールカッタ（図5.16）が使用される．切断長は10～25 mmで，ロール1個を5～8分で処理する．

5.3 畜産施設と飼養管理機械

5.3.1 飼養管理方式と牛舎

牛舎は収容する牛の種類（乳牛，肥育牛），建築構造（建築材料，屋根形式），舎内環境（自然換気，**強制換気**），飼養管理方式（つなぎ飼い，フリーストール，フリーバーン）などにより分類される．また子牛から成牛に成長する過程において，牛舎を哺乳舎，育成舎，成牛舎のように分類する場合もある．

牛舎の付帯設備として，冊や飼槽，給水器，換気や除糞を行う機械が必要である．飼槽は飼槽面，飼槽壁の高さに注意して，牛が採食しやすく，清掃が容易な構造とする．形状によって平面型，掃き込み型，槽型がある．給水器にはウォータカップ，ボール型，上面開放型や連続水槽があり，清掃が容易で，乳牛では十分な飲水量が供給できること，寒冷地では凍結防止対策が必要である．換気扇や送風機は，舎内の温度上昇による家畜へのストレスや衛生環境の改善に必要である．インバータ方式の大型送風機は，風量が舎内温度により制御される．

(1) つなぎ飼い牛舎

乳牛舎において1頭ごとに繋留する方式をつなぎ飼い牛舎と呼び，スタンチョンストールとタイストールに大別される．また牛舎内の中央通路に尾部を向かい合わせて両側のストール列に繋留される方式を対尻式，中央へ頭部を向けて繋留する方式を対頭式と呼ぶ．対頭式では中央通路が給餌通路となる．ストール列の尾部側には糞尿溝を配置する．

つなぎ飼い牛舎では乳牛が常に繋留されており，搾乳も舎内で行うために搾乳システム機器や牛乳処理室が必要となる．個体別の飼養管理がしやすい反面，省力化，多頭化が困難とされてきたが，**搾乳ユニット搬送装置**や**懸架式TMR自動給餌機**の利用（6.2.1項参照）により100頭以上の経営も可能になった．

(2) フリーストール牛舎

牛が舎内を自由に移動し，飼料の採食や休息ができる放し飼い方式の1つである（図5.17）．舎内には1頭が休息（横臥）できるストール床が複数列配置されているため，このように呼ばれる．これに対して個別のストールがなく，休息場所に多量の敷料を投入した放し飼い牛舎をフリーバーンと呼ぶ．フリーストールでは，牛床や隔冊（図

図5.16 ベールカッタ

図 5.17 フリーストール牛舎

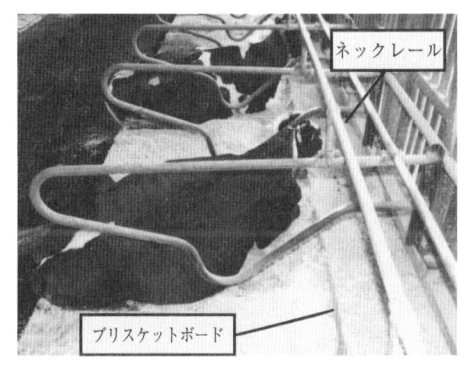

図 5.18 ストールの隔冊

5.18）の大きさ，ブリスケットボードやネックレールの位置は牛の起立，横臥のしやすさに関係し，糞尿で牛床を汚さないためにも重要である．群単位による省力的な飼養管理により多頭化が可能である．

搾乳時は，乳牛を牛舎からミルキングパーラへと追い込み行う．自動搾乳システム（搾乳ロボット，7.2.2項(4)参照）の場合は放し飼い牛舎に搾乳ストールを配置して，乳牛が自発的に中に入って搾乳が行われる．

(3) 子牛の飼養施設と機械

子牛の飼育に影響を及ぼす要因は，飼料のほかに暑熱，寒冷や換気などの環境である．乳牛では生後1週間〜2か月までカーフハッチを野外に置いて個別哺育し，感染病を防止する．カーフハッチは木またはFRPでつくられ，風雨を防ぐ．前方にフェンスで囲まれたパドックがついており，水はけと日当たりがよいところに設置する．これとは別に建物内に**牛房**をつくり飼育する方法もあ

る．

飼養頭数が多い農場では集団哺育牛舎（図5.19）と自動哺乳装置（哺乳ロボット）の導入により哺育作業が省力化されている．自動哺乳装置は代用乳の調合機と2台のドリンクステーションで50頭の哺乳が可能である．子牛がドリンクステーションに入ると個体識別が行われ，設定された時間帯における子牛への割当量が調合されて給与される．

5.3.2 搾 乳

現代の搾乳機械ではティートカップを乳頭に取り付け，ライナ内の陰圧（真空圧40〜47 kPa）によって搾乳が行われる（図5.20）．ライナがつぶれた状態(a)では陰圧が遮断されるため，搾乳は行われず（マッサージ），開いた状態(b)で搾乳が行われる．このライナの動作は，ライナ外室がパルセータによって大気圧と真空圧に切り替わることによって生じる．

図5.21に搾乳システムの構成を示す．パルセータ用と送乳用にエアーパイプラインや真空圧が

図 5.19 集団哺育牛舎

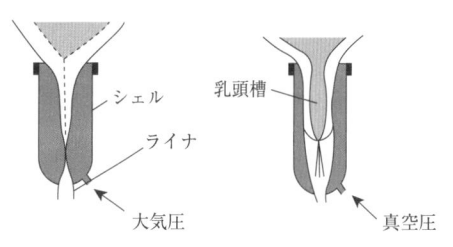

(a) マッサージ（休止）　　(b) 搾乳
図 5.20 搾乳の原理（文献[8]を一部改変）

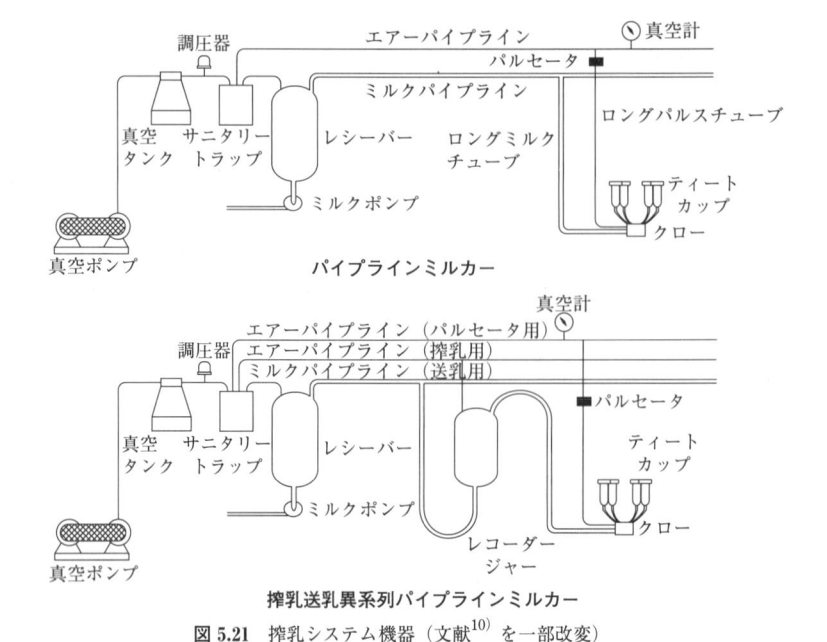

図 5.21 搾乳システム機器（文献[10]を一部改変）

2系統の場合もあるが，システムに必要な機器は同じである．

(1) 搾乳システム機器

1） 真空ポンプ

ポンプの能力は毎分あたりの排気量（l/min）で表し，使用する搾乳ユニット数，洗浄方法，付帯設備（真空タンク容量，真空配管長）などを考慮して決定する．ポンプの駆動には，排気量 600 l/min で 1.5 kW（三相 200 V），排気量 1,500 l/min で 4.0 kW（同）のモータ出力が必要である．

2） 真空タンク

タンクは PVC，ステンレス，亜鉛メッキなどでつくられており，ティートカップから外気を吸引したときに真空圧の急激な減少を緩和する．タンクの容量は搾乳ユニット数，真空配管の管径を考慮して決める．

3） 調圧器（レギュレータ）

真空ポンプで発生する真空圧を自動的かつ適正に保つため，ウエイトやスプリング，ダイヤフラムなどにより外部からの空気の流入を適切に調節する．

4） 真空計

ブルトン管型が一般的で，表示目盛りは kPa，表示部直径が 75 mm 以上のものが見やすくてよい．設置は調圧器のユニット側のほか，パーラでは 2 か所以上に取り付ける．

5） 真空配管（エアーパイプライン）

管径は真空ポンプからレシーバーまでの主配管において 50～75 mm，パルセータ用配管でも 50 mm 以上とし，配管長や空気流量，ユニット数などを考慮して決定する．配管は曲がりを少なく，途中で管径が細くならないようにする．

6） サニタリートラップ

モイスチャートラップとも呼ばれ，牛乳配管から生乳や洗浄水が真空ポンプに流れ込むのを防ぐ．トラップ内の液体が一定量を超えるとフロートが真空を遮断し，下部のフラップ弁が開き排水する．

7） パルセータ

ティートカップのライナ外室圧力を大気圧と真空圧に切り替えて，搾乳とマッサージのサイクル（拍動数，50～60回/min）を発生させる．パルセータには内部に液体を封入した気圧式と，段階

的に拍動回数，搾乳とマッサージの時間比（拍動比）を変えられる電磁式がある．ミルキングパーラにおいては，自動離脱装置と組み合わせ，簡単な操作で拍動比，拍動数を設定でき，1台のマスターパルセータで数台のユニットを操作するものもある．拍動の方式には4本が同じ拍動周期の同時拍動式と，2本ずつの拍動が異なる交互拍動式がある．交互拍動式は前後あるいは左右で交互に拍動するのでミルククローへ常に生乳が流れ込み，クロー内の真空圧が安定する．同時拍動式は**ライナスリップ**による乳の逆流が起きにくいという長所もあるが，大容量のクローが必要である．

8）搾乳ユニット

4本のティートカップ，ミルククロー，ロングミルクチューブ，ロングパルスチューブなどで構成される．ティートカップはステンレス製のシェル内部にゴムまたはシリコンのライナを装着する．ライナは劣化すると硬度が増して動きが悪くなり，またひび割れによる雑菌付着の原因にもなるので，使用回数に応じた交換が推奨される．

9）牛乳配管（ミルクパイプライン）

ステンレスまたはガラス製で，生乳をレシーバーまで搬送する．環状に配管する両引きの場合は中間点で最も高く，レシーバーに向かって勾配を設け，その勾配は5/1000以上とする．管径はユニットの数，配管長，生乳の流入量によって決定する．生乳の流入量が管断面の1/2を超える場合は，管径を大きくすると送乳が円滑に行われる．ミルキングパーラでは流入量が多いので，1/100の勾配でピットサイドの低位に配管し，速やかに生乳を搬送する．

10）受乳容器（レシーバー）

牛乳配管内の生乳と空気を集め，分離する．耐熱ガラスまたはステンレス製で，搾乳システムのユニット数や勾配，牛舎レイアウトに合わせて，レシーバーの接続口数，口径，容量を決定する．

11）ミルクポンプ

レシーバーの貯乳量が増えると自動で作動し，フィルタを経由してバルククーラへと生乳を送る．ポンプの動力は0.37～0.75 kWが必要である．

(2) 牛乳冷却タンク（バルククーラ）

搾乳後から集乳までの間，生乳の品質を保持するために4℃で貯冷する．開放式，密閉式あるいは直接膨張式，間接冷却式などに分類される．間接冷却式には安価な夜間電力で氷を生成し，これを冷却に利用する氷蓄熱式バルククーラがある．さらにバルククーラの生乳冷却で生じた排熱を洗浄温水の予熱に利用する，排熱回収式の温水器がある．

バルククーラの能力としては，約35℃の生乳を搾乳終了後1時間以内に10℃まで，2時間以内に4℃まで冷却し，さらに2回目の搾乳時に投入された生乳による温度上昇が10℃を超えないことが求められる．搾乳から集乳までの時間が短い，あるいは搾乳頭数の増加で冷却能力が不足する場合は，予冷装置として冷却水との熱交換で生乳を冷却するプレートクーラを使用する方法がある．

(3) 搾乳室（ミルキングパーラ）

つなぎ飼いの牛舎内で搾乳する方式とは異なり，搾乳時にのみ，放し飼い方式の牛舎から乳牛を待機場に集め，その後，数頭ずつ搾乳ストールに入れて搾乳を行う．ストール列は一般に2列（ダブル）である場合が多く，その中央に搾乳者が作業しやすいように乳牛よりも80～90 cm低くなった作業ピットが設けられている．パーラ内での乳牛の並び方や入退室の方法，個別搾乳または集団搾乳などによって次に示すタイプに分類される．

1）アブレスト

作業ピットがなく，フラットバーンパーラとも呼ばれる．建設コストは低く抑えることができる．個別搾乳のため，泌乳量に違いがあっても作業能率が低下しない．後退式はつなぎ飼いからフリーストールに移行後，パーラ完成までの間，既

存の対尻式牛舎を代用パーラとして使用する場合に用いられる．作業者はつなぎ飼い牛舎と同様に2頭の牛の間でユニットの装着を行う．ウォークスルー式では乳牛は後方からストール内に入り，搾乳後は扉が開放されて前方の戻り通路から牛舎へ向かう．旧牛舎の改造などででき，**クラウドゲート**，**自動離脱装置**をつけることも可能である．

2） タンデム

ストール横に出入り口が別々に用意されているため，サイドオープニングパーラとも呼ばれる．2〜3頭分のストールが縦に中央の作業ピットを挟んで2列に並び，作業者はストール床面より80〜90cm低いピットの中で乳牛の側面からユニットの装着を行う．牛が縦に並ぶので個体観察は容易だが，ストール数を増やすと動線が長くなる．オートタンデム式は作業能率を改善するために自動化を取り入れたパーラで，パーラ進入口とストール扉の開閉，牛の大きさに合わせたストールの調整，ユニットの離脱がコンピュータにより自動制御される．作業者は搾乳に集中できるため，作業能率がよく，5頭複列までストール数を増やすことができる．

3） ヘリンボーン

パーラ内で牛が斜めに並ぶため，個体の観察にはやや難しい（図5.22）．乳牛の入退室は，ストール数を1グループとして入口ゲートから入り，グループの搾乳が終わった後，出口ゲートに近い乳牛から出ていく集団搾乳方式で，泌乳量が均一

図5.22 ヘリンボーン

でない場合は作業効率が低下する．多頭搾乳用にストール列を増やした**トリゴン**や**ポリゴン**タイプもある．ラピッドエグジット（急速退出）式は乳牛の入退室時間を短縮するため，退出時には乳牛前方のレールが解放されて，一斉に退出できるようにしたパーラである．レールには，上方または前上方に上昇するタイプとストール上で回転するタイプがある．ストール内の牛は作業が容易になるようインデックス機能により整列させて，ピット側に寄せられる．

4） パラレル

乳牛が作業ピットに対して直角に向きを変え，頭部をピットと反対に向けて並ぶので，サイド・バイ・サイドとも呼ばれる．作業者はピット内で牛の後肢の間からユニットの装着を行う．乳牛が平行に並ぶので動線が最も短く，大規模で搾乳頭数が多い場合に適したパーラであるが，ストール列のすべての搾乳が終わるまで退出できない集団搾乳方式でもある．退出時にストール横方向への移動を速やかに行うため，サイドフレームが上方向に回転して上がるサイドオープンタイプもある．オールエクジット（一斉退出）式は牛の入れ替え時間を短縮するため，退出時にブリスケットレールが開放されて一斉に退出できる．スイングアップ式では個別にストール内のU字フレームが乳牛の大きさに合わせて適切な位置調整を行い，退出時は前方へ上がり，乳牛は一斉に解放される．

5） ロータリ

回転する円形のプラットフォーム上に搾乳ストールを配置し，ストールに入った牛は1周する間に搾乳を終えて退出する．作業者はほとんど移動することなく作業でき，ユニット離脱や**ポストディッピング**に自動化装置を使用することで1人毎時100頭の搾乳も可能である．可動部分が多く構造も複雑であるため，ほかのパーラより設備費や維持費は多く必要とする．プラットフォームの回転速度は調節可能であるが，泌乳量に違いがある

図 5.23 ロータリ・サイド・バイ・サイド

と全体の効率が低下する．プラットフォーム上での乳牛の並び方により，ロータリ・タンデム式，ロータリ・ヘリンボーン式，ロータリ・サイド・バイ・サイド式（図 5.23）などに分かれる．

5.3.3 糞尿処理

牛糞尿の処理においては，牛舎構造や水分調整材（敷料）の有無によって使用される除糞機械も異なる．敷料などを含む比較的固形分の多い糞尿については堆肥化処理される．水分の多い糞尿を堆肥化する場合は，水分調整材や固液分離機を使用して水分を低下させる．堆肥化にはバケットローダによる堆肥舎での切り返し法や，ロータリ式の切り返し機械によるハウス乾燥施設の利用がある．敷料が少なく水分が 80～95％ の糞尿をスラリーと呼び，強制通気，撹拌を行う曝気により好気性発酵で腐熟化，悪臭を低減させる液状コンポスト化処理が行われる．大規模農場では，嫌気性発酵で発生したメタンガスを燃料として発電を行うバイオガスプラントも利用されている．

牛舎からの糞尿搬出，処理に使用される機械を以下に述べる．

(1) バーンクリーナ

主に敷料が使われるつなぎ飼い牛舎において使用される．エンドレスチェーン式は，糞尿溝にチェーンと 40～50 cm 間隔に取り付けられたパドルが舎内を一回りするように敷設され，その一部が屋外の堆肥盤へ向かうエレベータ部につながっている．堆肥盤への排出前に目皿などで液分を分離して尿溜めへと流下させる．シャトルストローク式はパドルが開閉しながら前後に往復運動を繰り返し，徐々に搬送する．

(2) バーンスクレーパ

フリーストール牛舎の通路上に設置し，チェーンやワイヤなどによりブレードを引いて除糞を行う．ブレード固定式のリッジスクレーパ，往復時でブレードの展開角度が変わるデルタスクレーパ，床面に対して垂直・水平にブレードの角度が変わるプッシュプルスクレーパ（図 5.24）などがある．時間制御で 1 日に数回作動させるが，寒冷地では停止時に凍結するので対策が必要となる．

(3) ポンプ

ピストンポンプは，敷料を含む糞尿を搬送する．一体型と中空型があり，後者は固形分が少ない場合でも使用できる．渦巻ポンプ（ヒューガルポンプ）は，羽根車の回転遠心力により地下貯留槽からスラリーを搬送する．スネークポンプは，ねじ状のロータが回転してステーターとの間隙にあるスラリーを移送する．動力にはモータのほかにトラクタ PTO も使用できる．

(4) 固液分離機

ローラプレス式は，ドラムスクリーンと複数のローラ間で糞尿を圧縮する．乾物回収率は高いが，ローラに固着する固形分が適切にはぎ取られないと故障の原因となる．スクリュープレス式は，円筒内部の回転スクリューで糞尿を圧縮して

図 5.24 プッシュプルスクレーパ

図 5.25 スクリュープレス式

筒外に液分を絞り出す（図 5.25）．ほかに遠心分離式，ピストンプレス式，多板式，スクリーン式などの種類がある．

◆章末問題

1. わが国での乾草収穫体系の問題点について述べなさい．
2. 刈り幅2.5 mのモーアコンディショナで1.8 haの牧草地を作業する場合の圃場作業時間を求め，また圃場作業量を求めなさい．ただし，トラクタの作業速度を2.0 m/sとし，作業の重複を90％，圃場効率を80％とする．
3. 粗飼料となる主要な家畜飼料の作物名を挙げなさい．また高品質のサイレージを調整する際に注意すべき点を述べなさい．
4. タワーサイロとバンカーサイロの特徴について説明しなさい．
5. フライホイール型カッタに使用される切断刃の種類と特徴を述べなさい．
6. 乳牛舎を飼養管理方式で分類するときの代表的な牛舎と，その特徴について説明しなさい．
7. バルククーラが求められる冷却能力について述べなさい．
8. 作業ピットに対して牛が直角に並び，後肢の間から搾乳ユニットの装着を行う方式のパーラ名称を答えなさい．
9. バーンクリーナの代表的な2つの方式を答えなさい．

◆参考文献

1) 相原良安編（1994）新農業施設学，朝倉書店．
2) 池田善郎ほか編（2006）農業機械学 第3版，文永堂出版．
3) 廣瀬可恒・鈴木省三編著（1990）新編 酪農ハンドブック，養賢堂．
4) 干場信司監修（2006）快適牛舎 新築改善マニュアル，デーリィマン社．
5) 伊藤紘一・高橋圭二監訳（1996）フリーストール牛舎ハンドブック，ウイリアムマイナー農業研究所．
6) 川村 登ほか（1997），新版 農作業機械学，文永堂出版．
7) 松田従三監修（1991）マニュア・コントロール，デーリィマン社．
8) 野附 巌ほか（1987）ミルカーの点検整備と乳房炎防除，全国乳質改善協会．
9) 岡村俊民（1991）農業機械化の基礎，北海道大学図書刊行会．
10) 髙畑英彦ほか（1991）ミルキングシステム，デーリィ・ジャパン社．

第6章

精密農業と情報化

6.1 精密農業

6.1.1 精密農業の流れ

精密農業とは，圃場内の土壌特性，作物生育量，および収量といったばらつきを科学的に理解し，農家の生産性・収益性と環境負荷軽減を同時に目指すための手法である[28]．この実現のために，精密農業には3つの要素技術として，圃場情報マッピング，意志決定支援システム，可変量作業技術が必要である．圃場情報マッピングでは，土壌診断や作物の**生育診断**を行い，収量や品質のばらつきをGPSなどで得られる位置情報とともに地図として可視化することで，圃場内のばらつき（空間変動）を正確に理解する．この情報をもとに，意志決定支援システムでは農家が目指す生産量や収益を達成するための圃場作業をシミュレーションと分析によって決定する．決定された圃場作業を実現するため，位置情報に基づいた施肥や防除の可変量作業を実施する．この3つの要素技術を組み合わせた水稲における精密農業のサイクルを，図6.1に示す．図に示すように土壌分析結果に基づいて基肥を施用する．次に幼穂形成期に生育量測定を行い，穂肥を施用する．最後に稲を収穫する．収穫時にはコンバインの収量センサで収穫量を計測する．

図6.2に精密農業における情報の流れを示す．野菜や果樹でも収穫作業と同時に収量や品質の測定を行う．収穫された穀物，野菜，および果実は，ライスセンタや選果施設でも収量や品質を計測し記録する．これらの情報は農業法人あるいは農協で管理され，それに基づいて農家への営農指導をすることが可能である．一方，その情報を流通業者および消費者に提供することで，ブランド力の向上と食の安全・安心を図っている．

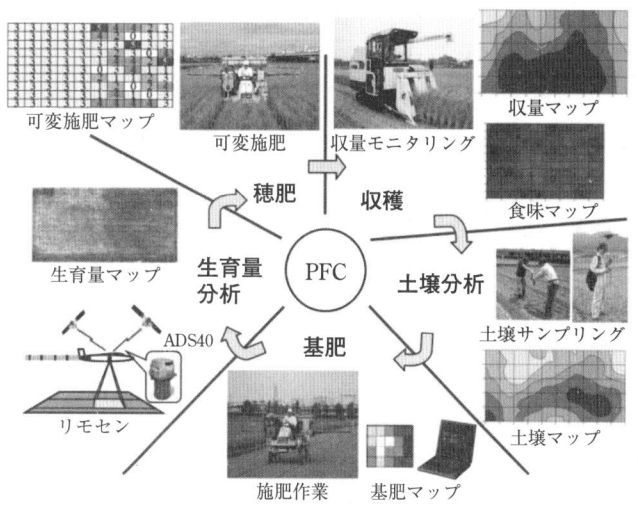

図6.1 水稲における精密農業のサイクル

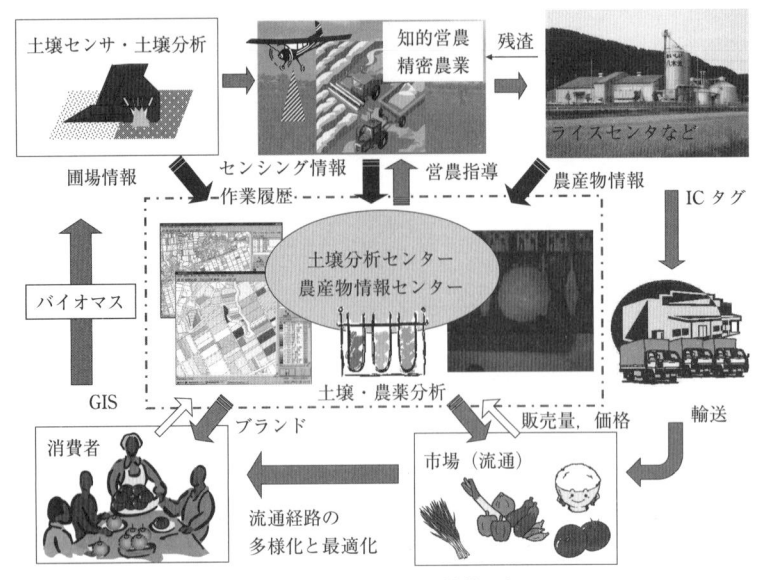

図 6.2 精密農業における情報の流れ

6.1.2　土壌調査
(1)　土壌診断と土壌センシング

　作物栽培を行うにあたり，土壌を診断して特性を把握し，適切な対策を施すことが重要である．土壌特性は化学的性質（土の養分など），物理的性質（水はけ，水もちなど），生物的特性（有機物の分解など）の3つの性質に大きく分けられ，それぞれの性質が相互に影響を及ぼしている[10]．

　土壌の化学的特性を表す代表的な指標として，pH，EC，CECがある．pHは土壌中の水素イオン濃度のことで，土壌が酸性あるいはアルカリ性に偏りすぎると，土壌中の肥料成分の溶解性や可給性が変化し，作物の肥料成分による過剰障害や欠乏障害が発生することがある．多くの作物は微酸性を好むが，好適pHは作物の種類によって異なるので，作物に合わせて適切な管理が必要である．

　ECとは電気伝導度のことで電気の通りやすさを表し，単位はmS/cm，またはdS/m（Sはジーメンスと読む）である．塩類（肥料分）が少ない土壌は電気を通しにくいので，ECの値は低くなる．逆にECの値が高いと，土壌中に肥料分が多く含まれていることを示す．しかし，ECが高すぎる場合は塩類が集積している可能性があり，根が水分を吸収できなくなるなどの障害を起こす場合がある．

　CECとは陽イオン交換容量のことで，土壌に含まれる粘土や腐植のマイナスイオン総量を示し，アンモニア（NH_4^+），カルシウム（Ca^{2+}），マグネシウム（Mg^{2+}），カリウム（K^+）などの陽イオンを保持できる能力を表す．通常，乾土100 gあたりの陽イオンのミリグラム当量（meqもしくはme，1 meq ＝ 原子量（mg）/荷電数）で表し，数値が小さいほど保肥力が低く，数値が大きいほど保肥力が高いことを示す．

　そのほかに，硝酸態窒素，有効態リン酸などの各肥料成分について測定されることも多い．土壌の物理的特性を表す指標としては，三相分布（土壌中の水分や間隙の割合），水分量，保水性試験（水分の保持力），飽和透水係数（水の通りやすさ），土壌硬度（土の硬さ）などがある．土壌の生物的特性を表す指標としては，直接の指標ではないが有機物（腐植）の含有量がよく用いられる[18]．

　慣行の土壌サンプリング手法として，圃場の5か所から土を採取し，よく混合して試料として診

断を行い,それを圃場の代表値として扱う方法がある[22]．しかし,このようなサンプリング手法では,精密農業の根幹となる圃場内の土壌特性のばらつきを記述することはできない．そのため位置情報を伴う多数地点のサンプリングが必要となるが,従来のように土壌を人の手で採取しラボに持ち帰って分析する方法では,多数地点のサンプリングに多大な労力とコストを要することから現実的でない．そこで,多数地点の土壌特性を,移動しながら位置情報を取得しつつ,素早く,また安価に計測する手法が研究されている[1]．

(2) リアルタイム土壌センサ

上述したように,精密農業を実施する上で核となる,土壌特性のばらつきを記述した土壌マップを作成するための手法のニーズが高まる中,1997年ごろからリアルタイム土壌センサ(RTSS)の開発が行われてきた[26,27]．

RTSSはトラクタにけん引されることにより,圃場内を移動しながらGPSによる位置情報の取得と同時に土壌のセンシングを行う．RTSSは表面土壌ではなく,作土層(深さ0.15～0.30 m程度)の土壌特性の測定を目的としていることから,土中に検出部を貫入させて計測を行う(図6.3)．

土中貫入部によって,観測用のトンネルが掘り進められ観測面が得られる．土中貫入部内部には,光源の小型ハロゲンランプに接続された光源用光ファイバプローブ,可視および近赤外の反射光を集光するための光ファイバプローブ,土壌電気伝導度を計測するための電極,また作業抵抗を計測するためのロードセルが装備されている．光源と分光部は土中貫入部フレーム上に設置されている(図6.4)．

現在,RTSSにおいて最も重要な土壌特性の計測方法は,可視・近赤外光(波長350～1,700 nm,5 nm間隔)の土壌反射スペクトルを用いた分光法である．土壌反射スペクトルは,必要に応じてスムージングや微分(Savitzky-Golay法)などの

図6.3 トラクタにけん引されるリアルタイム土壌センサと土中貫入部(丸で囲った部分が土壌に貫入される)

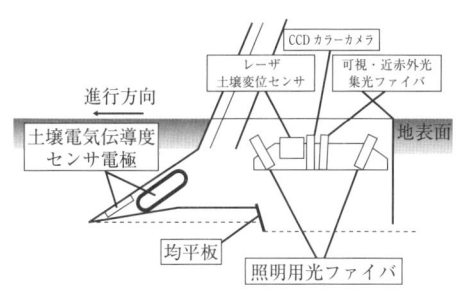

図6.4 土中貫入部と観測土壌面画像

(a) 土壌含水比　　(b) 有機物含有量

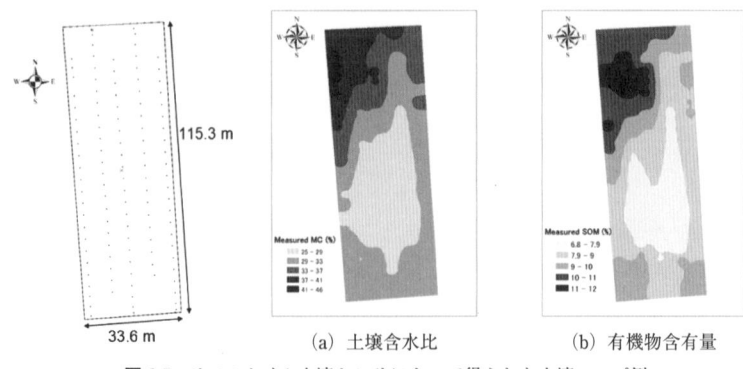

図6.5 リアルタイム土壌センサによって得られた土壌マップ例

前処理が施され，PLS回帰分析などの統計的手法を用いて，検量線と呼ばれるスペクトルから測定したい土壌特性を導く数式を作成する．この手法を用いて，土壌含水比，有機物含有量，pH，硝酸態窒素，全窒素，全炭素の成分についての測定が行われている[13]．図6.5にRTSSによって得られた土壌含水比，有機物含有量の土壌マップ例を示す．図からわかるように，圃場内のばらつきが直感的に把握可能である．

6.1.3 施肥コントロール

作物の生育状態のばらつきは，土壌の土質や肥沃土，雑草の繁茂，病害虫の発生度合などが要因で起こると考えられ，そのばらつきに応じて肥料や農薬の散布量を変えることを可変量作業技術（VRT）という．欧米ではリアルタイムで作物の生育量を検出し，肥料を可変量散布するシステムが使用されている．一方日本国内では，それらのシステムのマッチングや可変量施肥機の開発研究が行われている．以下に国内での開発事例を紹介する．

(1) 粒状肥料可変散布機

化学肥料は粒剤が主である．図6.6の粒剤可変散布機は，ホッパ下部の肥料繰出し装置の回転数をモータで変えて散布量を制御し，肥料はブロワからの送風で散布口まで運ばれて散布される．この可変散布機は，ブーム幅7.5mに12個の散布口があり，GPSで検出した位置と速度により施

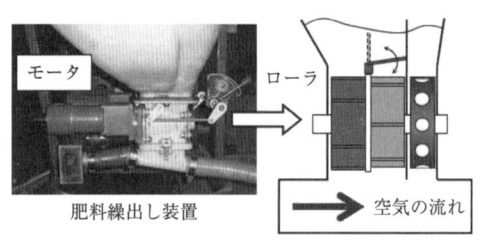

図6.6 ブーム式粒剤可変散布機

肥マップから散布量を参照して，肥料の繰出し量を制御する．

図6.7は可変ブロードキャスタで，ホッパ下部の電動シャッタの開度を変えて散布量を制御し，PTOで回転するスピナの遠心力で肥料を散布する．散布幅は，単スピナで10m程度である．可変散布ではGPSで検出した速度に応じてシャッタ開度を制御する．

(2) 液状肥料可変散布機

液状肥料としては，尿や液状糞尿（スラリー）がある．また，畜産糞尿や食品残渣などのバイオマスをメタン発酵（嫌気性発酵）させた後に残るメタン発酵消化液（以下，消化液）も液状肥料として使用する．消化液には，窒素，リン，および

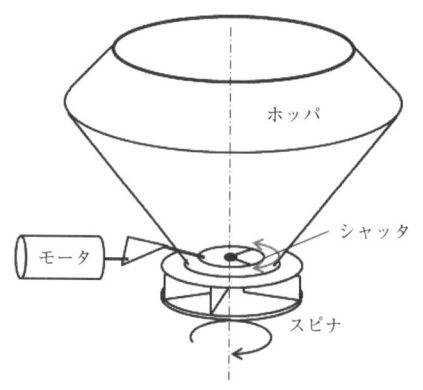

図6.7 ブロードキャスタの施肥量コントロール

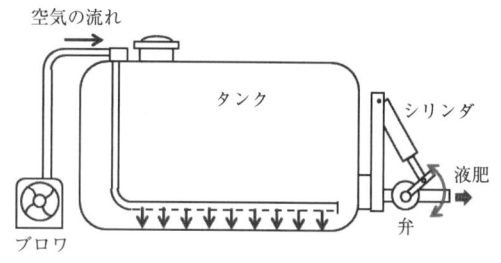

図6.8 スラリースプレッダの吐出量制御

図6.9 液肥散布機

カリウムが含まれており，肥料として水田や畑に施用されている．

スラリーインジェクタやスラリースプレッダは，ブロワでタンク内を加圧し，タンク後方の弁をシリンダで開閉して散布量を制御する（図6.8）．水田では基肥の散布に使用する．また，水田管理ビークルに搭載した液肥散布機（図6.9）が穂肥散布で使用される．液状肥料の可変コントロールでは，GPSで検出した車速に応じて，電動ポンプの回転数を制御し散布量を一定に制御する（図6.10）．

6.1.4 生育診断

作物の生育状態を診断する技術として，リモートセンシングがある．リモートセンシングとは，「離れたところから直接触れずに対象物を同定あるいは計測し，またその性質を分析する技術」である[20]．リモートセンシングは，電磁波を用いて

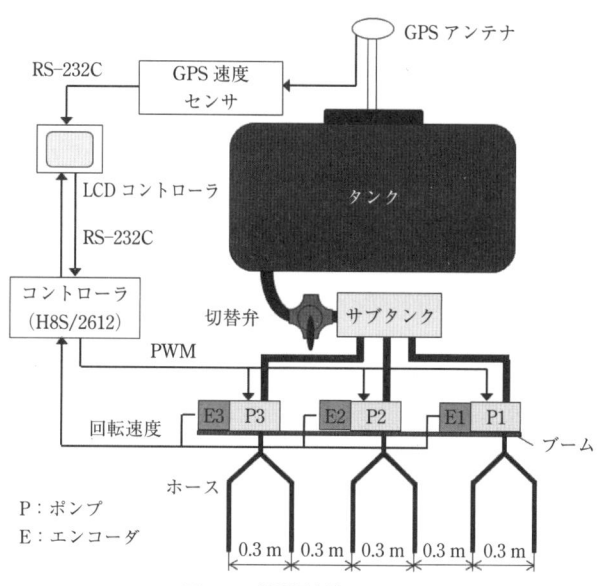

図6.10 施肥量制御システム

物理的に計測する部分と，計測した信号を作物の生物的な現象に読み換える部分に大別される．

作物の生育診断には，可視光から近赤外光の波長領域（400～1,200 nm）の電磁波が広く使用される．これは，植物体に含まれるクロロフィルが青（400～500 nm）および赤（620～690 nm）の光を効率よく吸収し，近赤外域（720～1,200 nm）の光を強く反射するためである．この植物体がもつ分光反射特性を利用して，作物の生育状態を推定するために植生指数（VI）がいくつか提案されている．一般によく使われる正規化植生指数（NDVI）は，以下の（6.1）式で求められる．

$$\mathrm{NDVI} = \frac{\mathrm{NIR} - \mathrm{R}}{\mathrm{NIR} + \mathrm{R}} \tag{6.1}$$

ここで，NIR は近赤外波長帯における反射値，R は赤色波長帯における反射値である．NDVI は -1 ～ $+1$ の値をとる．

可視光と近赤外光の分光反射を測定するための分光センサには，青，緑，赤，および近赤外の4波長帯を計測できるマルチスペクトルメータや，波長分解能がより高いハイパースペクトルメータ（図 6.11）が用いられる．

これらのセンサで計測した反射分光特性から，作物の生育状態を推定するための解析手順を図 6.12 に示す．分光センサで撮影した画像は，方法や条件によって歪みが含まれるため，幾何学補正を行う．また，撮影時の太陽光の影響を低減するため，標準反射板や日射計を用いるなどして輝度補正を行う．補正後の画像から対象となる作物領域を抽出して，その領域の反射スペクトルを求める．一方，実際の作物の生育状態を測定するため，植物体のサンプルを採取し，水分測定，乾燥，および粉砕などの前処理後に解析項目の対象となる成分を化学分析で測定する．得られた反射スペクトルと化学分析値をもとに PLS 解析，主成分分析などの多変量解析を行い，予測モデルの作成と検証を行う．

リモートセンシングの研究は，人工衛星を使って地球表面の状態を観測することから始まった．しかし，人工衛星からの撮影では雲の影響を受けるため，日本のように降雨量が多い島国では，より低空を飛ぶ軽飛行機やヘリなどの航空機によるリモートセンシングや，地上でわずかに離れた位置からのリモートセンシングが行われている．

(1) 航空機によるリモートセンシング

図 6.13 は，軽飛行機に搭載した**マルチスペクトルカメラ（ADS40）**を用いたリモートセンシングを示す．ADS40 は，LHSystems 社と DLR（ドイツ航空宇宙センター）が共同開発した航空機用デジタルセンサで，R, G, B, および NIR の4波長域のラインセンサをもつ．飛行機に搭載した GPS と IMU により位置姿勢を同時に計測し，撮影画像の幾何学的補正を行う．撮影画像の空間分

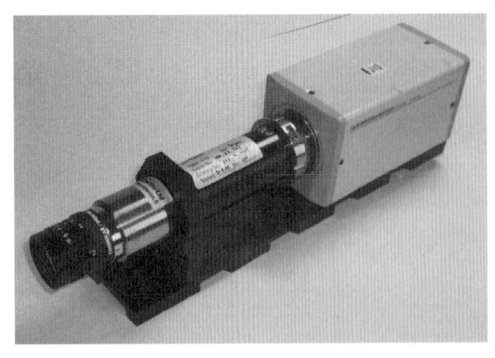

図 6.11 ハイパースペクトルメータ

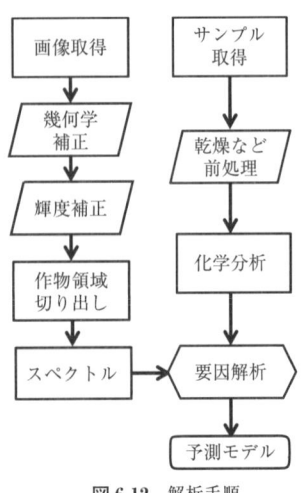

図 6.12 解析手順

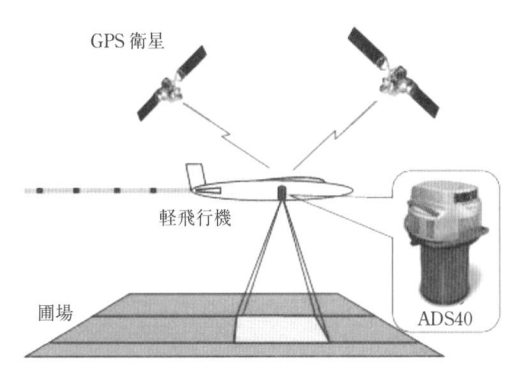

図6.13 軽飛行機によるリモートセンシング

解能は20 cm四方である．

産業用無人ヘリを利用したリモートセンシングは，軽飛行機よりも低空から撮影できる上，ホバリングにより圃場単位で高い空間分解能の撮影画像が得られる（図6.14）．また，搭載するセンサもデジタルカメラやマルチスペクトルカメラなどから選択できる．さらに都市近郊の圃場のように，軽飛行機では撮影が難しい場合にも撮影が可能である．

(2) 地上部撮影によるリモートセンシング

航空機を用いたリモートセンシングでは広い範囲を効率よく撮影できるが，高コストで空間分解能にも限界がある．一方で地上部でのリモートセンシングは，撮影する範囲を特定しやすく高い空間分解能の画像が容易に得られる．

図6.15はハイパースペクトルカメラで水稲群落を撮影している例である．地上約3 mの高さ

からカメラを下向きに設置している．撮影範囲はカメラの高さに比例するので高分解能であるが，撮影装置を水田内に持ち込まなければならない．

図6.16は撮影範囲を水田1筆より大きくできるように開発された生育診断システムの例である．2台のデジタルカメラを伸縮ポール先端に取り付け，地上約10 mの高さから撮影する．カメラの旋回や俯角はリモートコントロールできるようになっている．カメラを斜め下向きにして撮影するため，水田沿いの農道から撮影可能である．ただし，太陽とカメラとの位置関係に制限がある．撮影方向は太陽を背にする順光方向で，太陽高度が30度以上であることが必要である．

なお，生育診断には栄養状態など生化学的な情報だけではなく，草丈などの物理的な情報が必要な場合がある．これを取得するためには，地上部からの高い空間分解能の画像が有用と考えられ

図6.15 地上部でのリモートセンシング

図6.14 無人ヘリによるリモートセンシング

図6.16 生育診断システムの例（(株)サタケ）

6.1.5 収量モニタリング

天候や土壌の肥沃度に応じた肥培管理によって作物の生育量をコントロールしつつ,病虫害の防除作業も適切に行えたかを評価する上で,収量は重要な指標となる.一般に,作物の収量は単位面積あたりの収穫物質量として測定されるが,天候や時期により収穫物の水分に大きなばらつきがある.このため,質量とともに水分も測定する必要がある.ここでは収量測定法として,坪刈りと稲や小麦の収穫に用いる自脱コンバインによる収量モニタリング(図6.17)について説明する.収量モニタリングとは,作物の刈取り位置をコンバインに搭載した GPS で測位し,同時に収穫した穀粒の質量や容積を収量センサで,穀粒の水分を水分センサで計測し,これらのデータを処理して圃場内での収量変動を表す収量マップを作成することである.

(1) 坪刈り

従来から収量の測定では坪刈りが行われてきた.坪刈りとは,圃場一筆の収量を推定するために,圃場一部から作物を手刈りし,乾燥,脱ぷ,および選別を行って刈取り面積あたりの玄米質量を求める方法である.刈取り面積は巻尺で測定した縦横の長さから,また玄米質量は水分15％の玄米質量に換算して求める.同じ圃場内でも,場所によって収量にはばらつきがあるため,圃場の対角線上の3点から作物を収穫して平均の収量を求める.

(2) 収量センサ

コンバインで収穫された穀粒は,揚穀コンベヤによってグレーンタンクに運ばれる.自脱コンバインのための収量センサは,揚穀コンベヤからタンクへ放出される穀粒流量を測定する方式(流量測定式)と,グレーンタンクの質量を測定する方式(全量測定式)がある.流量測定式で用いるセンサの種類には,力センサ,圧電センサ,光学式センサがある.

図6.18のインパクト式収量センサは,揚穀コンベヤから投げ出される穀粒がぶつかる衝突板と力センサ(ロードセル)で構成される.この方式は,穀粒が衝突板に与える衝撃力と投げ出された穀粒質量が比例すると仮定して計測を行う.また,圧電センサを用いた収量センサでは,揚穀コンベヤから投げ出された穀粒の衝突回数から収量を推定する.これらのセンサでは,コンバインが不整地を走行しながら収穫を行うため,検出した信号には機体振動の影響が含まれている.このため,力センサや圧電センサで計測した信号から,機体振動の影響を軽減,あるいは較正する方法が考案されている[8,31].

光学式センサによる方式では,一対の光センサ(照射側と受光側)間を通過する穀粒が光を遮った量から収量を推定する.この方式は力センサと

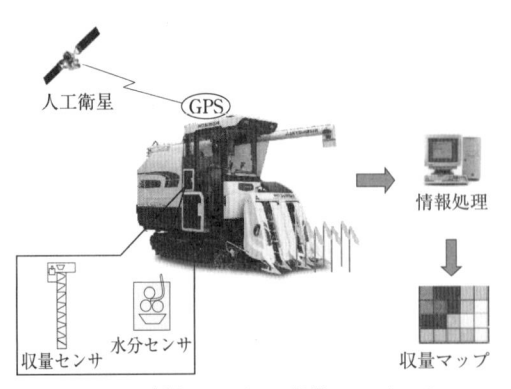

図6.17 自脱コンバインの収量モニタリング

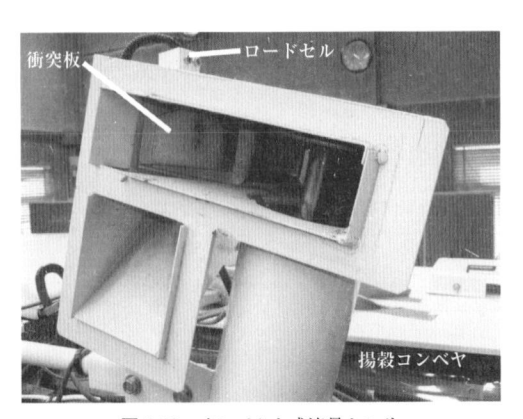

図6.18 インパクト式流量センサ

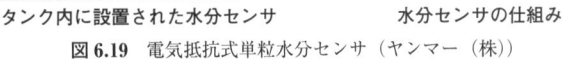

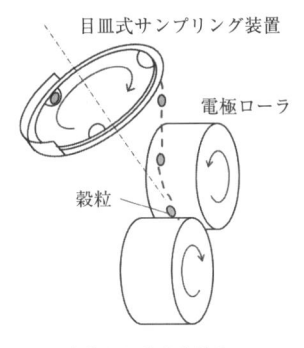

図 6.19 電気抵抗式単粒水分センサ（ヤンマー（株））

は異なり，機体振動の影響を受けにくい反面，ホコリやセンサの汚れの影響を受けやすい．これらの流量測定式では，収穫した穀粒全質量は流量を積算して求める．したがって，流量測定時の誤差が小さくても，全質量の計算で誤差が蓄積するので較正が必要である．

全量測定式では，グレーンタンク下部に設置された1個のロードセルでタンク質量を含めた穀粒質量を測定する．この方式は測定分解能が低くなるが，収穫した穀粒の全質量は，タンク質量を差し引くだけで容易に求められる．

(3) 水分センサ

穀粒の質量は水分によって大きく変化するため，正確な収量を測定するには水分補正が必要である．自脱コンバインで収穫しながら穀粒の水分を測定するために，電気抵抗式水分センサが用いられている（図 6.19）．このセンサは乾燥機に用いられる水分計と同じく破壊式で，2つの回転する金属ローラ電極で穀粒単粒を押しつぶし，その瞬間の電気抵抗から水分を推定する．欧米では，穀粒の水分測定に静電容量式水分センサ（図 6.20）が利用されるが，測定器に充填される穀粒の密度による影響が大きく，自脱コンバインの収量測定では用いられていない．

(4) タンパク質センサ

穀物は収量だけでなく，食味，水分，タンパク質含有量などの品質も重要である．日本では，玄米の品質を非破壊測定するために近赤外分光式**米**

図 6.20 静電容量式水分センサ

粒食味計を用いる．欧米では，コンバインによる収穫作業とともに小麦の水分とタンパク質含有量を測定するタンパク質センサが開発され，市販されている（図 6.21）．このセンサは揚穀コンベアに設置し，穀粒を測定部へバイパスしてサンプリングする．5つの波長帯の LED 光源からの光を照射して，穀粒で吸収・透過した光のスペクトルを分光装置で計測し，水分とタンパク質を測定する．

6.1.6　地理情報システム（GIS）

地理情報システム（GIS）は，地表面の重要な特性の分布を表示・記録，そして分析するためのツールである．GIS は，リモートセンシング技術とコンピュータグラフィックスとともに発達してきた．地理的，地形的な特性，例えば，土地利用の形態，土壌特性，収量などの空間データを地図で表現でき，データの管理と分析を容易に行え

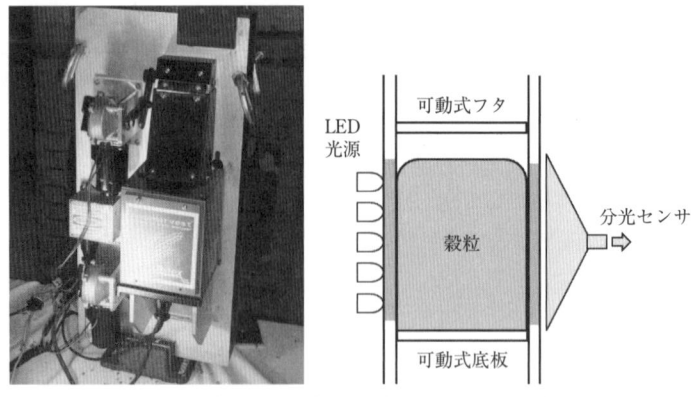

図 6.21　近赤外分光式タンパク質センサ（Zeltex, AccuHarvest）

る．農業は地表面の一部である農地を利用して，土壌，作物，天候といった空間的分布を示すデータを科学的に分析して栽培管理を行っているため，精密農業で取り扱う多種多様な空間データを総合的に管理・分析するためには GIS の利用が不可欠である．

図 6.22 は，GIS により圃場の航空写真上に測定された玄米の食味データを，等高線マップで表現して重ね合わせた図である．食味データは圃場の特定の場所からサンプリングした玄米の食味値であり，地図上では点データである．この点データを用いて，圃場一筆の玄米食味に関する空間変動を表す等高線図を，内挿法の一種であるクリッギング法[3]で作成した．また別途施肥マップ，作物の生育量マップ，収量マップなどを重ね合わせることで，栽培管理法の検討や吟味を行うことができる．

6.2　精密畜産

6.2.1　乳生産

産乳活動を行う経産牛は，自身の生命活動を維持するためとは別に，乳生産のためのエネルギー源としての飼料を必要とする．給餌量が不足したり栄養価の不十分な飼料を与えたりしたとき，乳量の減少や，乳タンパク質や乳脂肪率など乳成分の変化が生じる．乳量や栄養状態，残飼量などから必要なエネルギー量の飼料を計算して与えることで，その乳牛にとって最大の産乳能力を引き出すことが可能になる．つなぎ飼い方式はフリーストールなどの群飼方式と比べて，乳牛別の飼料給与によって精密な飼養管理ができる．一方で放し飼い方式に比べると，搾乳や給餌の作業労働が煩雑で負担が大きい．

以下に述べる機器システムでは，搾乳と給餌作業の負担を軽減し，100 頭規模でつなぎ飼い方式の長所を生かした精密な飼養管理を可能にする．

（1）　搾乳ユニット搬送装置

つなぎ飼い牛舎の搾乳作業において，ユニットの運搬を完全に自動化した装置である（図 6.23）．搾乳ユニット 2 台を 1 組として搬送する装置が，牛舎内に懸架されたレールをプログラムに従って

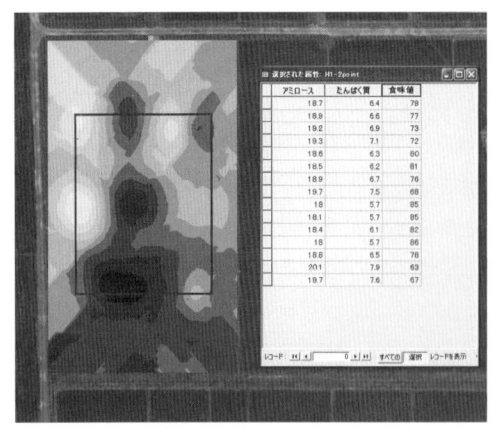

図 6.22　GIS 上での玄米食味マップ

図 6.23 搾乳ユニット搬送装置（オリオン機械(株)）

図 6.24 懸架式 TMR 自動給餌機（オリオン機械(株)）

移動し，パイプラインへの接続までを自動的に行う．作業者は搾乳準備を整え，隣接する2頭へユニットを取り付ける．搾乳終了時にはユニットが自動離脱して，2頭の搾乳が完了すると未搾乳の乳牛位置へと移動する．

ユニットの運搬と作業者の移動に伴う労働負担は軽減され，また搾乳ユニット2台が1組であるため，搾乳能率が向上する．つなぎ飼い牛舎で1人がユニットを3台使用した場合の搾乳能率は18〜22頭/(人・時) であるが，ユニット搬送装置4台（8ユニット）を使用したときの搾乳能率は50頭/(人・時) となる．

搬送装置には乳量データの収集機能および乳牛飼養管理コンピュータとの通信機能が組み込まれ，前回の搾乳量や搾乳禁止に関する情報がユニット側に表示される．

(2) 懸架式 TMR 自動給餌機

給餌通路幅の広いフリーストール牛舎における飼料の給与作業では TMR 給餌車などが使用されており，省力化は比較的容易であった．一方つなぎ飼い牛舎では，給餌通路の幅や高さ，段差などが大型機械の利用を困難にしていた．

懸架式 TMR 自動給餌機（図 6.24）は，給餌通路上部に H 形鋼のレールを設置し，レールに懸架されモータで自走するボックスが，設定された時間に粗飼料と配合飼料を貯蔵タンク（ストッカ）やロールカッタからコンベアやオーガでボックス内に積み込み，個々の乳牛の飼槽へ移動してから配餌する．粗飼料をストッカに満たしておけば，飼料の給与は自動で行い，多回給餌による新鮮な飼料を与えることで採食量が増加する．タンク容量の違いによって 50〜150 頭までの飼養規模に対応する．

既設牛舎への導入にあたり，梁の強度やストッカの設置で改修が必要な場合もあるが，飼槽底から天井までの高さや通路幅が不十分でも導入可能な小容積タイプもある．分岐レールを利用してストッカの設置場所に自由度を与えることもできる．

給餌回数，時間，量の設定は乳牛飼養管理プログラムで行い，設定情報を自動給餌機に転送する．携帯電話を用いた，遠隔操作による設定の変更や機械不具合の通知も可能である．

(3) 精密飼養管理システム

精密飼養管理システム（図 6.25）は，生年月日や個体（耳標）番号，産次，分娩後日数，次回分娩予定日，搾乳量，病気治療などの情報を一元管理する．給餌量の計算ではこれらの情報が不可欠であり，乳量や産次別の給与モデルを用いて分娩後日数から比例計算して求められる．自動給餌機は飼養管理システムとの間で相互に通信を行い，日乳量データの移動平均値をもとに計算された適正な給餌量データを受信する．

給餌量計算は**飼養標準**に基づき，乳牛の体重や乳量，乳脂率，分娩後日数から乾物摂取量，代謝エネルギー（ME），粗タンパク質（CP）などの要求

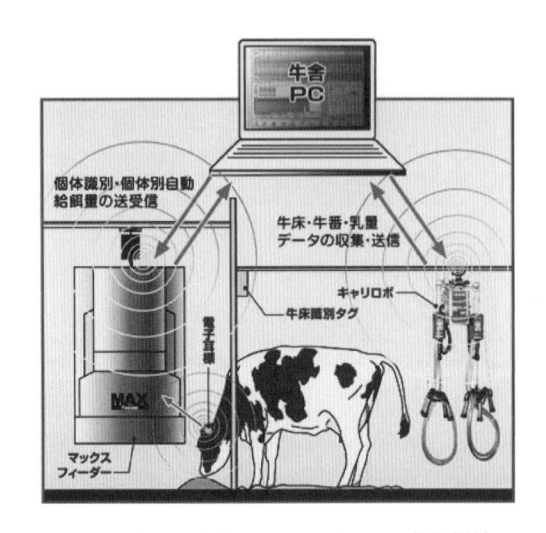

図6.25 精密飼養管理システム（オリオン機械(株)）

量を推定する．次に給与する粗飼料と配合飼料の水分，ME，TDN，CPなどの成分値から，要求量を満たす各種飼料を組み合わせた給与量を算出する．より精密な飼養管理を行う「systemADFO」[12]では，給与する粗飼料や配合飼料の成分値を登録して，登録された乳牛情報から飼料標準に従って栄養要求量を計算する．また飼料水分から現物給与量を換算して，必要最小限の粗飼料や配合飼料の組み合わせを求め，さらに残飼量から給与量を調整し，泌乳初期の養分不足や泌乳中期以降の過肥を防ぐなど，乳牛の適切な栄養管理と飼料コストの改善を行う．

6.2.2 肉用牛生産
(1) 牛肉の質とその生産

現在，日本には約300万頭の肉牛が飼養されているが，その多くは黒毛和種の和牛を中心とした肉用種（約200万頭）である．その他，ホルスタイン（約40万頭），黒毛和種のオスとホルスタインのメスを交配したF1（約60万頭）などに大別される．飼養頭数の最も多い和牛は，繁殖用と肥育用に分けられる．通常，繁殖農家は繁殖用の母牛を飼養し，生まれた子牛を一定の体重まで大きくして市場に出荷する．肥育農家は10か月くらいの子牛を市場から導入し，30か月くらいまで肥育するのが一般的である．

肉牛の管理は，通常図6.26に示すように耳に装着したタグで行われる．2004年に施行された「牛の個体識別のための情報の管理及び伝達に関する特別措置法」に基づき，10桁の個体識別番号によって出生年月日，雌雄の別，母牛の個体識別番号，出生からと殺までのすべての情報（例えば管理者，飼養施設の所在地，飼養の開始年月日などの情報）がインターネットで検索できるシステムとなっている．

通常，枝肉（と殺場で皮，骨，内臓などを取り除いた肉）の格付けは，社団法人日本格付協会が実施する牛枝肉取引規格により，歩留まり等級と肉質等級の2つの等級によって表現される．歩留まり等級では，同じ体重の牛でも枝肉の割合が多いものをA，B，Cの3等級に分けて評価し，肉質等級では，「脂肪交雑」，「肉の色沢」，「締まりおよびきめ」，「脂肪の色沢と質」によって5，4，3，2，1の5段階に分ける．そのうち，脂肪交雑（BMS）に関しては12段階で評価される．図6.27に示すように，その数値が高いものほどよいとされ，「霜降り肉」と称される．BMSの値と肉質等級との関係は，BMS 1が等級1，BMS 2が等級2，BMS 3，4が等級3，BMS 5〜7が等級

図6.26 肥育牛の給餌の様子（黒毛和種）

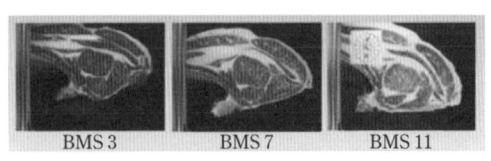

図6.27 BMSの値と肉質との関係

4, BMS 8～12 が等級 5 となる．日本の肥育牛農家では，霜降り肉などの高品質な牛肉生産を行うことを目的として，肥育牛にストレスを与えず，運動をさせず，高カロリーの給餌を行っている．それに加えて，血中ビタミン A 濃度を制御する給餌方法を採用している．

給餌による血中ビタミン A 濃度の制御は，高い BMS の値の肉につながること，えさ代に関わることであるため特に重要視されている．理想的には図 6.28 に示すように，月齢 10～14 か月頃まではビタミン A を高く保ち，脂肪交雑が進む 15～24 か月頃までは欠乏症にならない程度にビタミン A を低下させた後，25 か月から出荷まで再び上昇させることが多い．このような月齢に応じた給餌によるビタミン A の制御は，経験と勘によるところが大きいため，ときにはビタミン A が適正に制御できない場合も見受けられる．ビタミン A 欠乏となった場合には，食欲低下，筋肉水腫や失明などの病気が生じることも少なくない．そのような事態に陥らないように，図 6.28 中の矢印のようなタイミングで血液検査を適宜行って，血中ビタミン A をモニタリングすることが示唆されている[16]が，農家の労働力および経費的負担，牛へのストレス，検査時間などを考慮すると，頻繁な検査は実際的な解決法とはいえない．そこで，非侵襲，短時間で血中ビタミン A が計測可能な装置が切望されており，**瞳孔反射**に基づく血中ビタミン A 濃度の推定の研究[15, 16]が行われている．

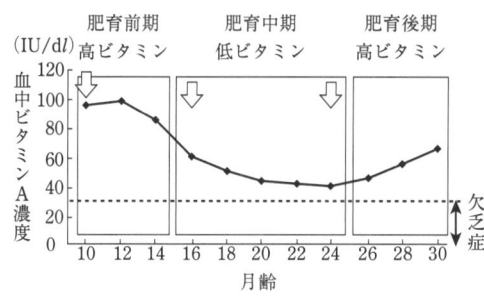

図 6.28 理想的なビタミン A のコントロール

(2) 血中ビタミン A 濃度の計測と精密肥育

黒毛和種の肥育牛の血中ビタミン A 濃度と瞳孔反射の関係を，10 秒程度の瞳孔収縮時間で計測した報告がある[16]．また血中ビタミン A の濃度が肉牛の眼球と深い関係をもつことより，瞳孔の色（輝板の色），瞳孔表面の光反射，光を照射してからの瞳孔の収縮速度などを計測することで，血中ビタミン A の濃度を推定する研究も行われている[34, 35]．特に，迅速に計測できる眼球表面の光反射と瞳孔の色は，個体別に経時的な変化を観察すると高い相関を示す[32, 37]が，ビタミン A の欠乏症の発症は肉牛の個体によるばらつきがあると考えられる．したがって，常に正確な健康管理情報（体温，体重，血液，心拍数，糞尿，鳴き声[8]など）の収集に努めるとともに，給餌情報（給餌量，給餌タイミング，飼料の成分など）のデータベースを肉牛ごとに構築することが望まれる．さらには，環境条件（温度，湿度，光強度，風速，暗騒音など）の計測を行うと同時に，刺激要因（芳香成分，刺激音，ほかの肉牛との相性など）の記録および蓄積もできると，より正確な健康管理ができるものと期待される．

これらすべての項目でなくてもよいが，このような情報を毎年データベースに蓄積しておき，肥育牛および乳牛農家のための意思決定支援やリスク管理をすることが，「精密肥育」，さらには「精密畜産」の概念となる．もともと乳牛，肥育牛および肉用牛は個体管理されていることから，適当なセンシングシステムが開発されれば，牛個体の健康状態および環境要因を考慮し，それぞれの牛に対して最適給餌を行い，高い品質と収量が期待される「精密畜産」の実現は困難ではないと考えられる．

精密肥育には，以下の 3 つのねらいがある．

①生産者に対しては，蓄積されたデータに基づく健康管理が可能となると同時に，正確な計測に基づく適正な肥育によって高品質，高収量生産，および高収益生産が可能となる．

②消費者・流通業者に対しては，肥育に関するデータベースを利用した安心・安全な生産物ならびに肉牛情報の提供が可能となる（肥育用データベースがトレーサビリティにも利用できる）．

③動物および環境に対して，ビタミンAなどの過度の減少からくるストレスの軽減および最適な給餌量による環境負荷の軽減が可能となる．

図6.29に精密肥育システムの模式図を示す．このようなシステムの構築には，種々の計測装置が必要となる．まず，血中ビタミンAを推定するマシンビジョンが挙げられるが，自動的に計測してデータを蓄積するために，肉牛個体の識別を容易とするICタグ（例えばRFID）があると便利である．気温や湿度などの生育環境を計測するセンサ，肉牛の体温や体重などの健康状態を監視，計測する装置も必要である．加えて，肉牛各々の成長状態および健康状態を見ながら可変給餌する装置，およびそれらの情報を蓄積するデータベースが必須である．特にそれらの計測装置の中でも，精密肥育のために今後開発すべき最重要な装置は，①最も農家が必要としている簡便な血中ビタミンA濃度の計測装置，②各肉牛に対して最適な給餌を行う可変給餌装置である．

近年，肥育農家の件数は漸減しているものの，各農家あたりの頭数は増加している[23]．2008年の平均飼養頭数は65頭で，100〜200頭および200頭以上の農家もそれぞれ1割程度である．精密農業の場合と異なり，畜産においては個体ごとに管理されていることから，各農家での情報管理が容易である．図6.30に肥育牛の生産の流れと情報の流れを模式的に示した．このように，データベースを利用した情報管理システムを各農家あるいは団体が管理することにより，生産者は最適給餌と肉牛の健康管理を行うことが可能になり，消費者や流通業者にはトレーサビリティ情報が提供可能となる．

霜降り肉などの生産は日本独自の食文化であり，国外では肥育牛の血中ビタミンAの制御ならびにそのような研究は一般的でないが，枝肉の霜降り程度（BMS）の計測は国内外で見られる[6]．今後，より正確なビタミンAの制御が可能となれば，動物福祉（アニマルウェルフェア）の観点からも精密畜産に関する研究が進められるだろう．

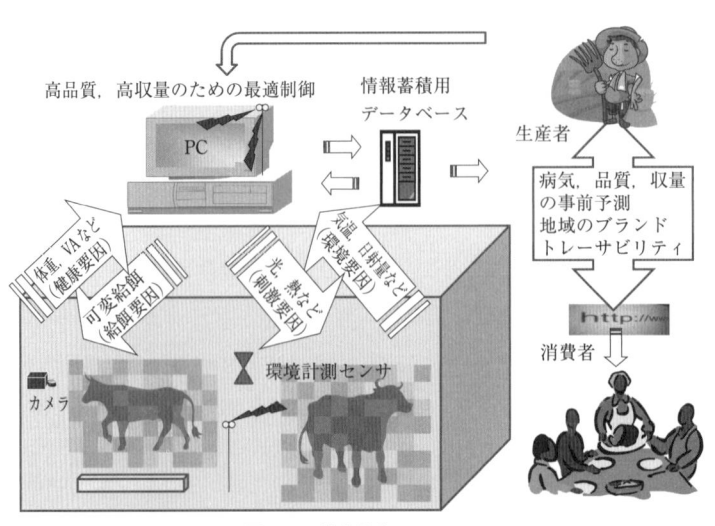

図6.29　精密肥育システム

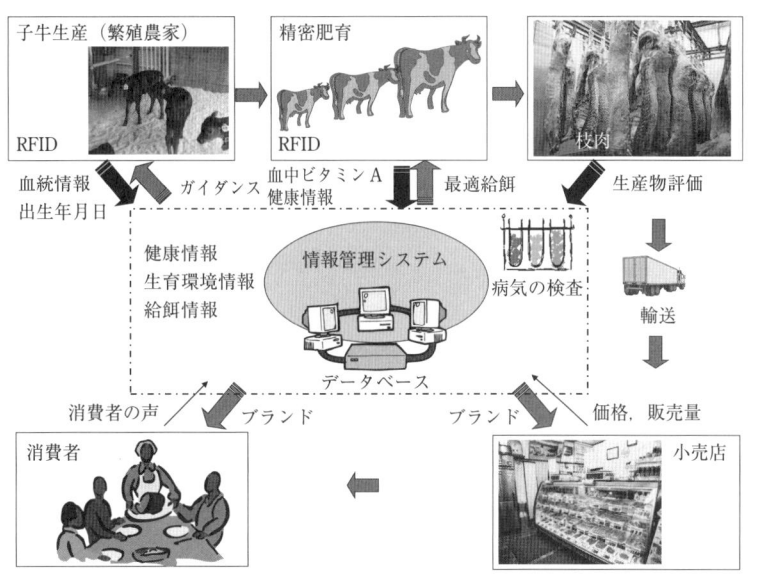

図 6.30 肥育牛の生産および情報の流れ

6.3 精密養魚

6.3.1 養殖の種類

養殖業とは,「区画された水域を専用して水産生物を所有し,それらの繁殖及び生活を積極的に管理して最終生産物の段階まで育成する生産方法であり,漁業とは別の性格を有するもの」とされている[19]. 無給餌のものは養殖と呼ばない定義もあるが,ここではそれも含み,無給餌養殖と給餌養殖に大別すると,前者は貝類や藻類が,後者は魚類や甲殻類が対象となる. 貝類ではカキ,アサリ,アカガイ,ホタテ,ヒオウギ,真珠などが,藻類ではノリ,ヒトエグサ,モズク,ワカメ,コンブなどが挙げられる. 魚類ではコイ,フナ,ウナギ,イワナ,ニジマスなどの淡水魚,およびブリ(ハマチ),ヒラメ,マダイ,フグなどの海水魚がよく生育されており,甲殻類ではクルマエビが代表種として挙げられる. また「稚魚養成から商品サイズまで」と「次世代の親魚の育成まで」を人為的に行うこと,つまりすべての育成工程が人為的に行われることを完全養殖と呼び,不完全養殖とは区別されている.

給餌養殖において,古くから水田(稲田)やため池を利用した方式が行われてきたが,昭和20年代に小割(網)生簀による養殖方法が開発され,急速に広まった. これはイカダや浮子,アンカーなどにより,網で立方体あるいは円筒体の形状を保持した養殖施設である. この生簀では魚類の高密度育成が可能なことから,生産性は大幅に向上したものの,残餌や排泄物による漁場の富栄養化や環境破壊の問題,種苗が移動することによる魚病の伝染や遺伝的撹乱などが危惧されている. そこで近年,養殖施設の沿岸から沖合への展開,給餌養殖と無給餌養殖を組み合わせた「複合養殖」の試み,残餌の水中濃度をセンシングして投餌量を制御する自動給餌機や,魚の摂餌要求に応じた**自発摂餌**システムの開発が進められている.

6.3.2 生簀と給餌システム

一般に,タイやヒラメなどの養殖魚は 10 m × 10 m 程度の生簀で 3,000 〜 10,000 尾を同時に生育させている. 一方,近年養殖数が増加している大型魚のマグロでは,直径 50 m 程度の生簀に 300 尾くらいを生育している. 海面養殖が始まっ

た当初は，イワシやアジなどの生餌を人手で投じていたが，省力化のため船上から動力を用いて生餌を投餌するエアー式投餌機が開発された．しかし前述したように，給餌による底質の悪化や水質汚染など，漁場への負荷の問題が拡大したことにより，モイストペレット（MP）やドライペレット（DP）といった固形飼料を生簀上の自動給餌機から供給するようになった（図6.31）．現在では，投餌機は主としてブリやカンパチに使われ，給餌機はコイ，マダイ，シマアジなどに用いられている．

加えて，北欧などのサーモン養殖には残餌センサ式の給餌システムが開発され，さらには供給一辺倒の給餌機でなくオンデマンドな自発摂取式給餌システムが近年開発された（図6.32）．この自発式摂取給餌は従来のタイマー給餌とは異なり，給餌の時刻，量ともに魚自身が決めることとなる．本システムでは，光ファイバを用いた自発センサを魚がつつくとそれに応じて給餌されるが，そのことを魚が学習するのは2日以内とされている．さらに手撒き給餌と比較した場合，総給餌量が6〜18％削減された報告もある[5]．

6.3.3　生体計測システムと精密養魚

今後，マグロなどの大型魚の養殖が進むにつれ，より正確な給餌が必要となる．そのためには，生簀中にどの程度の成長段階の魚がどの程度生育されているかを把握する必要がある．また，同程度の寸法の魚を同じ生簀に集めて給餌をする必要性も増すものと考えられる．そのため，水中で魚を生体計測することが重要で，その計測方法が確立されると，前述した精密農業，精密畜産のコンセプトに近い養魚，養殖が可能となる．

図6.33に，精密養魚システムの概念を示す．マグロのような大型魚の場合は，RFIDなどで各魚の個体識別ができれば，成長曲線が描かれそれに合わせた適正な給餌が可能となる．そのデータベースとしては，海水温度，溶存酸素量，流速，光量などの環境データも含まれる．給餌データおよび各魚の成長に応じたそれらのデータが蓄積されれば，生産者にとっては高収益生産に，消費者に対してはトレーサビリティデータに，環境に対しては最適給餌による漁場の負荷の軽減につながる．

タイやヒラメのように1か所に1万尾もの魚を成育する生簀では，個体識別，個体管理は容易でないため集団で管理することになるが，それらの平均魚体のデータを蓄積することは重要である．あるいは，寸法で数段階に選別して生簀を分けることも考えられる．そのための魚の生体計測の方法として，共鳴装置を用いた魚の体積計測[30]，あるいはカメラを用いた寸法，色，形状などの計測が今後の重要課題として挙げられる．それらが開発されれば，図6.34のような養魚における生産物と情報の流れが精密農業，精密畜産と同様に描

図6.31　自動給餌機（福伸電機(株)カタログより）

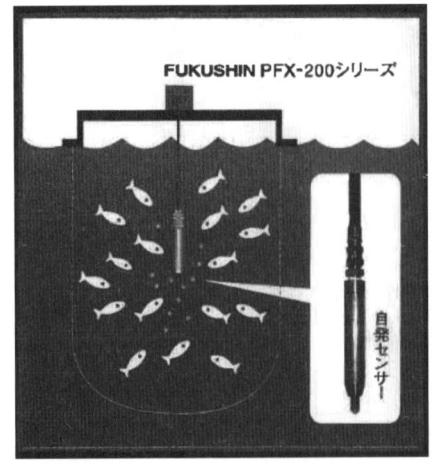

図6.32　自発摂取式給餌システム（福伸電機(株)カタログより）

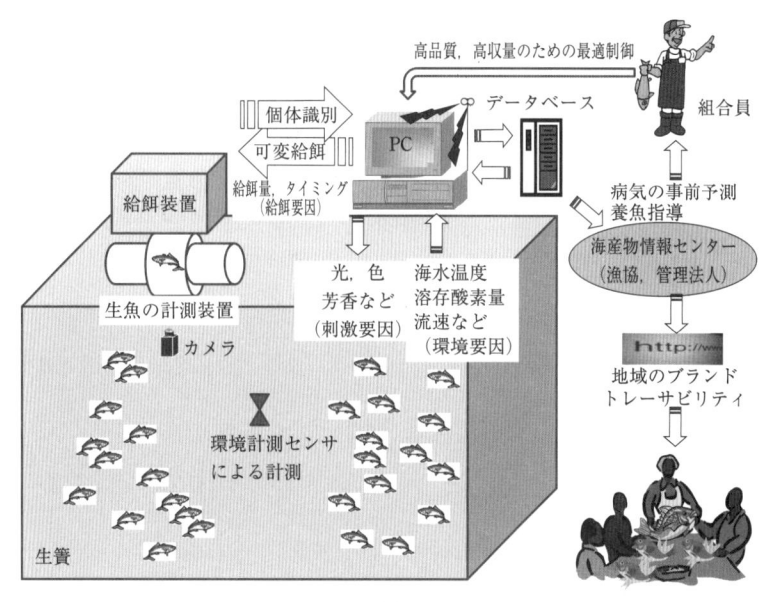

図 6.33 精密養魚のコンセプト

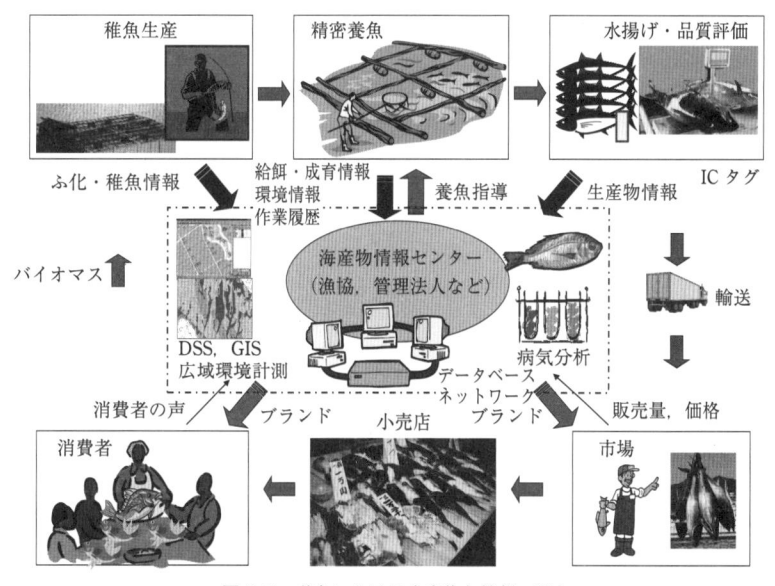

図 6.34 養魚における生産物と情報の流れ

かれる．

◆章末問題

1. GPSで測定した位置・速度に基づき，可変量マップを参照して，肥料の散布量を制御するシステムをブロック線図で表しなさい．
2. 流量センサと水分センサを搭載したコンバインで収量を算出する式を求めなさい．
3. 現在，日本で行われている高品質な牛肉生産の方法（特に肥育過程）ならびに精密肥育を確立するために必要となる技術を述べなさい．
4. 生簀を用いた養殖において今後必要とされる技術を述べなさい．
5. 人間には植物の葉が緑色に見える．その理由を述べなさい．
6. 作物の生育診断を行うためのリモートセンシングを圃場の撮影高度で分類し，特徴について述べなさ

い.

7. 搾乳ユニット搬送装置4台を使用したときの搾乳能率を答えなさい．また，能率が低下する場合の原因にはどんなことが考えられるか答えなさい．

8. 乳牛飼養管理システムに登録される乳牛個体情報の項目を挙げなさい．

◆参考文献

1) Adamchuck, V. I. *et al.*（2004）*Comput. Electron. Agric.*, **44**: 71-91.
2) 秋山 侃ほか（1996）農業リモートセンシング―環境と資源の定量的解析―，養賢堂．
3) P. A. バーロー著，安仁屋政武・佐藤 亮訳（1996）地理情報システムの原理―土地資源評価への応用―，古今書院．
4) 中央畜産会・酪農ヘルパー全国協会編（2003）新しい酪農技術の基礎と実際 基礎編，農山漁村文化協会．
5) 藤原卓也（2008）日本水産学会誌，**74**(5): 906-907.
6) Hwang, H. *et al.*（1997）*Comput. Electron. Agric.*, **17**(3): 281-294.
7) 廣瀬可恒・鈴木省三編著（1990）新編 酪農ハンドブック，養賢堂．
8) 飯田訓久ほか（2004）農業機械学会誌，**66**(6): 145-151.
9) 石井洋平・池田善郎（2010）農業機械学会誌，**62**(5): 50-58.
10) JA全農肥料農薬部（2010）土壌診断の読み方と肥料計算，農山漁村文化協会．
11) 下保敏和ほか（2010）農業機械学会誌，**72**(1): 37-45.
12) 北原電牧（2008）systemADFO操作説明書．
13) 小平正和ほか（2009）農業情報研究，**18**(3): 110-121.
14) 近藤 直ほか（2006）農業ロボット（II）―機構と事例―，コロナ社．
15) Mano, S. *et al.*（2009）*Proc. XXXIII CIOSTA-CIGR V Conf.*, Reggio Calabria, Italy.
16) 松田敬一ほか（2000）家畜診療，**47**(4): 239-244.
17) 松澤 実（2011）農業機械学会誌，**73**(3): 174-176.
18) 宮﨑 毅・西村 拓（2011）土壌物理実験，東京大学出版会．
19) 文部科学省（1975）昭和50年版 科学技術白書（第1部第3章第3節）．
http://www.mext.go.jp/b_menu/hakusho/html/hpaa197501/hpaa197501_2_012.html
20) 日本リモートセンシング研究会編（1992）図解リモートセンシング，p. 1-25，日本測量協会．
21) 農業・食品産業技術研究機構編（2008）日本飼養標準肉用牛（2008年版），p. 105-109，中央畜産会．
22) 農林水産省（2007）土壌・作物診断マニュアル．
http://www.maff.go.jp/j/seisan/kankyo/hozen_type/h_sehi_kizyun/ibaraki01.html
23) 農林水産省（2009）肉用牛をめぐる情勢．
http://www.maff.go.jp/j/council/seisaku/tikusan/bukai/h2102/pdf/data6.pdf
24) Okayama, T. *et al.*（2006）*Agric. Infor. Res.*, **15**: 113-122.
25) 笹川 正ほか（2002）APA，No. 82-11.
26) 澁澤 栄ほか（1999）農業機械学会誌，**61**(3): 131-133.
27) 澁澤 栄ほか（2000）農業機械学会誌，**62**(5): 79-86.
28) 澁澤 栄編著（2006）精密農業，朝倉書店．
29) 澁澤 栄（2007）農業機械学会誌，**69**(6): 11-13.
30) 篠原義昭ほか（2012）農業機械学会関西支部報，**112**: 51.
31) Shoji, K. *et al.*（2011）*Engin. Agric. Environ. Food*, **4**(1), 1-6.
32) 杉本ちひろ（2011）京都大学卒業論文．
33) 杉本末雄・柴崎亮介編（2010）GPSハンドブック，朝倉書店．
34) Takahashi, N. *et al.*（2010）*EAEF*, **3**(2): 42-46.
35) Takahashi, N. *et al.*（2011）*EAEF*, **4**(4): 126-130.
36) 梅田大樹ほか（2006）分光研究，**55**(4): 245-251.
37) 吉田和美ほか（2011）農業機械学会関西支部報，**110**: 59.

第7章

自動化・ロボット化

7.1 ビークル型ロボット

前章までに紹介した種々の機械の自動化・ロボット化は，労働力不足の解消，3K（きつい，汚い，危険な）労働からの解放，単調労働からの解放，生産物の高品質化および均一化，植物工場をはじめとする施設内の無菌化，さらにはより正確な作業，情報収集を行うために必須の事項である．本章ではロボット（自動化システム）を，従来型の機械が自律移動するビークル型と，人間の腕のような機構を有するアーム型に分けて紹介する．

7.1.1 ビークル型ロボットシステムの構成
(1) 航法センサ

屋外で作業するビークル型ロボットでは，センサにより位置と方位に関する情報の取得が不可欠である．この航法センサとして主に使われているGNSS，コンパス，ジャイロスコープ，レーザーレンジファインダ，マシンビジョンについて述べる．

1) GNSS

GNSSとは，人工衛星を利用して地球上の絶対位置を測位するシステムの総称で，全世界的衛星測位システムと呼ぶ．この中には米国国防総省が管理運営しているGPS，ロシアが管理しているGLONASS，欧州が進めているGALILEO，日本の準天頂衛星（QZSS）などがある．ここでは，カーナビゲーションでも普及しているGPSについて述べる．

GPSは，人工衛星（宇宙部分），その管理運営を行う地上施設（管理部分），および利用者が取り扱うGPS受信機（利用部分）の3つから構成されている[22]．宇宙部分では24機のGPS衛星が，半径が約26,560 kmで赤道面と55°の傾斜角をもつ6つの軌道に4機ずつ配置され（衛星コンステレーション，実際には予備の衛星が存在し約30機が運用中），約11時間58分で周回している．これによって，地球上のどの位置でも24時間，5機以上のGPS衛星を捕捉して測位が行える．

GPS衛星は，L1（1,575.42 MHz）とL2（1,227.6 MHz）の2つの搬送波にPRNコードと航法メッセージを変調したGPS信号を送信する．利用者は，この信号をGPS受信機（図7.1）で受信して測位を行う．2波を送信するのは電波の電離層遅延補正のためである．GPS受信機には，L1のみを受信する1周波受信機と，L1とL2を受信できる2周波受信機がある．

GPSによる測位は，WGS84と呼ばれる回転楕円体を基準座標系として行う．GPS受信機は，受信したGPS信号から衛星と受信機の間の疑似距離を計算し，WGS84上における緯度，経度，および高度を計算して出力する．測位方式で最も

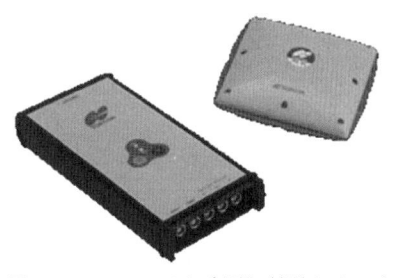

図7.1 GPSアンテナと受信機（（株）トプコン）

基本的なものは受信機単体での単独測位である．GPS の測位精度は，GPS 信号が通過する電離層と対流層の電波遅延，衛星の時計誤差と軌道誤差，受信機から見た衛星の配置（DOP），GPS 受信機周辺での障害物による GPS 信号のマルチパスの影響を受ける．

これらの誤差要因を除去・補正して測位精度を向上するため，ディファレンシャル GPS（DGPS）やリアルタイムキネマティク GPS（RTK-GPS）がある．DGPS は，位置が正確にわかった基準局で測位した疑似距離に基づく補正情報を移動局へ送信し，この情報を利用して測位精度を向上させる技術である．この方式には，海上保安庁が発信するビーコン方式と，民間 FM 局が発信するサービス網がある．RTK-GPS は，日本各地に設けられた約 900 点の基準点で測位した GPS 信号をもとにした補正情報を用い，民間からの配信サービスを利用した GPS 受信機でのリアルタイム演算により精度の高い測位を行う方式である．

GPS で測位するデータは緯度，経度および高度であり，ビークル型ロボットのナビゲーションには扱いにくい．このため，平面直角座標系に変換して利用される．日本国内では 19 の領域に分割し，その領域内で平面直角座標系に変換する．

2）ジャイロスコープ

ジャイロスコープは，物体の角速度と角度を計測できるセンサである．ジャイロスコープの計測原理は，力学的慣性を利用する方式（回転式，振動式）と光学的な干渉を利用する方式（**サニャック効果**）に分けられる．

力学の慣性を利用した回転式ジャイロスコープは，従来大型で可動部分があることから，製作，利用，保守が困難であった．これに代わり，コリオリ力を利用した振動式ジャイロスコープが開発され，小型化と低価格化が進み，一般に利用されるようになった．近年は，MEMS による加工技術でワンチップ化したセンサとして普及している（図 7.2）．

光学式ジャイロスコープでは，円形光路に互いに反対方向から光を加え，さらに回転が加わると互いに反対方向に進む光に経路差が生じ，受光時に生じる位相差から角速度を計測する．この方式には，光ファイバジャイロスコープ（FOG）やリングレーザジャイロスコープがある（図 7.3）．

3）方位センサ

方位を測定するセンサとして，地磁気を計測する方式と前述の GPS を 2 つ利用する方式（GPS コンパス）がある．

地磁気を利用した地磁気方位センサ（GDS）は，地球上に存在する地磁気を計測する電子コンパスとして利用されている．直交するように配置された 2 つの検出コイルに外部から地磁気による磁界が作用すると，各コイルに誘起電圧が発生する．この誘起電圧は磁界の大きさに比例するため，2 つのコイルに誘起される電圧差から地磁気の方向を計測できる．地磁気による磁界は微弱であり，ゆっくりとした時間的変化や周辺に存在する磁性体の影響を受けるため，設置時に較正が必

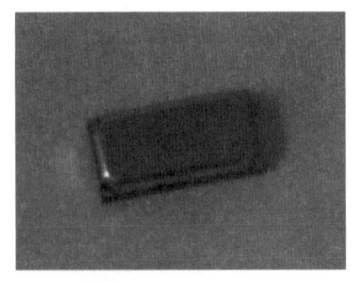

図 7.2 MEMS ジャイロ

図 7.3 光学式ジャイロ

要である.

GPSコンパスでは,2つのGPSアンテナを用いて測位した相対位置や受信電波の位相差から方向を計測する(図7.4).

4) 速度センサ

車両の速度は,車軸や車輪の回転数を検出し,減速比と車輪の外周長を乗じて求める.この速度センサには電磁ピックアップやロータリエンコーダなどの回転センサが多く用いられる.しかし,車輪と走行路面の間には滑りなどにより誤差が生じるので,対地速度を計測する場合はドップラ速度計が用いられる.ドップラ速度計は,図7.5に示すマイクロ波や超音波などのドップラ効果を利用して,次式から求める.

$$V = \frac{V_D}{\cos\alpha} = \frac{cF_D}{2F_0\cos\alpha} \tag{7.1}$$

ここで,F_0は発信周波数,F_Dはドップラ周波数,cは光速(または音速),およびαはセンサ取付角度である.

5) レーザレンジファインダ

レーザレンジファインダは,パルス状の赤外線レーザを目標物に照射し,その反射波の度合いや到達時間で目標物までの距離を測定できるセンサである.光は速度が速く,到達距離も長い.またレーザ光線のスポット径も小さいので,高分解能かつ広い範囲で測定できる.レーザ光線を回転ミラーにより走査して,周辺の物体までの距離を2次元で測定できるレーザ測域センサなどもある(図7.6).これらは,周辺環境のマップ化や障害物の検出で利用されている.ただし,屋外で利用する場合は太陽光が直接影響することがあるため,受光部に直接太陽光が入射しないように,取付角度の傾斜や,遮光板を設けるなどの工夫が必要である.

6) ビジョンセンサ

農道,畦,および圃場内の作物列をカメラ画像から認識できる場合,航法センサとしてビジョンセンサを利用できる.色情報を利用して境界やパターンを識別する場合には,カラーカメラが利用される.圃場の作物を検出する場合には,作物が近赤外光の反射率が高いことを利用して,赤外線バンドパスフィルタを取り付けたモノクロカメラが広く利用される.また,2台のカメラによる立体視を行って,ステレオ画像の視差から作物までの距離や方向を検出し,操舵制御を行う装置も実

図7.4 GPSコンパス((株)ヘミスフィア)

図7.5 ドップラ速度計

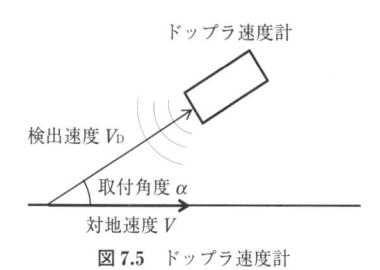

図7.6 レーザレンジファインダ

図7.7 ステレオビジョンセンサ((独)農研機構・生物系特定産業技術研究支援センター)

(2) ビークル

ここでは主として農業生産で使用されるビークルのうち，車輪型（主に4輪）と履帯型の2つを紹介する．

4輪の車輪型ビークルでは，主に**アッカーマン・ジャント操舵方式**が用いられており，運動や力学を扱う場合には図7.8の二輪車モデルで表す．ビークルが一定速度V，角速度γで運動するときの時刻tのビークルの位置(x, y)と方位ϕは，初期状態(x_0, y_0, ϕ_0)を定義すると次式で表される．

$$x = x_0 + V\int_0^t \sin(\beta + \phi) \, dt \tag{7.2}$$

$$y = y_0 + V\int_0^t \cos(\beta + \phi) \, dt \tag{7.3}$$

$$\phi = \phi_0 + V\int_0^t \gamma \, dt \tag{7.4}$$

ここで，βは**横滑り角**である．横滑り角はビークルの車輪の横力を考慮した力学モデルから求めることができる．ビークルの質量をm，慣性モーメントをI，重心から前車軸までの距離をl_f，重心から後車軸までの距離をl_r，操舵角をδ，前後輪の**コーナリングフォース**をF_f, F_rとすると，車輪型ビークルの運動方程式は，

$$mV(\dot{\beta} + \gamma) = 2F_f + 2F_r \tag{7.5}$$

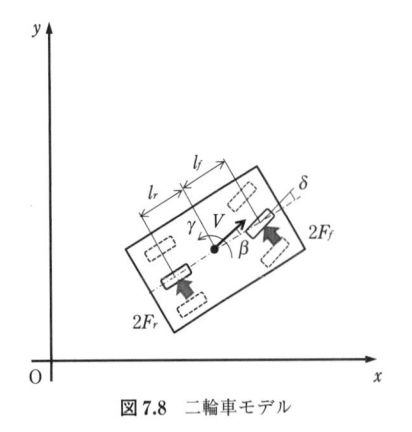

$$I\dot{\gamma} = 2F_f l_f - 2F_r l_r \tag{7.6}$$

と表される．

一般に横滑り角が小さい場合は，F_fとF_rは前後輪の横滑り角β_fとβ_rに比例すると考え，次式を用いる．

$$F_f = -k_f \beta_f, \quad F_r = -k_r \beta_r \tag{7.7}$$

ここで，k_fとk_rはコーナリングパワーと呼ばれる定数で車輪と路面の関係を表す．また，前後輪の横滑り角は，以下のように記述できる．

$$\beta_f \approx \beta + \frac{l_f \gamma}{V} - \delta \tag{7.8}$$

$$\beta_r \approx \beta - \frac{l_r \gamma}{V} \tag{7.9}$$

次に履帯型ビークルでは，左右履帯の速度V_l，V_rの速度差V_dによって，操舵を行う．図7.9に示すように，履帯型ビークルのトレッドをb，速度をV，角速度をγとすると，

$$V = \frac{V_l + V_r}{2} \tag{7.10}$$

$$\gamma = \tan^{-1}\left(\frac{V_r - V_l}{b}\right) \approx \frac{V_d}{b} \tag{7.11}$$

$$V_d = V_r - V_l \tag{7.12}$$

したがって，履帯型ビークルが一定速度V，角速度γで運動するときの時刻tのビークルの位置(x, y)と方位ϕは，初期状態(x_0, y_0, ϕ_0)を定義すると車輪型ビークルと同様に表される．しかし履帯型ビークルの横滑り角βは，路面の状態や旋

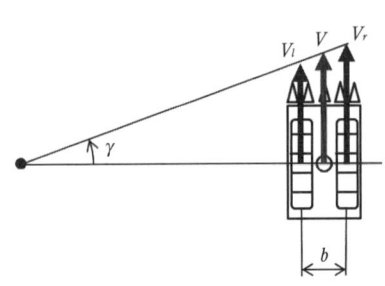

図7.8 二輪車モデル

図7.9 左右二輪モデル

回速度により複雑に変化する．

（3） 車載ネットワーク

ビークル型ロボットでは，さまざまなセンサや制御機器が複数搭載されており，互いにデータ通信を行っている．この通信手法としてCANを利用した車載ネットワークが普及しつつある．これは，欧州で最初に普及したLBSをもとに，現在国際規格ISOBUSとして標準化が進められている．

図7.10にCANを利用した車載ネットワークの例を示す．各種センサは最寄りのECUに接続され，ECUはCANケーブルに接続されている．CANはシリアル通信の一種であり，送受信用に独立した2本のケーブルを終端抵抗で接続し，このケーブルに決められた通信速度（ボーレート）でパルス信号を送受信する．CANメッセージはIDとデータとで構成されており，ECUが必要なデータだけをIDで識別して受け取ることができる．

7.1.2 農業機械での研究例
（1） ロボットトラクタ

図7.11は，北海道大学で開発されたロボットトラクタである．RTK-GPSと光ファイバジャイロスコープを航法センサとして位置と方位を計測し，目標経路に追従して自律走行する．また，GPSアンテナはルーフ上にあるため，トラクタの傾斜により計測位置に誤差が生じる．この傾斜による誤差を補正するため，慣性計測装置（IMU）を併用している．図では播種機を取り付

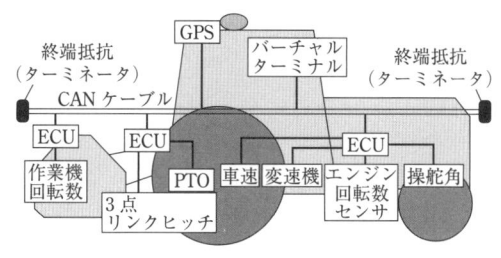

図7.11 ロボットトラクタ（北海道大学）

けた状態であるが，作業機を換えて，耕うん，防除，機械除草などを目標経路と一緒にした，ナビゲーションマップを参照しながら作業する．市販のトラクタを改造しており，前後進，操舵，変速，エンジン回転数，PTO，3点リンクヒッチなどの制御は，CANによる車載ネットワークを利用している．また安全装備として，レーザ測域センサで前方の障害物を検出して回避，あるいは一旦停止する．万一障害物に衝突した場合には，バンパースイッチによりエンジンを緊急停止する安全装置が搭載されている．

（2） ロボット田植機

（独）農研機構・中央農業総合研究センターで開発されたロボット田植機は，乗用田植機を改造して，前後進，操舵，変速（CVT），エンジン回転数，作業機クラッチ，3点リンクヒッチなどをコンピュータにより制御可能にしている（図7.12）．航法センサには，RTK-GPSと3軸ジャイロスコ

図7.10 車載ネットワーク

図7.12 ロボット田植機（（独）農研機構・中央農業総合研究センター）

ープを使用している．長方形の圃場4隅の位置情報（GPSデータ）を入力すると田植作業経路を生成し，圃場一筆を完全に田植えする．また，途中での苗や肥料の補給を省くため，ロングマット水耕苗による植付け機構と2段式肥料ホッパを装備している．面積30 aの圃場では，作業能率20 min/10 aで植え付けができる．

(3) ロボットコンバイン

京都大学では，稲や麦を収穫する自脱コンバイン（図7.13）の，中央農業総合研究センターでは大豆を収穫する大豆コンバイン（図7.14）のロボットが開発された．これらのロボットは，前後進，操舵，作業機クラッチ，刈取り部の昇降，排出オーガの操作などをコンピュータで制御できる．航法センサとしては，RTK-GPSとGPSコンパスを搭載し，位置と方位を測定している．長方形の圃場を対象として外周3〜5周は手動運転で回刈り作業を行い，残りは左回りのらせん状刈取り作業経路に追従しながら，自動刈取りを行う．途中でグレーンタンクが満量になればその場で停止し，オペレータの手動運転によって穀粒を運搬車へ積み替える．穀粒の積み替えが終了後，作物の刈取り位置まで手動運転で戻れば，ロボットコンバインが自動刈取りを再開する．

(4) ロボット運搬車

京都大学では，肥料や種子などの農業資材や収穫物の運搬を目的としたロボット運搬車を開発した．航法センサとしては，RTK-GPS，光ファイバジャイロスコープ，ビジョンセンサ，磁気センサなどの応用が試みられた．図7.15に示すロボットでは，走行速度をレーダドップラ速度計で，進行方向を光ファイバジャイロスコープで計測し，逐次積分演算を行って現在の位置を求める自律航法で走行する．この航法では角速度や速度を積分演算するため，センサ誤差の累積により算出した現在位置に含まれる誤差が時間とともに大きくなる．この誤差を取り除くため，走行経路中の通過点に永久磁石を埋設し，その上を通過するときに基準点と車両の相対位置を磁気センサで検出することで，ずれの量からロボットの位置と方位の誤差を較正する．

また，マシンビジョンによる農道の自律走行も行うことができる．農道と圃場の境界線はカメラ画像の**ハフ変換**で検出し，その境界線に沿って自動走行する．

図7.13 自脱ロボットコンバイン（京都大学）

図7.14 大豆ロボットコンバイン（(独)農研機構・中央農業総合研究センター）

図7.15 ロボット運搬車（京都大学）

7.2 アーム型ロボット

7.2.1 アーム型ロボットシステムの構成

アーム型ロボットは，主としてマニピュレータ，エンドエフェクタ，センサ，および移動機構から構成されることが多い．マニピュレータとは通常ロボットアームを指し，エンドエフェクタとはロボットハンドのことである．しかしエンドエフェクタには，必ずしもハンド（手）と呼べるような形状，機構および機能を有するものも種々あるため，マニピュレータの先端（エンド）に装着された効果器（エフェクタ）という意味で呼ばれている．センサには多種類あるが，その中でも代表的なものは視覚センサであるので，ここではマシンビジョンについて述べる．また，移動機構も目的に応じて数種類に分類される．ここでは農作業を対象とし，移動機構をもたない定置式のロボットも含めて，アームを有するシステムの概略を説明する．

(1) マニピュレータ

マニピュレータは，人間の腕に似た機能を有し，一般的には複数の関節をもつ．1つの関節には1つ以上の**自由度**を有する．例えば人間の腕であれば，肩，肘，手首の3つの関節がそれぞれ3自由度（肩），2自由度（肘），2自由度（手首），あるいは3自由度（肩），1自由度（肘），3自由度（手首）を有すると考えることができる（図7.16）．通常，手先の位置を決定するのに3自由度，手先の方向を決定するのに3自由度必要であるため，手先を任意の位置と方向に向けるには6自由度必要となる．人間の腕が7自由度あるということは冗長であり，手先の位置と方向を決めた後でも1自由度分は若干動かせることになる．

関節は，図7.17のように表記され，直動関節と回転関節に大別される．種類，回転軸の違いによって図のように表記が異なる．

マニピュレータには色々な種類があり，その機構の違いにより使い分けられている．図7.18に，直角座標型マニピュレータを示す．これは主として手先の移動を3つの直動関節で行うもので，作動領域は図7.19に示すように直方体となる．

図7.20および図7.21には円筒座標型マニピュレータの機構および作動領域を示す．これは主として2つの直動関節と1つの回転関節で手先を移

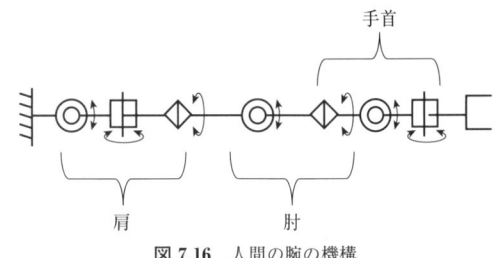

図7.16 人間の腕の機構

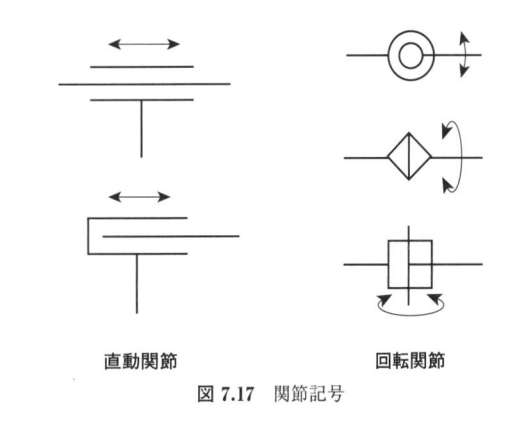

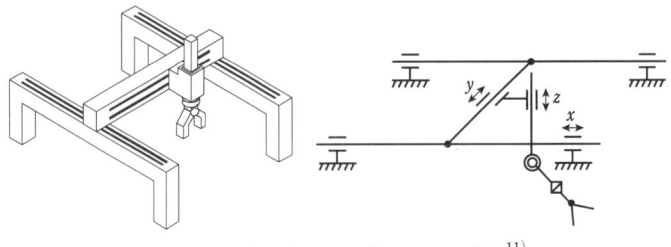

図7.17 関節記号

図7.18 直角座標型マニピュレータの機構[11]

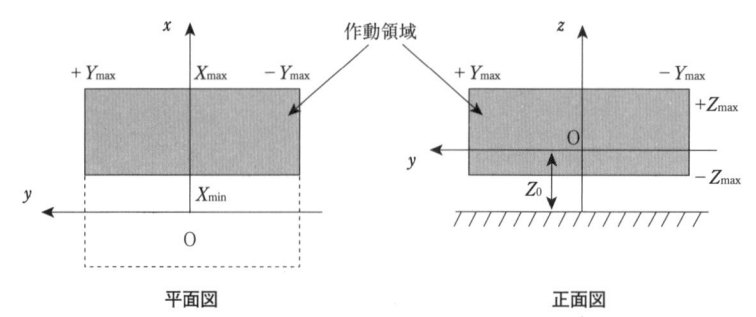

図 7.19　直角座標型マニピュレータの作動領域[11]

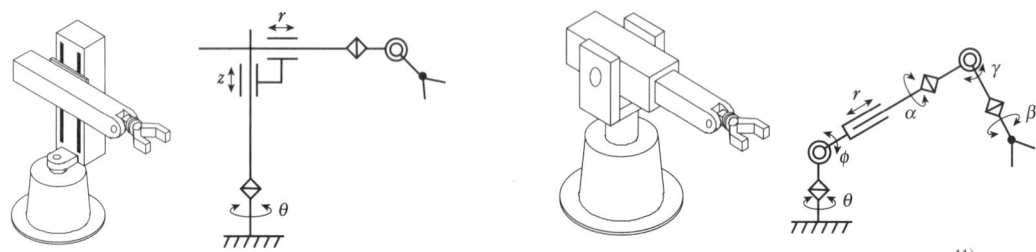

図 7.20　円筒座標型マニピュレータの機構[11]

図 7.22　極座標型マニピュレータの機構[11]

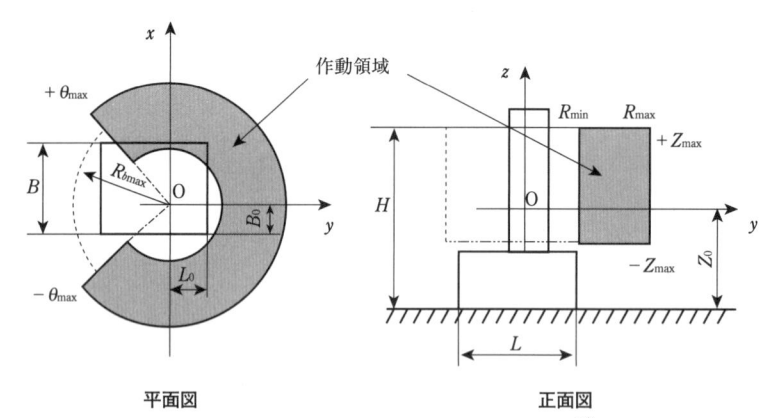

図 7.21　円筒座標型マニピュレータの作動領域[11]

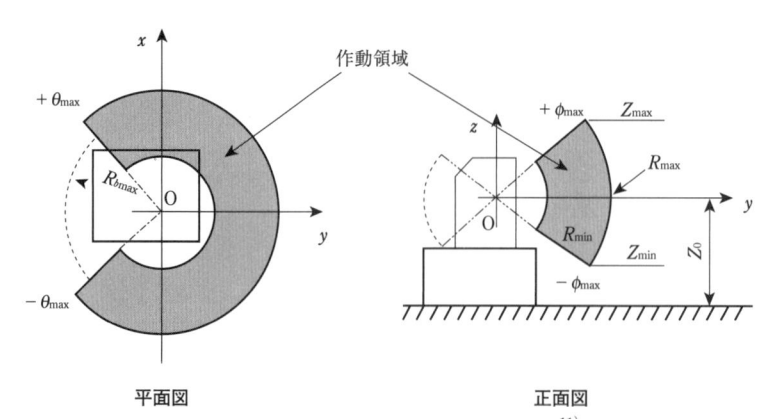

図 7.23　極座標型マニピュレータの作動領域[11]

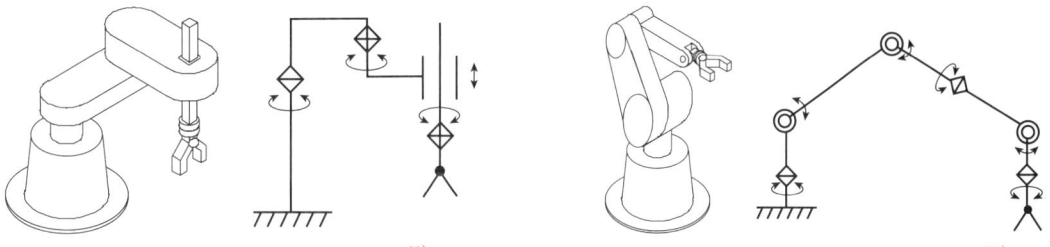

図 7.24 水平多関節マニピュレータの構造[11]

図 7.26 垂直多関節マニピュレータの構造[11]

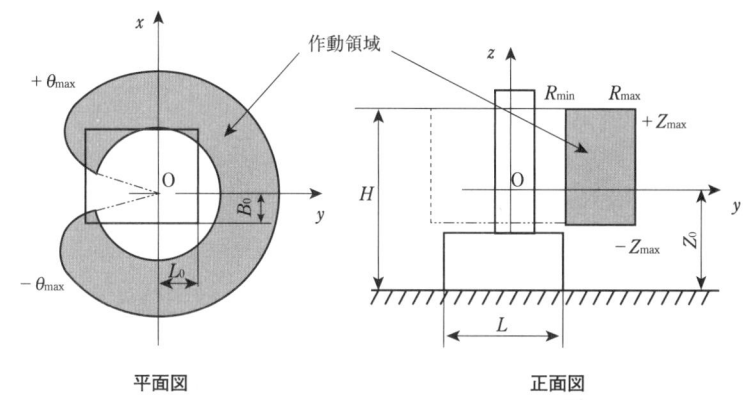

平面図　　　　　　　　　　　正面図
図 7.25 水平多関節マニピュレータの作動領域[11]

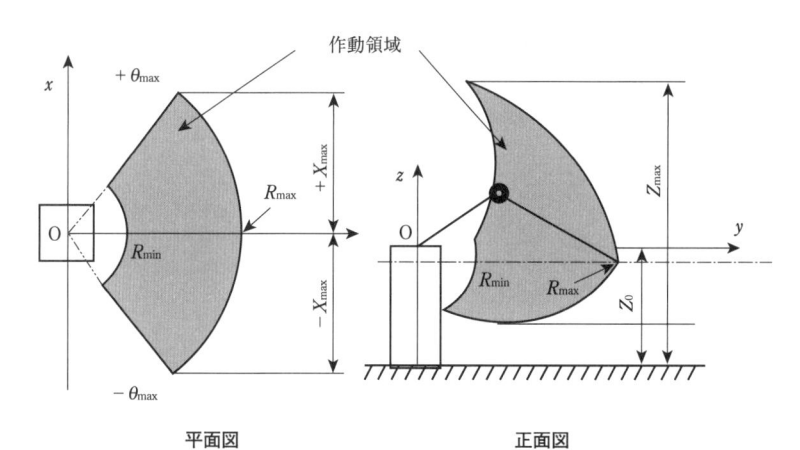

平面図　　　　　　　　　　　正面図
図 7.27 垂直多関節マニピュレータの作動領域[11]

動させるもので，その回転関節の変位が360度で，直動関節のうち r の変位が0から与えられると，理想的には作動領域は円筒形となる．

図7.22および図7.23には極座標型マニピュレータの機構および作動領域を示す．このマニピュレータは手先の移動に1つの直動関節と2つの回転関節を用い，その作動領域は，回転関節や直動関節の変位が大きいと理想的には球形に近いものとなる．

図7.24および図7.25には水平多関節（SCARA）マニピュレータの構造と作動領域を示す．この作動領域は円筒座標に近いものであるが，その関節構成から，2つの回転関節と1つの直動関節で手先の位置を決定する．全部で4自由度しかもたないことより，手先の方向は回転の1自由度でしか決められない．複雑な姿勢はとれないものの，単純な機構で高速かつ簡単に制御可能である．なお，SCARAとは selective compliance assembly robot arm の略で，スカラロボットと呼ぶことも多い．

図7.26 および図7.27 には垂直多関節マニピュレータの構造と作動領域を示す．このロボットは直動関節をもたず，最も人間の腕に近い機構をしていることより，汎用的なロボットとして用いられる．作動領域の形状は，それぞれの関節変位に応じて不定形となる．

これらのマニピュレータの手先の位置を決定する関節の種類と作動領域の形状を表7.1 にまとめた．

マニピュレータの基本機構は，①自由度の数，②自由度の種類，③リンク間長，④オフセット長の4つの要素によって決定される．まず，3次元空間を移動させるのであれば，最低3自由度は必要であり，それに加えて手先の位置にどれほどの自由度を与えるかを決定する．自由度の種類には前述したように直動型と回転型があるが，表7.1 のように作動領域が変わってくるため，対象物の存在範囲に応じて手先の移動のための関節の種類を決定する必要がある．リンク間長は関節と関節の間の長さであり，対象物に応じたマニピュレータの作動領域を決定する重要な要素となる．最後にオフセット長であるが，人間の腕のようにすべての関節の回転中心が1本のライン上に位置した理想的な場合には，オフセットはなくマニピュレータの移動のための計算などが行いやすい．しかし，機械的な理由により1つの関節に複数の自由度が存在し，各関節の回転中心が1本のライン上に収まらない場合，あるいはわざとずらした方が計算上都合のよい場合があり，そのような場合にオフセットをつける．例えば，図7.22 の極座標マニピュレータのϕの回転は，ベースのハードウエアの寸法によって手先をあまり下方および上方に移動できない機構になっている．そこで，図7.28 のようにr以降（第3関節）の関節を外側にオフセットすれば，作動領域の拡大やモータなどの配置変更が可能となる．

(2) エンドエフェクタ

マニピュレータの手先に装着するエンドエフェクタにはさまざまな種類のものがある．例えば，2本指，3本指，カッタ，吸着パッド，スプレーノズル，およびそれらの複合された機構など対象作業，対象物の形状によって変わる．通常，エンドエフェクタは汎用性を求めず，ある作業専用のものとすることが多い．というのも，エンドエフェクタはトラクタの作業機と同じようにマニピュレータに着脱可能で，適宜交換することにより作業効率を高めることができるからである．このエンドエフェクタの機構は，対象物や作業内容が異なれば全く変わるため，対象物とその作業の特性をまず知ることが必須となる．対象物の特性は通常，農産物性と呼ばれ，以下のものがある[14,18]．

①基礎的物理特性（寸法，形状，体積，密度など）
②熱特性（伝熱，伝導，拡散など）
③力学的特性（弾性，粘性など）
④音響・振動特性（減衰，共振など）
⑤電気的特性（導電率，誘電率など）
⑥光学的特性（色，分光など）
⑦生化学的特性（味，香り，においなど）

これらの特性を理解した上で，エンドエフェク

表7.1 マニピュレータの種類と作動領域の形状

	直動関節 （自由度）	回転関節 （自由度）	作動領域の 基本形状
直角座標型	3	0	直方体
円筒座標型	2	1	円筒
極座標型	1	2	球
水平多関節	1	2	円筒
垂直多関節	0	3	不定形

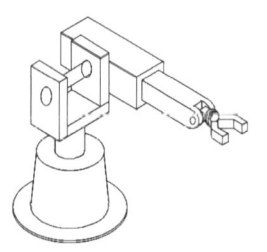

図7.28 オフセットした極座標型マニピュレータ[11]

タの設計を行うことが重要である．特に対象が植物および動物のような生物である場合には，それらの特性は時間とともに変化するため，注意が必要となる．エンドエフェクタの機構や構造の多くについては他書[12,16,19]に譲り，本書では7.2.2項で実用例および研究例を示す．

(3) マシンビジョン

アームを有するロボットは，その腕型の機構により従来型の機械よりもフレキシブルな作業を可能としている．ただ，その柔軟で細かな作業を行うためには外界認識を必要とすることが少なくなく，センサを有することが要求される．人間の五感と同様にロボットにも種々のセンサがあるが，その中でも**マシンビジョン**は農業ロボットのセンサとして外界の最も大きな情報源である．マシンビジョンには通常カラーカメラがよく使われるが，モノクロカメラ，レーザーセンサ[7]，PSD[4]などもロボットの2次元あるいは3次元視覚センサとして用いられる．ここではマシンビジョンシステムにカラーカメラを用いる場合，重要となる構成要素について述べる．

1）照 明

屋外でカメラを用いる場合には，時々刻々と変化する太陽光の照度，**色温度**に注意する必要がある．太陽光による照度は，日の出前から日の入り後までの間にほぼ0〜20万lx程度（地域や天候によって変動する）まで変化し，色温度も時刻や天候により，2,000〜7,000K程度まで大きく変動する．ここで色温度とは，色の成分の違いにより変化する指標ともいえ，赤味成分が高いほど低く，青味成分が高いほど高い温度となる．おおまかな目安であるが，5,000〜5,500Kの黒体の分光分布において，赤，緑，青の成分はほぼ同程度であり，3,000Kでは赤は緑の倍，青は緑の半分程度となり，6,000K以上では，青成分が緑や赤成分よりも大きくなると考えておくとよい．また，太陽光には可視領域（380〜780nm程度）の光だけでなく，紫外領域や近赤外領域の光も多く含まれるため，それらの領域に感度を有するカメラを用いれば，紫外画像あるいは近赤外画像も容易に得られる．

一方屋内においては，ハロゲンランプ，LED，白熱灯，蛍光灯などの人工照明を用いることが多い．その場合には，対象物との距離，照射方法，照明装置の特性などを考慮して用いる必要がある．もちろん，光源の輝度，色温度などは照明装置によって異なるので，光源の選択を最初に決定しなければならない．ロボットの作業や対象物によっては太陽光と同様に，可視領域だけでなく，紫外領域，近赤外領域に加え，X線などの照射装置が用いられることもある．

カメラの感度は近年向上してきたものの，十分な光量があることが高品質な画像入力につながる．後述するが，レンズの明るさ，シャッタースピード，被写界深度などに余裕をもたせるために，照明は明るいほど有利であるといえる．

2）カメラ

近年マシンビジョンシステムで使用されているカメラは，ほとんどがCCDあるいはMOSという**固体撮像素子**を用いたもので，高解像度かつ安価になってきている．固体撮像素子自体は1,000万画素を超えるものも一般に出回っているが，そのような高解像度の画像を処理するには，現在のコンピュータの能力では時間を要することが多い．実際に農業現場で用いられているものは，VGAクラス（約30万画素）からUXGAクラス（約200万画素）程度であり，画像**濃度値**のレベルもいまだに256階調のものが多い．一方，撮像素子に使用されるフォトダイオードは，500〜600nmがピークの**可視領域**に感度を有するものが近年多くなっているが，必要に応じて，250nm付近の**近紫外領域**や1,200nmまでの**近赤外領域**に感度を有するもの容易に手に入る．図7.29に代表的な撮像素子の感度を示す．

画面の走査は，過去には奇数行および偶数行のラインを別々なフィールドとして走査する方式の

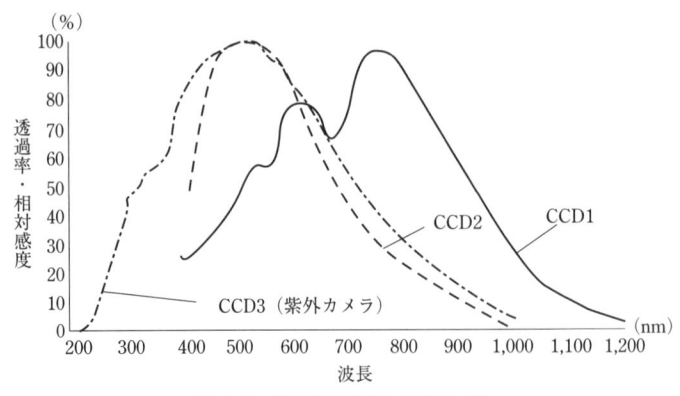

図 7.29 代表的な CCD の感度の例

インターレース（フィールドシャッタ）が主流であったが，近年は奇数，偶数フィールドの関係なく左上から右下までを一度に操作可能なプログレッシブタイプ（フレームシャッタ，ノンインターレース，全画素読み出し方式）がほとんどである．1画面を読み出す時間は通常1/30秒（33.3 ms）であるが，倍速（16.6 ms），4倍速（8.3 ms），さらには1秒あたり2,000枚を超える画像を読み出し可能な高速カメラなどもある．

なお，この画像走査時間とシャッタースピードは異なるので混同しないよう注意を要する．画像走査時間というのは，1枚の画像を取り込むのに必要とする時間で，シャッタースピードとは撮像素子を露光する時間である．つまり，シャッタースピードが遅いと画像にぶれが生じる．例えば1 m/sで移動している果実を，1/100 sのシャッタースピードで撮影した場合には10 mm程度，1/1,000 sのシャッタースピードでは約1 mmのぶれが生じることになる．したがって，移動物体を撮影するときにはシャッタースピードが短い方が有利であるが，そのためには対象物の照度を高くしないと暗い画像になるおそれがある．

最近の安価なWEBカメラなどは，撮像素子にレンズが装着されているものが多いが，通常の工業用TVカメラにおいてはCマウントが多く，種々の焦点距離のレンズと交換することが可能である．レンズのF値は1.4のものが一般的であり，明るいもので1.3程度である．このF値とは，レンズの焦点距離をレンズ口径で除した値であるため，数値が小さいほどレンズ口径が大きく明るいレンズといえる．明るいレンズほど，シャッタースピードを速くすることができるため有利なことが多い．Cマウントのレンズには種々の焦点距離のものがあるので，適当な焦点距離のレンズを選んで画角を決定することが必要である．焦点距離が長いほど画角は小さく，短いほど画角は大きいが，短い焦点距離のレンズは収差によって画面の周囲が変形することもあるので注意を要する．

また，農作物，農産物は3次元的な広がりをもって存在するため，ロボットが動作するには，カメラからの2次元情報だけでなく3次元情報が必要となることも多い．そこで，2台のカメラを用いた**ステレオ画像法**，視点の移動による方法，ハンドアイシステム，レーザなどを用いた三次元画像の構築などで距離情報を得る必要がある．一方，口径を絞り込んで被写界深度を深くすることも，よい画像を入力するテクニックとして挙げられる．ただし，絞りすぎると光量不足となるため，その意味からも照明は明るいほど有利といえる．

3）　対象物の光学的特性

図7.30に，植物各部位の分光反射の一例を近紫外領域から近赤外領域にかけて示す．よく知ら

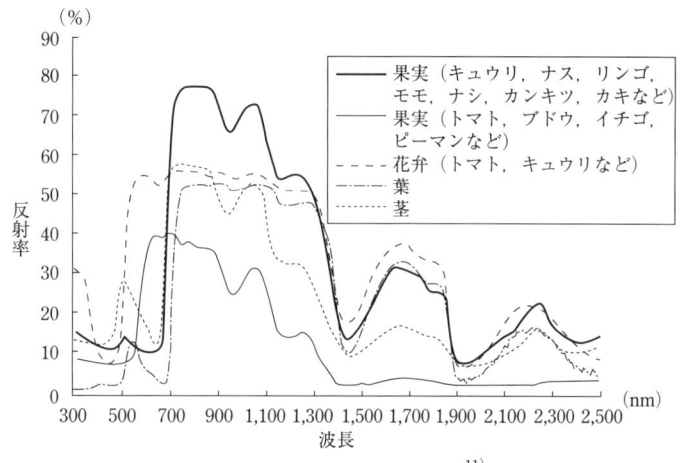

図 7.30 植物体各部の反射特性[11]

れているように，植物が光合成をするために必要な光は一般的に赤色および青色光である．したがって，葉は主として赤色と青色の光を吸収し緑色を反射するため，可視領域では緑色に見える．花弁の色も可視領域ではさまざまあるが，図にあるトマトやキュウリのように300 nm付近で反射率が高いものも多い．これは昆虫の視覚の感度と共進化したものと考えられており，昆虫に蜜の位置を示す花のネクターガイドなどのアトラクタの研究[1]も興味深い．

近赤外領域に目を向けると，可視領域よりも反射率が高くその変動も大きい部位が多いことがわかる．この変動の主たる要因は水分であり，970, 1,170, 1,450, 1,950 nmなどの吸収帯はすべて水によるものである．近赤外領域における葉の反射率は，品種，品目を問わず，700～1,400 nmの範囲ではほぼ50%であるが，果実の反射率は図のように大きく2つに分けられる．キュウリ，ナス，リンゴ，モモ，カンキツ，カキなどのように葉よりも高い反射率を示すものと，トマト，ブドウ，イチゴ，ピーマンのように葉よりも低い反射率を示すもの[11]がある．

図7.31，図7.32には，土壌および牛肉の分光反射特性[11]も示している．土壌は可視領域では赤，緑，青の順に反射率が高く，近赤外領域では1,450, 1,950 nmなどの水の吸収帯で反射率が低

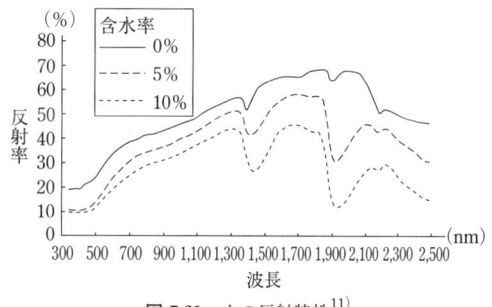

図 7.31 土の反射特性[11]

くなる．また，水分を多く含むと全体的に反射率は低下する．白っぽい乾いた土に水をまくと黒っぽくなるのはこのせいである．

牛肉の脂肪と赤肉部分の反射率は，可視領域では赤，青色の成分が高く，近赤外領域では植物で見られた水の吸収帯に加えて，1,730 nmおよび2,300 nm付近に吸収帯が見られる．さらに300～400 nmの紫外領域において脂肪の部位の反射率が高いのも特徴的である．

また，トマトやピーマンなどの果実やコーヒーの葉のように，表面が滑らかで非常に高い光沢を呈する対象物も農産物には多い．これは表皮構造のうち，細胞壁の外側にあるクチン（不飽和脂肪酸の重合物質）とワックス（高級脂肪酸と高級アルコールのエステル化合物）でできた，透明で水を通さないクチクラ層によるものである[11]．葉，茎，果実，種子の表面が水を弾くのはこの層のた

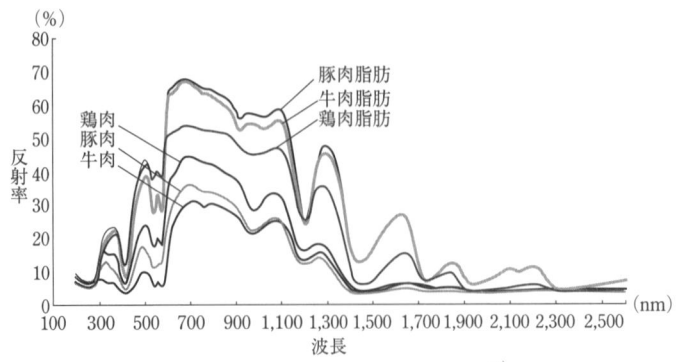

図7.32 牛肉, 豚肉, 鶏肉の反射特性[11]

めで, 体内への水の侵入および水分蒸発を防ぐという大切な役割を果たしている. この光沢 (ハレーション) を偏光フィルタなどで除去する, あるいは積極的に利用することでより正確な計測が可能となる. このように, 生物特有の光学的特徴を利用したマシンビジョンの開発は重要な課題となっている.

(4) 移動機構

苗生産ロボットのようにトレイを移動させ, ロボット自身は移動しない定置式のものもあるが, グリーンハウスや農業施設内で種々の作業を行うには移動機構が必要となる. これには7.1節で説明した①車輪型, ②履帯 (クローラ) 型に加えて, ③レール型, ④ガントリシステム, および⑤脚型がある.

最も簡便に用いられるのは図7.33に示すような小型の車輪型で, 畝間を走行するための特別な自己位置センサを有することが多い. 履帯型も前述のコンバインとは異なり, 図7.34のように小型のものが用いられる. 履帯型の主な特徴は, 車輪型に比べて接地面積が大きいため, 接地圧が低く圃場の沈下が少ないこと, 大きな推進力が得られること, マニピュレータの伸縮や移動の際に車体の揺動が少ないこと, その場旋回など狭い畝間で移動しやすいことなどが挙げられる.

レール型においては, 移動機構の走向制御をする必要がないので簡便に利用できるが, レールの敷設だけでも高価になること, 作業者の妨げとな

図7.33 車輪型 (トマト収穫ロボット, 岡山大学ほか)

図7.34 履帯型 (アスパラガス収穫ロボット, 協和機電工業(株))

る場合もあることより, カンキツ果樹園[12]などを除いてあまり多くは用いられない. しかし図7.35のような暖房パイプを利用して移動するシステムは, 多くのオランダ型グリーンハウスでは標準的に用いられている.

ガントリシステムとは, 門型の移動機構で, レールあるいは車輪を用いて移動させ, マニピュレータあるいは作業機が門型の下部で作業を行うも

7.2 アーム型ロボット

7.2.2 農業現場での実用例と研究例

現在までに，農業用途のためのアーム型ロボットを用いた自動化システムは種々報告[12]されており，移植ロボットや搾乳ロボットのように普及しているものもある．ここでは，それらのロボットの中から代表的な研究事例を紹介する．

(1) 苗生産ロボット

果菜類や花き類の苗生産作業は，通常室内で行われ，環境も整っていることより，古くから移植作業や挿し木作業のためにアーム型ロボットを用いたシステムが開発された経緯がある．特に移植作業においては，カラーカメラで苗の良否を判定後，よい苗のみを移植するロボットの実用化も行われており，時間あたり3,000～4,500苗の補植処理が可能である[12]．

図7.37に，キクの穂の写真および挿し木の手順を示す．まず親株から穂を切り取り，冷蔵庫などで貯蔵する．適当な数の穂が集まるとそれらを水揚げし，下葉を切り取った後に挿し木する．挿し木をする際，セルトレイに行う場合と直接圃場に直挿しする場合がある．

図7.38～40には，試作された挿し木システム，下葉切断装置と穂の搬送用のスカラロボット，および挿し木作業を行う直角座標型マニピュレータを示す．本システムは以下の挿し木作業を5～6秒で行う．

① 苗を供給後，マシンビジョンでキクの穂の画像を入力する．

② その方向を認識後，スカラロボットが下葉を切り取るステージに移動させる．

③ 下葉を2方向からY字カッタで押し切りす

図7.35 レール型（暖房パイプ）

図7.36 ガントリシステム（愛媛大学・岡山大学）

の（図7.36）である．畝をまたぐ機構や圃場全体をまたぐ大型の機構などもある．レール型と同じように決められたコースを移動し，そのシステム自体が直角座標型マニピュレータに類似した特性を有するため非常に合理的で，操向制御もほとんど行う必要がないが，装置が大型になることで高価となり，柔軟性に欠けるという特徴がある．

脚型に関しては，森林や屋外などで用いられる用途のもの（6足歩行型）が研究[12]されている．

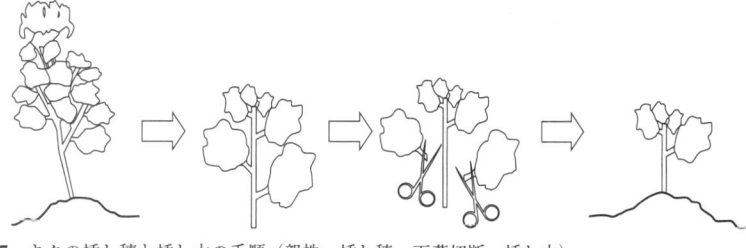

図7.37 キクの挿し穂と挿し木の手順（親株，挿し穂，下葉切断，挿し木）

図7.38 ロボットシステム（プロトタイプ）の全景

図7.39 スカラロボットと下葉切断装置

図7.40 直角座標型マニピュレータによる挿し木ロボット

④直角座標型マニピュレータでセルトレイに1本ずつ挿し木する．

マシンビジョンとしては，コンベアが汚れても穂を背景と切り離すことを容易とするため，近赤外に感度を有するモノクロカメラが用いられている[10]．

(2) 収穫ロボット

収穫ロボットは，1980年代からトマト，オレンジなどの果実を対象として開発が進められており，近年報告されているイチゴ収穫ロボット[5]での作業成功率も向上している．ここでは，トマト果房収穫ロボット[15]を例として紹介する．

図7.41に果房収穫用エンドエフェクタを示す．これは主として，左右2本ずつに分かれるアッパーフィンガおよびローワーフィンガで，主茎を囲むと同時に果柄を挟む構造となっている（図7.41右）．図7.42に示すように，アッパーフィンガには果柄把持部およびカッタが装着されており，上

図7.42 アッパーフィンガの拡大図[15]

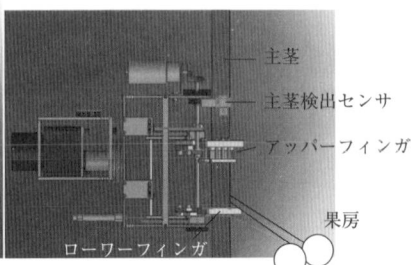

図7.41 トマト果房収穫用エンドエフェクタ[15]

部のモータとボールネジにより上下移動する．果柄把持部はアッパーフィンガが下降する際にスライドし，そのスライド部にバネを装着することによって，弾力で果柄を把持する．エンドエフェクタ自身をなるべく軽量とするため，上下フィンガの開閉は，プッシュプルケーブルを用いてソレノイドアクチュエータのスライドにより行う仕組みとしている．

果房収穫ロボットには，図7.43に示すようにスカラロボットが用いられている．これは，少ない自由度で高速に水平移動することに適した機構であり，果房および主茎の傾きに合わせて追加された手首の関節と合計して5自由度である．

マシンビジョンとしては，2台のカメラを用いてステレオ画像法で撮影するため，図7.44に示すようにカメラ間の距離を150 mmとし，照明装置（ハロゲンランプ）4台を，水平方向320 mm，鉛直方向200 mmの矩形内に設置したものが報告されている[13]．処理の流れは以下の通りである．

図7.43 トマト果房収穫ロボット

図7.44 マシンビジョン[13]

入力画像のRGB値を画素ごとにHSI（色相，彩度，明度）に変換し，その組み合わせにより16色に変換する．その変換画像をもとにして果実の2値画像および塊状図形を作成することにより，果房を決定する．次に，主茎・果柄部分の2値画像から主茎，果柄の候補を抽出する．果柄などは分断されているので，同一の果柄とみなせるものは結合する．その後，果房の位置から目的とする果柄を決定し，その果柄の情報により主茎を決定し，主茎と果柄の交点を検出する．

果実収穫ロボットは，いまだ実用化されていない．その主たる理由としては，高価であること，1度の収穫動作に10秒程度要することが挙げられる．今後これらの問題が解決されることが期待される．

(3) 選果・パッキングロボット

収穫後に行われる重要な作業の1つが選別作業である．本作業は施設内で行われるため，ロボットや高度な自動化システムなどが比較的導入容易であるといえる．従来，モモ，ナシ，リンゴ，トマトなどの果実は，作業者がコンテナから果実を取り出し，裏側を見て等級を判定し，ライン上を流れるキャリアに手で置く際に，トラッキングにより等級を大まかに決定するのが一般的な方法であった．現在では，ロボットが吸着パッドで吸引して移動する途中でカメラにより果実の周囲を撮像し，ライン上のキャリアに置くタイプのものが開発されている．

図7.45にそのロボットの全景を示す．これは，直角座標型マニピュレータにエンドエフェクタである吸着パッドを12個装着し，同時に果実を吸い上げ，12個のカラーカメラで果実下部1画面および側面4画面を撮像するものである．図7.46には，本ロボットがトマトを吸着パッドで吸着している状態を示す．このとき，手首の関節を270度回転させている間に，カメラが4回シャッタを切り，画像入力する．ライン上で果実を移送するキャリアには，果実の等階級の情報を記録し，読

図7.45 選果ロボット全景[6]

図7.46 選果ロボットの吸着パッド部

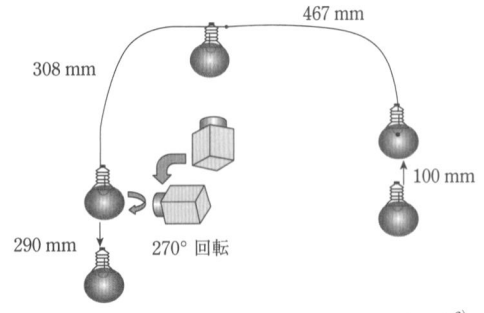

図7.47 マニピュレータによる果実の動きと画像入力[6]

ところも同様のロボットで行うタイプであり，2つの直角座標型マニピュレータが1つのボックスで作業を行う．近年では果実を作業者が供給し，マニピュレータをラインの移動方向と同じ方向に移動させながら果実を持ち上げ，カメラで全周囲を画像入力するタイプのロボットが普及し始めている．それにより，システムの価格およびラインあたりのカメラの台数を少なくすることが可能である．

トマトなどの円形の果実を対象にしたパッキング（箱詰め）ロボットに関しては，古くから細い腕を有する直角座標型マニピュレータを用い，同じ等階級の果実を1列ずつ詰めるものが利用されている（図7.48）．また，図7.49に示すような垂直多関節のパレタイジングロボットも，選果施設では珍しくない．

(4) 搾乳ロボット

搾乳ロボット（搾乳の自動化）は，1970年頃から研究が始まった．1990年代になって自動化

み出し可能なRFIDが搭載してある．ラインの速度は30 m/minで，移送される間にRFIDの情報が読み書きされる．

図7.47には，マニピュレータによる果実の動きと画像入力を示す．本マニピュレータのストロークは1,165 mmで，最高速度は1,000 mm/sとすることにより，約4秒で12個の果実を運び1往復することが可能である．つまり，このロボット一式で，時間あたり約1万個の果実が処理できる．本システムは，果実をコンテナから供給する

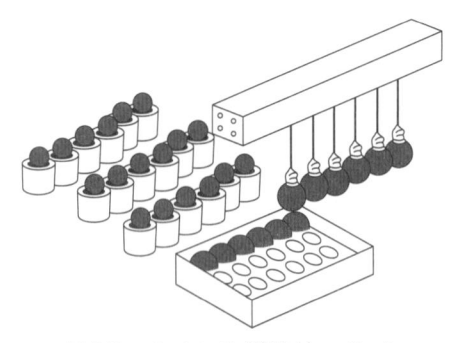

図7.48 パッキング（箱詰め）ロボット

図7.49 パレタイジングロボット

を実現するセンサやアクチュエータの小型化，高性能化が進み，また多回搾乳による乳生産性の向上と，乳牛の自発的不定時自由搾乳による家畜福祉の観点から，ヨーロッパ，特にオランダ，ドイツなどの公的試験機関や民間企業を中心に研究，開発[21]が行われるようになった．そして1995年には，オランダにおいて搾乳ロボット（図7.50）の最初の実用機が登場し，国内では1997年に同型式の搾乳ロボットが北海道の酪農場に導入された．

搾乳ロボットの搾乳原理や機器は従来（5.3.2項参照）と大きく変わらないが，多関節マニピュレータや乳頭洗浄ブラシ，濃厚飼料の給餌機を箱形の搾乳ストールに一体化して，ストールに進入した乳牛に対して搾乳前処理から搾乳機の装着・離脱，ポストディッピングまでの作業を自動的に行う．国内では放し飼い牛舎に搾乳ストールを単体で配置したシングルタイプが多いが，牛群規模が大きい場合は，牛舎内に複数台を配置したダブルボックスやマルチボックス（図7.51）と呼ばれる方式もとられる．

搾乳前処理における乳頭清拭と前搾りには，洗浄ブラシによって清拭しティートカップ装着直後の前搾り乳を分離する方法と，洗浄と前搾りを兼ねた専用カップを各乳頭に装着して行う方法がある．ティートカップ装着のための乳頭位置検出は，超音波あるいはレーザによる測距，CCDカメラとスリット光による**光切断法**，**光束遮断**など

が用いられる．またマニピュレータには，個々のティートカップを把持して乳頭に装着する分離型と，マニピュレータとティートカップの一体型がある[2]．

搾乳ロボットでは，搾乳の最初に異常乳の診断が行われる．搾乳時には分房ごとに乳量，乳温や電気伝導度など多くの情報が収集されて，蓄積データとの比較から異変を警告し，さらに異常乳を分離・廃棄する[3,20]．また牛舎内での行動量なども記録されて，発情や疾病の発見に利用される．

1） 搾乳回数と進入回数

搾乳ストールへの進入は乳牛の自発的行動に依存するため，牛舎内の乳牛行動を考慮して搾乳ストールを設置する．搾乳ストールの入口前には3，4頭の乳牛が待機できるスペースを用意し，出口は搾乳を終えた乳牛が滞留しないように採食エリアへと退出させる（図7.52）．採食エリアと休息エリアの通路移動タイプには単方向と自由移動がある．単方向タイプは休息エリアから採食エ

図7.51　マルチボックス

図7.50　搾乳ロボット

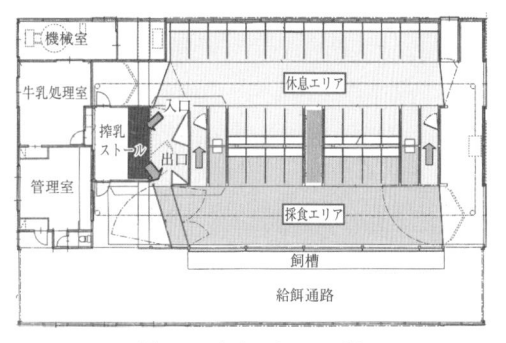

図7.52　牛舎レイアウト例

リアへの移動に搾乳ストールを経由する必要があり，牛群頭数が多くなると搾乳ストール前での待機頭数が増え，採食行動が阻害される．一方で自由移動は搾乳ストールへ進入する回数が減り，特に産次の進んだ乳牛などで未搾乳牛が増える[17]．

1日の搾乳回数は乳牛ごとに泌乳量などを考慮して設定する．しかし，搾乳はストールへ進入した乳牛の前搾乳回からの経過時間などにより判断され，短時間の経過であれば搾乳を行わず，乳牛は退出させられる．これまでの研究から，設定された搾乳回数を実現するためには，この通過を含めた搾乳ストールへの進入回数が搾乳回数の1.5～2倍，すなわち1日3回の搾乳をするためには5～6回以上の進入が必要であり，また実搾乳回数との乖離を解消するためには搾乳回数の設定も必要であることがわかっている[8]．

2) 搾乳可能頭数と稼働率

搾乳ロボットの搾乳能率は，単位時間あたりの搾乳頭数で表す定時搾乳と異なり，1日あたりの全搾乳回数あるいは搾乳頭数で表される[9]．搾乳ロボットは乳牛の個体番号，搾乳量，**搾乳速度**などを搾乳ログデータとして記録するので，これらのデータと機械的な作業時間から，搾乳ロボットの搾乳可能頭数 N_{cow} を以下の数学的モデルで表すことができる．

$$N_{cow} = \frac{3600 f k W_h}{y(ft + 60k)} \times E \quad (7.13)$$

ただし，f は牛群平均搾乳速度（kg/min），k は設定搾乳量（kg/回），W_h はシステムの洗浄を除く実稼働時間（h/day），y は牛群平均日乳量（kg/day），t は搾乳を除く機械的搾乳作業時間（s），E は稼働率である．

これまでの研究から得られた数値をもとに，W_h はおよそ22.8時間，搾乳を除いた機械的搾乳作業（乳頭洗浄，位置検出，取り付け）時間 t は149秒である．したがって，搾乳回数から k, f, y，また E から搾乳可能頭数を求めることができる．ちなみに稼働率1.0は搾乳ストールが常時乳

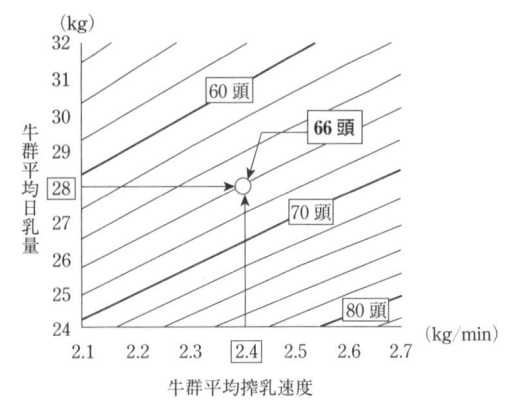

図7.53 モデル式による搾乳可能頭数のシミュレーション

牛に占有されている状態となるが，このような利用状況はストール前での待機時間が増え，飼養管理面からも適切ではないため，実際の稼働率は0.85～0.9が望ましいと考えられる．

図7.53には稼働率0.9，1回あたりの設定搾乳量を10 kgとしたときの搾乳可能頭数を示した．例えば牛群の平均日乳量が28 kg，平均搾乳速度が2.4 kg/minであるとき，この搾乳ロボットが1日に搾乳可能な頭数はおよそ66頭と示される．このことは，同機種の搾乳ロボットであっても，各々の農場における牛群の泌乳能力により搾乳可能頭数が異なることを示し，モデル式から乳牛の搾乳回数を変更して設定搾乳量を最適化することで，搾乳可能頭数を調整し搾乳ロボットを効率的に利用することができる．

◆章末問題

1. さまざまな国や地域で全世界的衛星測位システムが運用・開発されているが，その名称を挙げなさい．

2. 等速で平面を走行するビークルの位置と方位を速度センサとジャイロセンサで算出する式を求めなさい．

3. (7.5)～(7.9)式を用い，状態量 X を車輪型ビークルの重心位置での横滑り角 β とヨー角速度 γ を要素として表し，運動モデルを求めなさい．

4. 車載ネットワークの利用による長所と短所を例示しなさい．

5. マニピュレータの基本機構を決定する4つの要素

を挙げなさい．

6. 苗生産作業においては，直角座標型マニピュレータが用いられることが多い．その理由を説明しなさい．

7. 通常，農業用ロボットの稼働時期は作業により季節性がある．アーム型ロボットの稼働率を向上させるための方策として考えられることを述べなさい．

8. テレビカメラを用いて緑色のキュウリを緑色の茎葉と識別する方法を説明しなさい．

9. 搾乳ロボット牛舎の通路移動で，単方向タイプの長所と短所を挙げなさい．

10. 図7.53の事例で1回あたりの設定搾乳量を10 kgから15 kgに変更したとき，1日に搾乳可能な頭数はおよそ何頭と算出されるか，計算式を用いて求めなさい．ただし，機械的搾乳作業時間 t は149秒，実稼働時間 W_h は22.8時間とする．

◆参考文献

1) 有馬誠一・近藤 直（2002）園芸学会雑誌，**71**（別冊2）: 412.
2) Artmann, R. and Schillingmann, D. (1990) *Landtechnik*, **45**: 437–440.
3) Espada, E. and Vijverberg, H. (2002) *Proc. 1st North American Conference on Robotic Milking*, Toronto, Canada, IV: 28–38.
4) 藤浦建史ほか（1995）農業生産技術管理学会誌，**2**(1): 59–64.
5) Hayashi, S. *et al.* (2010) *Biosyst. Eng.*, **105**(2): 160–171.
6) 石井 徹ほか（2003）農業機械学会誌，**65**(6): 163–172.
7) 門田充司ほか（2002）植物工場学会誌，**14**(1): 49–55.
8) 影山杏里奈ほか（2004）北海道畜産学会報，**46**: 53–57.
9) 小宮道士ほか（2004）農作業研究，**39**(4): 197–204.
10) 近藤 直ほか（1998）農業機械学会誌，**60**(3): 63–70.
11) 近藤 直ほか（2004）農業ロボット（I）―基礎と理論―，コロナ社．
12) 近藤 直ほか（2006）農業ロボット（II）―機構と事例―，コロナ社．
13) Kondo, N. *et al.* (2009) *Eng. Agric. Environ. Forum*, **2**(2): 60–65.
14) 近藤 直ほか（2010）農産物性科学（2）―音・電気・光特性と生化学特性―，コロナ社．
15) Kondo, N. *et al.* (2010) *Eng. Agric. Environ. Forum*, **3**(1): 20–24.
16) Kondo, N. *et al.* (2011) *Agricultural Robots: Mechanisms and Practice*, Kyoto University Press.
17) Koning, K. (1998) *Veepro Holland*, **30**: 10–11.
18) 西津貴久ほか（2011）農産物性科学（1）―構造的特性と熱・力学的特性―，コロナ社．
19) 岡本嗣男ほか（1992）生物にやさしい知能ロボット工学，実教出版．
20) Schlunsen, D. *et al.* (1987) *J. Agric. Eng. Res.*, **38**: 263–279.
21) Schon, H. *et al.* (1992) *EAAP Publ.*, (65): 7–22.
22) 杉本末雄ほか（2010）GPSハンドブック，朝倉書店．

第8章

施設生産と生物環境

8.1 はじめに

　作物を生産する場には，主として露地栽培と施設栽培がある．施設栽培は作物に適した生育環境を維持し，安定的に多収穫を得ることを目的としており，品目によっては養液栽培が用いられる場合が多い．わが国で養液栽培が初めて実用レベルで行われたのは，戦後の米軍による大規模水耕施設での野菜生産とされている．これを契機に，日本人研究者が養液栽培に関する技術を習得するとともに改良を重ね，れき耕はじめさまざまなタイプの養液栽培の開発に取り組み，多くのメーカーも参入して，NFT，DFT，RW 栽培システムなどの実用化に取り組んだ．

　一方，1980 年代に日立中央研究所などによって植物工場の研究が開始され，つくば万博に展示されるなど新しい野菜生産技術として注目を浴びた．また，千葉県船橋市のダイエーららぽーと（当時）店内には植物工場が設置され，農水省による先進的農業生産総合推進対策事業などにより多くの企業が参入していた．2009 年には農林水産省と経済産業省による取り組みで植物工場研究拠点が形成され，国家規模でのバックアップ体制が整ってきた．

8.2 植物工場の概要と特徴

8.2.1 定　義

　植物の成長は環境要因の影響を大きく受ける．そのため冷夏など天候不順の年には，夏や秋に収穫される露地栽培野菜や米の収穫量が減少し価格が高騰する．一方，天候がよくても今度は収穫量が多くなりすぎて，価格が暴落するという事態が発生する．これは自然を相手にした農業なら仕方のないことであるが，この現象から学べることは，逆に環境要因をコントロールすることができれば，植物生産を人為的に制御できる可能性があるということである．その究極の姿が植物工場であり，温度，光，ガス環境などを植物の成長に最適化して野菜を生産する．植物工場および植物環境調節を研究対象としている日本生物環境工学会では，植物工場を「環境調節や自動化などハイテクを利用した植物の周年栽培システム」と定義している．

8.2.2 位置付け

　露地栽培も含めた食料生産の中で，植物工場はどのように位置付けられるのかを考えてみよう．図 8.1 に示すように畑，田，園，山地などの露地栽培，トンネル，ハウスなどの従来型園芸施設があり，これらの次に植物工場が位置付けられる[10]．図の下にいくほど自然条件の影響を受けなくなり，一番下の人工光型植物工場（完全制御型）では，外界（自然界）の影響は全く受けず，完全に人工的な環境のもとで植物栽培を行うこと

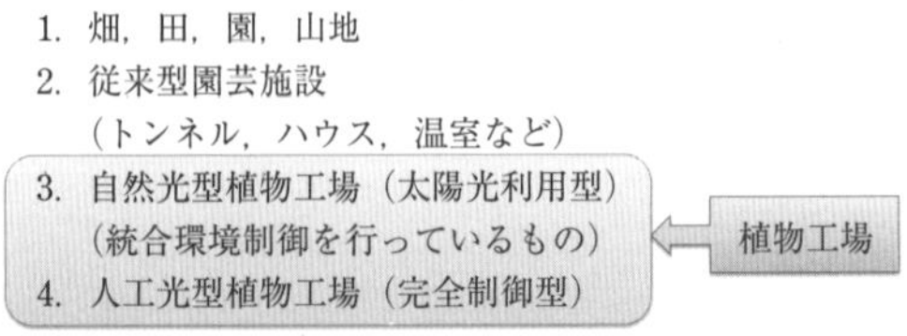

1. 畑，田，園，山地
2. 従来型園芸施設
 　（トンネル，ハウス，温室など）
3. 自然光型植物工場（太陽光利用型）
 　（統合環境制御を行っているもの）　← 植物工場
4. 人工光型植物工場（完全制御型）

図 8.1　植物工場の位置付け

になる．このタイプの植物工場で画期的なことは，植物に光合成を行わせる光までも人間が制御できるという点である．これまでの農業においても温室などである程度の環境のコントロールは可能ではあったが，光合成の源である太陽光だけは制御不能であった．しかし完全制御型植物工場はこれを人工光で行うわけであり，これまでに考えられなかったような特徴を有した光源が開発される可能性もある．

8.2.3　太陽光利用型・完全制御型

植物工場には2種類のタイプがあり，光合成を行わせる光源によって分類している．基本的に太陽光で光合成をさせ，曇天時や冬季の日照時間が短い季節に人工光で補光する太陽光利用型と，人工光のみで光合成をさせ栽培を行う完全制御型がある（図8.2）．

太陽光利用型と完全制御型のそれぞれの特徴をまとめたものを表8.1に示す．まず環境制御の観点であるが，雲によって突然日射が遮られたり，あるいはその逆に太陽が突然現れたりと，日射量は変動する場合が多い．したがって太陽光利用型では施設内に照射される日射量の変動が外乱となるため，温湿度など施設内環境を制御するのが困難になる．一方，完全制御型はこのような外乱が全くないため，環境制御は比較的容易である．

初期の完全制御型植物工場では，光源として高圧ナトリウムランプなどの**高輝度放電灯**が用いられていた．このようなタイプのランプは光強度が強くランプ表面からの発熱量も多いことから，植物との距離をある程度離す必要があり，栽培面を1面（1段）しかとることができなかった．その後，蛍光灯が光源として用いられるようになり，植物と光源の距離を非常に短くすることが可能となった．その結果，栽培棚を多段化することができるようになり，土地利用効率が飛躍的に高くなった．

一方，太陽光利用型は，完全制御型に比べて光源の設置数が少ないため，イニシャルコストが少なくてすみ，また光照射に必要な電気代も少ないためランニングコストも少なくなる．

収穫量の安定性については，完全制御型は一年を通じて毎日同じ量の収穫ができるが，太陽光利用型では人工光による補光を行っているものの，日射量の季節変動に伴い収穫量も増減する．

それぞれの植物工場での生産可能品目は，完全制御型では主にリーフレタスなどの葉菜類，太陽光利用型では葉菜類に加えトマトやキュウリなどの果菜類である．

表8.1　太陽光利用型植物工場と完全制御型植物工場の比較

	太陽光利用型	完全制御型
環境制御	外乱：多	容易
土地利用効率	1段	多段
ランニングコスト	少	多
イニシャルコスト	少	多
収穫量（安定性）	季節変動あり	一定
生産可能品目	多	少

図8.2　太陽光利用型植物工場と完全制御型植物工場（ウェブページ[17]より引用）

8.2.4 露地栽培との比較

このように植物工場には2つのタイプがあるが，いずれも外界から遮断されているという構造が大きな特徴であり，そこから表8.2に示すような従来型農業では得られなかった特性が生まれる．この表は表8.1を別の観点からまとめなおしたもので，特性として挙げられている項目は同じである．

特に完全制御型植物工場では，これまでの農業では成り行き任せであった光を自由にコントロールできるところに大きな特徴があり，これは農業生産の歴史では画期的なことである．つまり，成長に必要な主要因（温度，湿度，光，二酸化炭素，風速など）をすべて制御することができるようになったわけである．

また，自然界には存在しない光環境（例えば，パルス，光質，光照射の方向，一日の長さ，日長など）も創造することができ，これまでに考えられなかったような光環境が有効であることが判明する可能性もある．

8.2.5 栽培プロセス

植物工場での野菜生産のプロセスは，細かい点ではメーカーごとに異なっているが，大まかな流れは同じであるので，そのうちの1つの栽培プロセスを解説する（図8.3）．

ウレタン培地に播種し1週間後に育苗用パネルに移植する．育苗用パネルで2週間栽培し，さらに本圃用パネルに再度移植し2週間栽培を行い収穫する．このほかに移植を1回だけ行い作業量を

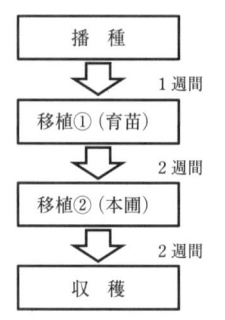

図8.3 植物工場における栽培プロセスの一例

減らすことで人件費を削減するプロセスもある．栽培時の温湿度（昼/夜），光強度，日長，養液濃度（EC，pH）などは生産者ごとに工夫しており，この部分がノウハウになっている．

8.3 要素技術

植物工場では，植物の成長を最大限に引き出すために多岐にわたる技術が必要であるが，その中でも最も重要な要素技術は，光環境制御，温湿度制御，養液栽培である．以下，それぞれについて概説する．

8.3.1 光環境

(1) 光の単位（lx）

光の単位にはさまざまなものがあるが，最もなじみ深いのは照度の単位であるルクス（lx）であろう．これは人間の目が感じることができる光の量を表し，波長領域はおよそ360～830 nmである．しかし，人間の目はこの波長領域の光を同じように感じるのではなく，波長ごとに光に対する目の感度が異なり，黄色から緑色の範囲が一番よく感じる．このような感じ方は男女や年齢によって若干異なるので，国際照明委員会（CIE）によって，人間の目が光に対して波長ごとに感じる標準的な強さ（明所標準比視感度）が定められた（図8.4）．図からわかるように，人間の目は555 nmの光を一番よく感じ，これよりも波長が短く，あるいは長くなると次第に感度が鈍くな

表8.2 植物工場の特徴

構造的な特徴	効果
外界から遮断されている	・天候に左右されない ・設置場所を自由に選べる ・定量・周年栽培 ・労働の周年平均化 ・農薬が不要 ・水の使用量が圧倒的に少ない
発熱の少ない光源の採用	・多段化による土地生産性の向上

図 8.4 比視感度曲線

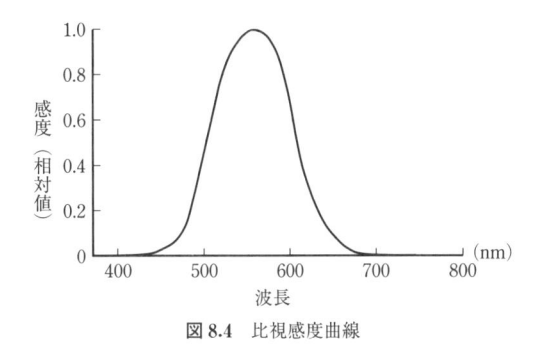

る．照度計で測定する光強度はこのようなフィルタを通して測定した値であり，あくまでも人間の目を対象として考えた場合の光強度であって，植物とは全く関係のないことに注意しなければならない．

(2) PAR と PPFD

植物の光合成では，クロロフィルによって光エネルギーを吸収し，これを利用して有機物を合成する．光子のエネルギーは波長によって異なるが，光合成反応は光子のエネルギー（つまり波長）ではなく，吸収した光子の数に依存する．

クロロフィルも人間の目のように吸収できる光の波長領域が決まっており，その範囲は 400～700 nm である．この波長領域を光合成有効放射（PAR）と呼ぶ．

PAR の光子をどれだけ吸収したかという数を評価するためには，物質の量の単位である mol を用いて，単位面積・単位時間あたりのモル数 $\mu\,mol\,m^{-2}\,s^{-1}$ で表す．この単位のことを光合成有効光量子束密度（PPFD）という．ただし，PPFD と同じ意味で PPF が用いられる場合も多い．

光合成によって 1 mol の二酸化炭素を糖に合成するには，最低 8 mol の光子が必要とされている．

8.3.2 人工照明の種類
(1) 高輝度放電灯

植物工場で実用化されている人工照明は，いくつかの世代に分類することができる．1980年代の植物工場黎明期の照明には，高圧ナトリウムランプやメタルハライドランプのような高輝度放電灯（HID）が用いられた．一般に HID ランプは発光効率（投入した電力を光出力に変換する効率：lm/W）が大きく，エネルギー変換効率も高い．ワット数も数百 W 以上と非常に大きいため，強い光を広範囲に照射することができる．一方で，近距離では光強度が強すぎランプ表面からの発熱量も多いため，植物とランプとの距離をある程度離す必要があり，植物工場の建屋 1 フロアで 1 面の栽培面しか設置できない（図 8.5）．このため栽培パネルどうしを立て掛けるような配置にすることで，土地面積あたりの栽培株数を増加させるような工夫も行われている．

(2) 蛍光灯

一般家庭や商業施設に照明用として普及している蛍光灯も栽培用光源として使用され始め，1990年代以降多くの植物工場で採用されている．蛍光灯の消費電力は数十 W であるので，蛍光管表面からの距離が近くても光強度が強すぎることはなく，管表面からの熱放射による植物への影響もほとんどないため，近接照射が可能となった．これにより 1 フロアに複数段の栽培ベッドを設置できるようになり，土地利用効率が飛躍的に向上した（図 8.6）．

しかし，蛍光灯は元来人間の目を考慮してつくられているため，植物の光合成には最適化されておらず，クロロフィルの吸収率が高い 600～700 nm の成分が相対的に少ない．

図 8.5 HID ランプを使用した植物工場（ウェブページ[17] より引用）

図 8.6　蛍光灯を使用した植物工場（大阪府立大学）

(3) 冷陰極型蛍光灯（CCFL）

発光原理は蛍光灯とほぼ同じであるが，管内に電子を発生させる機構が蛍光灯とは異なり，高電圧を発生させて電極から電子を放出する．電極を加熱しないことから，冷陰極と呼ばれている．管径は数 mm と非常に細いものが実現しており，液晶テレビやディスプレイのバックライトとして用いられている．また，発光色や形状を自由に変えることができること，調光が容易であることなどの特徴がある．

(4) 発光ダイオード（LED）

1990 年代の青色 LED の発明後，光の三原色（RGB）の発光素子がそろったことによって，2000 年代後半から発光ダイオード（LED）が一般家庭やオフィスの照明用電灯として普及し始め，それとともに量産効果によって価格も安くなりつつある．

LED は単峰形の鋭いスペクトルを有することから，今後ピーク波長の異なる複数の LED を用いて植物の栽培に最適化した光源が開発されると考えられる．また，光質（スペクトル成分）によって成長や発色，含有成分などをある程度コントロールすることができるようになる可能性も高い．

(5) 光の単位換算

植物の光合成を対象とした光強度を評価するには光合成有効光量子束密度（PPFD）でないと意味がないが，光源の情報として照度や**放射照度**などしか得られない場合もあり，PPFD への変換が必要となる．表 8.3 は各種光源の下でのそれぞれの単位変換を行うための係数を一覧にしたものである．

例えば真夏の直射日光の放射照度は 440 W/m^2 ぐらいであるから，PPFD に換算すると 440×4.57 で約 2,000 となり，同じく照度は 110,000 lx 程度（440×4.57×54）であることがわかる．

8.3.3　温度環境

(1) 植物の温度

温度環境を制御することの主要な意義は，植物体を成長に適した温度に維持するということである．植物の成長に関わるさまざまな生化学反応は植物体の中で起こっているわけであり，重要なのは植物の周りの空気の温度ではなく，植物体の温度である．植物体の温度と周辺空気の温度が常に一致していれば空気の温度をコントロールすればよいのだが，一致しない場合がほとんどである．

植物の温度はどのように決まるのであろうか．それは植物に入出力するエネルギーのバランスで決定される．例えば，真夏の昼下がりに木陰にいるときと，そこから数 m 離れた日向にいるのとでは，当然日向にいるほうが暑い．距離は数 m しか離れていないので，気温はほぼ同じはずであるが，日射という新たなエネルギーが体に入力されるので暑く感じるわけである．これは植物にも当てはまる．

植物に入力するエネルギーには図 8.7 に示すよ

表 8.3　光の単位換算法（ウェブページ[7]より作成）

光源の種類	放射照度→ PPFD	照度→ PPFD
昼間の光（太陽と青空）	× 4.57	÷ 54
青空の部分の光	× 4.24	÷ 52
メタルハライドランプ	× 4.59	÷ 71
暖色白色蛍光灯	× 4.67	÷ 76
クールホワイト蛍光灯	× 4.59	÷ 74
白熱灯	× 5.00	÷ 50

波長領域は 400〜700 nm．

うに**短波放射**があり，出ていくエネルギーには蒸散によって失われるエネルギーがある．また，条件によって入出力のどちらにでもなるエネルギーとして，**長波放射**，空気との対流による熱伝達があり，植物の温度はこれら入力するすべてのエネルギーと出ていくすべてのエネルギーが平衡になるように変化する．つまり，入力するエネルギーのほうが多ければ植物の温度が上昇し，その結果出ていくエネルギーが増加してしだいに入力と出力の差が小さくなり，差がなくなるまで温度が上昇し，その後は温度は一定になる．このときの温度がその環境下での植物の温度ということになる．

空気との対流による熱伝達では，**層流**と**乱流**の場合で空気と植物との間でのエネルギー交換量が変わり，それぞれ風速の影響を大きく受ける．一般に風速が大きくなれば，植物の温度と気温との差が小さくなる傾向がある．また，蒸散によって失われるエネルギーには気孔の開度が影響するが，これは湿度や光質によって変化する．

このように，植物の温度にはさまざまな要因が関係するので，単純に気温のみを設定するのではなく，放射温度計などを用いて植物体の温度を定期的にモニターすべきである．

8.3.4 湿り空気線図

(1) 概　要

身の周りにある空気には水蒸気が含まれている．このような空気を湿り空気と呼び，水蒸気が全く含まれていない空気を乾き空気という．乾き空気に含ませることができる水蒸気の量には限界があり，それは温度の関数になっている．この関係を線図にしたものを湿り空気線図という（図8.8）．湿り空気線図からはその空気の状態に関するさまざまな情報を得ることができる．

(2) 活用方法

湿り空気線図から湿り空気の状態を知る一般的な方法は，乾球温度と湿球温度を実測し，それらの値を湿り空気線図上に当てはめることである．

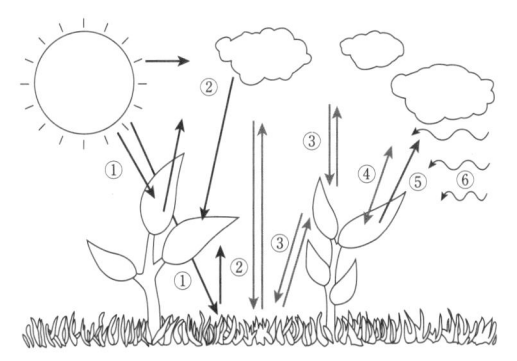

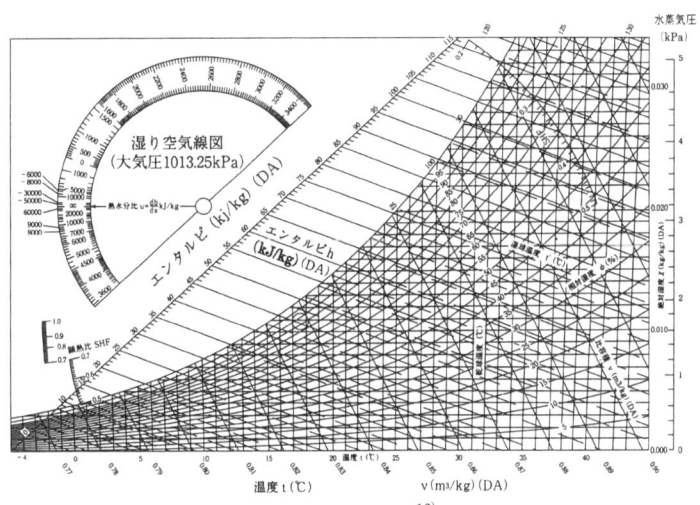

図8.7 植物の入出力エネルギー
①短波放射（直達），②短波放射（拡散），③長波放射，④対流による熱伝達，⑤蒸散，⑥風．

図8.8 湿り空気線図（文献[16]より引用）

具体的には，湿り空気線図上の横軸が乾球温度，飽和湿り空気線上の数値が湿球温度であり，その点から右斜め下に伸びている直線上は同じ湿球温度であるので，この直線と乾球温度（横軸から真上に伸びている直線）との交点が測定した湿り空気の状態（状態点）ということになる．例えば，その状態点を右の縦軸で読み取れば絶対湿度（kg/kg（DA）：湿り空気中の乾き空気1 kgに対する水蒸気の質量）と水蒸気圧（kPa（e）：水蒸気分圧と同じ，大気圧のうち水蒸気の分圧）がわかる．また状態点から真上に行くと飽和湿り空気線と交わるが，この点が状態点と同じ乾球温度の空気が含むことができる最大の水蒸気を含んだ状態を示す．この乾球温度と湿球温度が等しくなるときの水蒸気圧を飽和水蒸気圧（es）という．飽和水蒸気圧（es）と状態点の水蒸気圧（e）との差が飽差，比が相対湿度である．状態点から左に行き飽和湿り空気線と交わる点が露点であり，水蒸気が凝結を始める点である．飽和湿り空気線の上にある直線はエンタルピーを表しており，その湿り空気がもつ熱量を求めることができる．

8.3.5 葉面境界層

空気のような流体が一様な速度分布で流れているところに，流れと同じ向きに平面を置くと，平面から十分離れた場所では流速はもともとの一様な速度と同じであるが，平面に近づくほど流速は小さくなり，平面上ではゼロになる（図8.9）．

流速が99%よりも小さい領域を葉面境界層といい，下流になるほど厚くなる．植物の葉でもこの葉面境界層は形成されており，周辺空気と葉との間で交換されるエネルギー（最終的には葉面温度に関係する），二酸化炭素，水蒸気の輸送の抵抗となる．つまり，植物工場内の空気の温度，二酸化炭素濃度，湿度（水蒸気）を最適な条件に設定しても，境界層抵抗が存在することによって，葉の表面では設定値と全く異なる値になってしまうことになる．したがって，栽培現場では葉面境

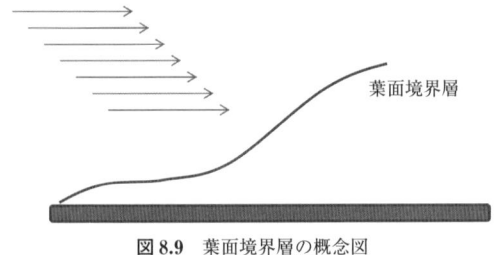

図 8.9 葉面境界層の概念図

界層をできるだけ薄くする必要があるが，それには葉周辺の風速が大きく関係している．

図8.10は，キュウリを対象として風速が光合成速度に与える影響を調べた結果である．風速が0.1 m/s程度では光合成速度が極端に低下し，風速を速くしていくと光合成速度も次第に増加することがわかる．植物工場などの施設栽培においては，栽培棚上で約0.5 m/s程度の風速が適当であるとされている．

8.3.6 養液栽培

前述のようにわが国の養液栽培は，戦後駐留していた米軍によって始められた．その後，さまざまなタイプの養液栽培システムが開発されたが，海外で開発されたものも輸入され始め，現在では多様なシステムが現場で利用されている（図8.11）．

その中でも植物工場で主に用いられているのは，水耕栽培の流動法であるDFTやNFT，噴霧耕，固形培地耕のロックウールなどである．一般に，栽培期間が短く1年に何度も定植する葉菜類ではDFTやNFTが多く用いられ，トマトなど1

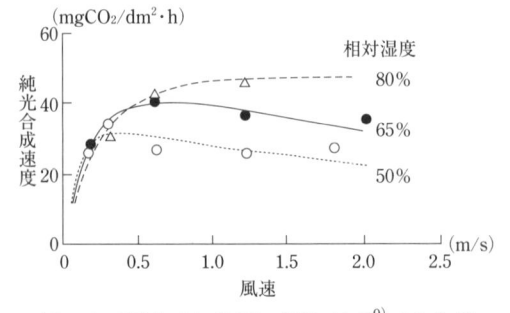

図 8.10 風速と光合成速度の関係（文献[9]より作成）

8.3 要素技術

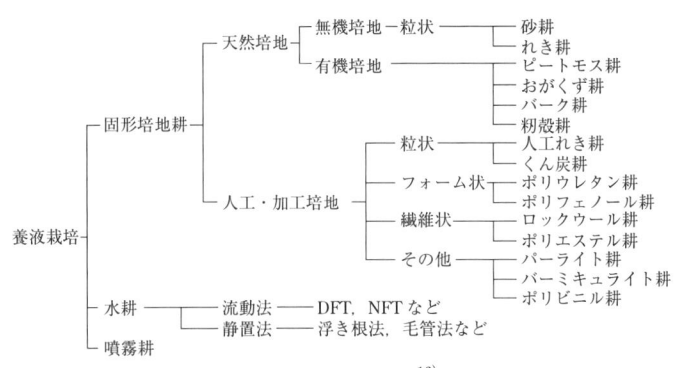

図8.11 養液栽培の体系（文献[16]より作成）

年に1回しか定植されず栽培期間が長いものにはロックウールが使用される場合が多い．

(1) DFT（湛液水耕）

水耕ベッドに養液を5〜10 cm程度の深さで貯め，その中に根系のほぼすべてを発達させるシステムである．具体的な方法としては，発泡スチロール製の定植パネルにウレタン培地で発芽させた苗を定植し，そのパネルを養液が満たされた水耕ベッドに浮かべる．水耕ベッド内の養液は排液管を通って養液タンクに戻る．養液タンクには**電気伝導度**計（EC計）やpH計が設置され，養液濃度は自動追肥装置で一定に維持されており，ポンプによって水耕ベッド上流へと注入される．このとき空気混入器によって養液中に空気が混入され，根の呼吸に必要な溶存酸素レベルを確保する（図8.12）．

(2) NFT（薄膜水耕）

傾斜をつけたベッド上に固形培地に播種した苗を置き，上流から養液を薄い膜状にして流すシステムである．下流に流れ着いた養液は排液管などを通ってタンクに戻り，ここでDFT同様に養液

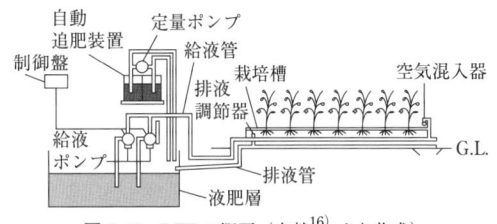

図8.12 DFTの概要（文献[16]より作成）

濃度の自動調整が行われ，ポンプによってふたたびベッド上流に送られる．この方法では根が常に空気と触れているため，養液の**溶存酸素**量は問題にならず，DFTで設置されていた空気混入器も不要となる．またベッド上を流れる養液量も少ないため，ベッドの強度も不要で構造も簡単になる．一方，水量が少ないため気温の影響を受けやすいことや，根が発達してルートマットを形成して養液の流れを妨げることもある点に注意が必要である（図8.13）．

(3) ロックウール耕

ロックウールとは，玄武岩あるいは輝緑岩のスラグを原料とした鉱物性の繊維で，通気性，保水性，保肥性に優れた人工培地である．これを適当な大きさのキューブ状に整形したものに播種し苗

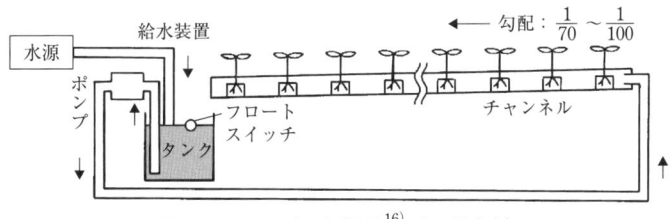

図8.13 NFTの概要（文献[16]を一部改変）

をつくる．キューブをロックウールマットの上に置き，各キューブにマイクロチューブから養液を供給する．ロックウール耕はトマト，キュウリ，ナス，メロン，イチゴなどの果菜類のほか，バラやカーネーションなどの花き栽培にも用いられている（図8.14）．

(4) 噴霧耕

養液を根圏部に噴霧する栽培方法が噴霧耕である．定植パネルの裏側に垂れ下がった状態で成長する根に対して，噴霧ノズルから定期的に養液を噴射する．根は十分な空気に触れることができる一方で，気温の影響を受けやすくなる．また，停電などのトラブルで養液が噴霧されないと，短時間のうちに致命的なダメージを受ける可能性がある．根圏にまんべんなく噴霧するにはある程度の空間が必要なことから，多段式栽培には不向きである（図8.15）．

8.4 環境要因が植物成長に与える影響

ここまで植物工場において制御すべき環境要因について述べてきたが，これらの要因に対する植物の反応やそのメカニズムについて解説する．

8.4.1 光合成と限定要因

光合成は多くのプロセスからなるが，図8.16に示すように，光エネルギーを吸収して**ATP**と**NADPH**を生成する明反応と，ATPとNADPHを利用して二酸化炭素から糖を生成する暗反応の2つの反応に大きく分けることができる．したがって，光エネルギーが十分ありATPやNADPHが十分に生成されていても，二酸化炭素が不足していれば糖の生成が制限され，逆に二酸化炭素が十分にあっても光が不足していれば，ATPと

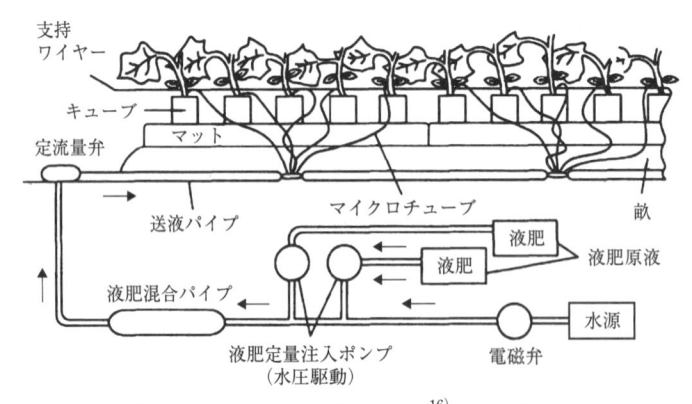

図 8.14 ロックウール栽培法（文献[16]を一部改変）

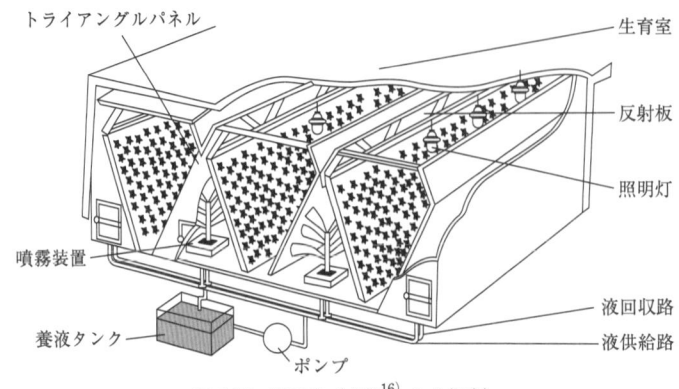

図 8.15 噴霧耕（文献[16]より作成）

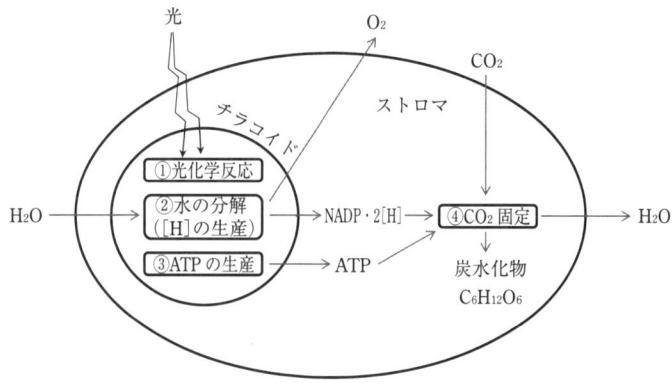

図 8.16 光合成の概要

NADPH が十分に生成されないので糖の生成が抑制される．光強度をしだいに強くし，光をそれ以上強くしても光合成速度が増加しなくなる光の強さを光飽和点というが，この点は光と二酸化炭素の双方がバランスよく利用されている点ともいえ，植物工場のように二酸化酸素を施肥するような施設では，無駄のない施肥条件を考える重要なポイントになる（図 8.17）．また，温度によっても光合成速度は大きく影響を受ける．

8.4.2 光合成作用スペクトル

光合成は，葉や茎の細胞の中の葉緑体（クロロプラスト）で行われている．葉緑体は直径数 μm 程度の大きさで，二重の生体膜で囲まれた構造をしており，その内側の空間のことをストロマという．このストロマにはさらに袋状の構造をしているチラコイドが並び（多数のチラコイドが積み重なった部分をグラナという），チラコイド膜には光合成に関係する色素や電子伝達成分が存在しており，ストロマには炭素を固定するカルビン・ベンソン回路の酵素が含まれている．光合成色素には**クロロフィル a**，クロロフィル b，クロロフィル c，カロテノイド，フィコビリンがあるが，光合成の主色素として働くのはクロロフィル a であり，これ以外の色素は光合成の補助色素として働く．

クロロフィル a は電子伝達の反応中心として働くが，クロロフィル b は光を集めるアンテナとして働く補助色素である．一般に植物が光合成に利用できる光は，400～700 nm までの PAR であるが，この領域の光をすべて平等に使っているわけではない．それは上述のように，光合成の第一段階で光エネルギーを捕捉するクロロフィルが，吸収する光波長によって異なるからである．図 8.18 にクロロフィルの吸収スペクトルを示す．こ

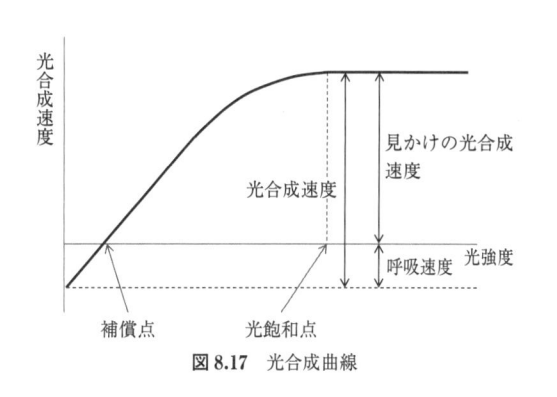

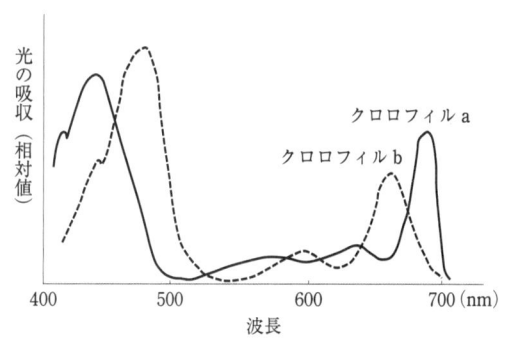

図 8.17 光合成曲線

図 8.18 クロロフィル（a, b）の吸収スペクトル

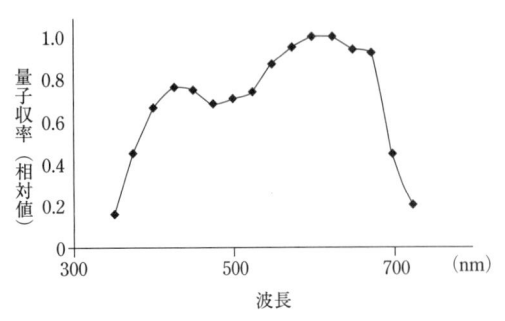

図 8.19 植物葉の吸収スペクトル

の図から，光合成の主色素であるクロロフィル a が吸収する光波長は主として青紫色（440 nm）と赤色（660 nm）であることがわかる．

一方，図 8.19 は葉の光合成作用スペクトルである．こちらでは 500〜600 nm の緑色の光も吸収されており，光合成に利用されていることがわかる．

8.4.3 光形態形成

植物は，光を光合成のためのエネルギーとして利用するほかにシグナルとしても利用しており，このシグナルをもとに発芽や茎身長などの形態を制御している．

シグナルを感じるのは光合成のクロロフィルとは異なる光受容体であり，フィトクロム（赤色光・遠赤色光），クリプトクロム（青色光），フォトトロピン（青色光）の3種が知られている．フィトクロムは種子の光発芽，花芽形成，避陰反応などに，クリプトクロムは杯軸伸長，花芽形成，概日リズムなどに，またフォトトロピンは光屈性，気孔の開閉，葉緑体の光定位運動などに関与している．これらのうちフィトクロムはほかの2つに比べて研究の歴史も長く，フィトクロム反応を利用した現場での応用も行われている．

(1) フィトクロム

フィトクロムは色素タンパク質の一種であり，赤色光を吸収する Pr 型と遠赤色光を吸収する Pfr 型の2種類の型がある．これらは吸収する光の波長によって可逆的に変換することができる．それぞれの型の吸収スペクトルは図 8.20 のようになっており，Pr 型は赤色光を吸収して Pfr 型に変わり，Pfr 型は遠赤色光を吸収して Pr 型に変わる．これら2つの型のうち Pfr 型が活性型で，開花抑制など植物のさまざまな形態形成反応を制御している．

(2) 避陰反応

植物は自分の周りにほかの植物がいると，陰をつくられ十分な光合成ができなくならないように草丈を伸ばすことが知られている．植物はどのようにして自分の周りのほかの植物の存在を知るのであろうか？　これにはフィトクロムが大きく関わっている．

例えば植物 A が受ける光の波長分布は，その周囲に別の植物 B が存在する場合としない場合で異なる．植物 B が存在する場合，植物 B によって反射された光も植物 A に届くことになるが，反射される光は植物 B が受けた光そのままではなく，光合成に必要な波長成分は吸収されるため，図 8.21 に示すように 700 nm 以上の波長成分が反射されることになる．つまり，植物 A は植物 B がいると 700 nm 以上の光を多く受けることになる．したがって，不活型である Pr 型フィトクロムが植物体内に多く存在することになり，ジベレリン生合成系の酵素遺伝子の発現抑制が解除され，活性型ジベレリンの生合成が促進され茎が伸長する．

自然環境下では，1日のうちで R 光（赤色光）と FR 光（遠赤色光）の割合が変化しており，それに伴って植物の中のフィトクロム光平衡値も変

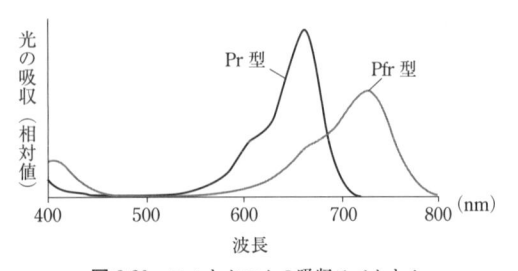

図 8.20 フィトクロムの吸収スペクトル
（Pr 型と Pfr 型，文献[2] より作成）

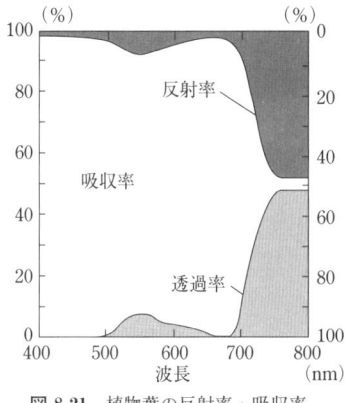

図 8.21 植物葉の反射率・吸収率
（文献[11]を一部改変）

化している（図 8.22）.

(3) 青色光による気孔の開口

気孔は一対の孔辺細胞およびその周囲の細胞から構成され，光合成の材料となる二酸化炭素を葉内に取り込む機能を果たす．太陽光が当たると気孔は開くが，特に青色光によってさらに開口する．これには青色光受容体であるフォトトロピンが関与しており，孔辺細胞の細胞膜における水素イオン放出や，カリウムチャネル，カルシウムチャネル，陰イオンチャネルが関係していることが明らかになっている．

8.4.4 温　度

植物体内で起こる化学反応のほとんどは，酵素によって触媒されている．したがって，当然のことながら温度の影響を大きく受ける．人工環境下での植物栽培で植物の成長にとって最適な環境条件を考える場合，異なる環境要因が互いに影響を及ぼしあっていることに注意しなければならない．例えば，光合成にとって最適な温度環境とはどのようなものかを考えた場合，ある一定の温度でよいというわけではない．図 8.23 は光合成速度と光強度，葉温の一般的な関係をプロットしたものであるが，光強度が強くなるにしたがって，光合成速度が最大になる葉温も上昇している．このように，温度に関する最適な条件はほかの要因（例えば光強度など）の影響を大きく受けることに注意しなければならない．

(1) 昼夜間温度差（DIF）

DIF という技術は花きの草丈調節技術である．クリスマスのポインセチアやイースターのリリーなど，市場での取引時期が限定されている商品で，開花と草丈の両方をコントロールするために開発された．

そもそも DIF とは，温室などの栽培施設において昼間の温度から夜間の温度を引いた値のことである．したがって，正や負の値，あるいはゼロとなることもある．特定品目の花きでは，DIF 値が大きくなると開花時の草丈が高くなり，小さくなるにしたがって草丈が短くなることが実験的に確認されている（図 8.24）．例えば，昼間温度（DT）が 25℃，夜間温度（NT）が 15℃ で栽培すると ＋10 DIF，逆に DT/NT＝15/25 であれば －10

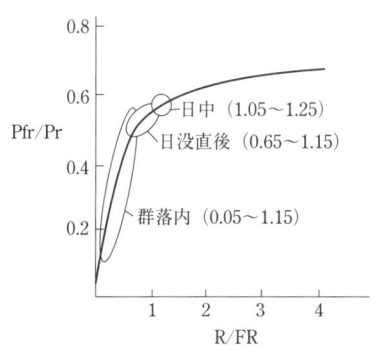

図 8.22 R/FR 値とフィトクロム光平衡値

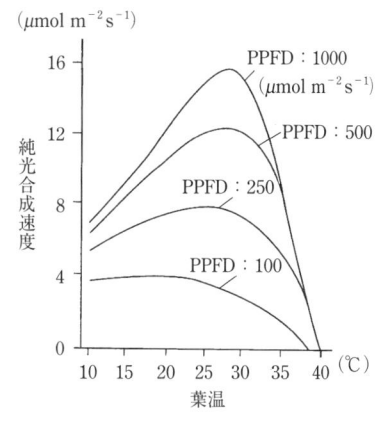

図 8.23 葉温と光合成速度の一般的な関係
（文献[12]を一部改変）

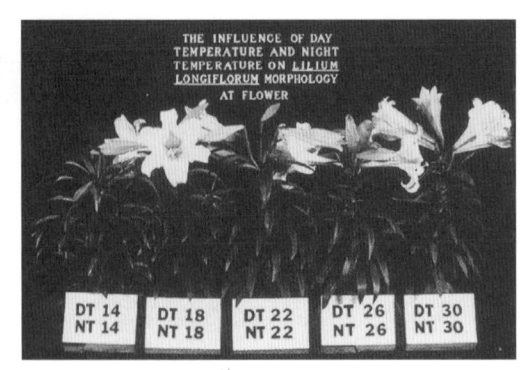

図 8.24 テッポウユリの形態に及ぼす昼温と夜温の影響（文献[4]より引用）

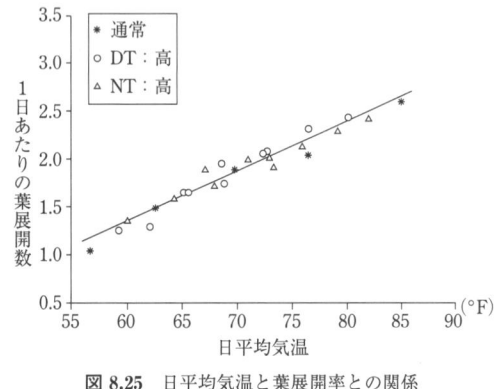

図 8.25 日平均気温と葉展開率との関係（文献[1]を一部改変）

DIF であるが，＋10 DIF 環境で栽培したほうが草丈が大きくなる．

図 8.24 左は，NT を 18℃ にして DT を 14℃ から 30℃ まで変化させたときの，開花時のイースターリリーの草丈の写真である．DIF 値が大きくなるにしたがって草丈が大きくなっていることがわかる．また，ゼロ DIF はいろいろな DT と NT の組み合わせで実現することが可能であるが，例えば DT/NT＝14/14，18/18，22/22，26/26，30/30 という環境で育てた場合，開花時の草丈がほぼ同じになる（図 8.24 右）．なお DT/NT＝14/14 と 30/30 では，開花するまでの期間は 30/30 のほうが短くなる．

一方の開花時期については，1 日の平均気温（ADT）が関連していることが実験的に確かめられている（図 8.25）．DIF と ADT は独立に設定することができるので，例えば開花までの時期は変えずに DIF 値だけを変更したり，逆に DIF 値は変えずに ADT を変更することも可能である．この手法は欧米での花き栽培で広く実用化されており，特に鉢花産業への貢献度は高く評価されている．

8.4.5 湿　度

植物が成長するには活発な光合成を行わなければならないが，それには材料となる二酸化炭素を気孔を通して葉内に取り込まなければならない．しかしながら気孔開度はさまざまな環境要因の影響を受け，例えば前述のように青色光によって開度が促進される．また，気孔は湿度の影響も大きく受ける．図 8.26 は相対湿度と気孔開度の関係のグラフであるが，温度が最適であっても湿度が 40％ 以下であると，気孔は半分（50％）も開いていないことがわかる．これでは，活発な光合成を行うことは難しい．植物の品目にもよるが，一般に湿度は 70％ 程度必要である．この場合，温度をうまく調節すればほぼ 100％ 近い気孔開度が得られるが，十分に湿度があっても温度環境が適切でないと，気孔は閉じてしまうことがわかる．

8.4.6 二酸化炭素

一般に，CO_2 濃度の上昇に伴い光合成速度は増加するが，CO_2 飽和点を超えると光合成速度は増加しなくなる（図 8.27）．これは前述のように，CO_2 が十分にあるが ATP や NADPH が不足している状況である．

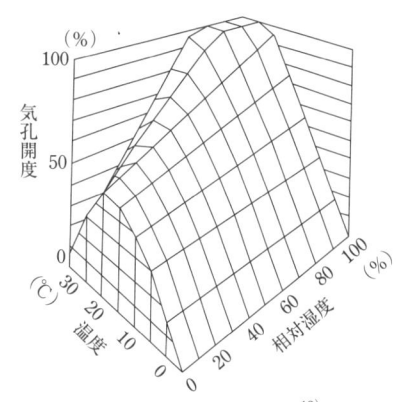

図 8.26 湿度と気孔開度の関係（文献[12]を一部改変）

光強度の増加とともに，光化学系での ATP および NADPH 合成が盛んになり，光合成速度も増加する．したがって，光も CO_2 も無駄にならないポイントを実現する環境制御が必要である．特に植物工場の場合には，液化炭酸ガスを購入する場合も多いので，植物が吸収できる濃度以上の CO_2 施肥は控え，環境要因の最適ポイントを抑えることが重要である．

8.5 植物工場の実用例と研究例

この節では，2011 年 4 月現在での植物工場の実用例と，研究事例を紹介する．

以前の植物工場の定義[20]は「環境制御や自動化などのハイテクを導入した植物の周年栽培システム」というシンプルなものであったが，最近ではもう少し具体的に「施設内で植物の生育環境（光，温度，湿度，二酸化炭素濃度，養分，水分等）を制御して栽培を行う施設のうち，環境および生育のモニタリングを基礎として，高度な環境制御と生育予測を行うことにより，野菜等の植物の周年・計画生産が可能な栽培施設」（農林水産省・経済産業省，2009）とされている．

前述の通り，植物工場には完全制御型と太陽光利用型があるが，ここでは完全制御型植物工場の代表的な事例として「亀岡プラント」（株式会社スプレッド），太陽光利用型植物工場の事例として「土浦グリーンハウス」（JFEライフ株式会社），「店産店消」という植物工場の新たな利用コンセプトを提案している「サブウェイ野菜ラボ大阪府立大学店」（日本サブウェイ株式会社），また研究事例として植物工場の長所を最大限に活かした有用物質生産のための「密閉型遺伝子組換え植物工場」（独立行政法人産業技術総合研究所）を紹介する．

8.5.1 完全制御型植物工場「亀岡プラント」

植物工場のメリットとして挙げられる周年・計画生産，また安定した品質（あるいは高品質）の作物の提供を実現するためには，人間が制御不可能な自然環境要因（時々刻々と変化する日射量，気温，突発的な異常気象など）から隔離し，光，温度，湿度，CO_2 濃度，気流速度などの環境要因を安定的に制御可能な完全制御型植物工場が理想的である[13]．また，「植物工場」という言葉が示す「工場」のイメージに近いのも完全人工光利用型植物工場であろう．

その完全制御型植物工場の代表的な成功事例が，株式会社スプレッドの「亀岡プラント」（図 8.28）である．外観は普通の工場であるが，工場

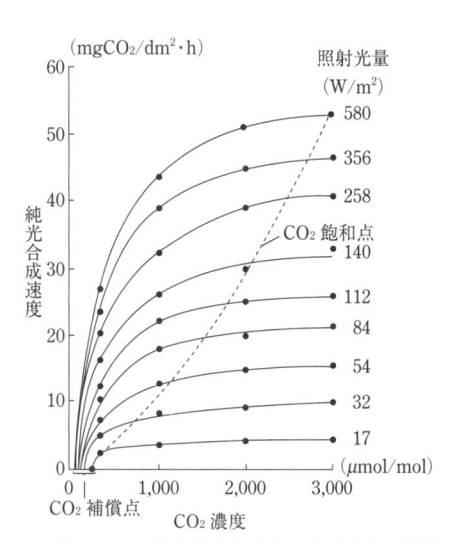

図 8.27 二酸化炭素濃度と光合成速度の関係（文献[8]より引用）

内では各段の上部に蛍光灯が設置された多段式水耕栽培方式が行われている．例えば1,000 m^{2}の床面積に10段の栽培棚が設置されている場合，実質栽培面積は1,000 m^2×10段＝10,000 m^{2}となり土地利用効率が非常に高くなる．施設は外界と遮断されており，人間が出入りする際にもエアシャワーなどを利用した万全の衛生管理が行われているため，害虫を駆除するための農薬を必要としない．栽培品目はフリルレタスなどのリーフレタス4品種などで，栽培ラインをフル稼働させた場合には，1日に20,000株の収穫が可能である．また，収穫量や品質が季節や天候に左右されないのは大きなメリットである．

収穫された野菜は収穫・梱包後，すぐに低温物流用のトラックで大手量販店，チェーンレストランなどの物流センターに直送され，ベジタスというブランド名で販売されている．

8.5.2 太陽光利用型植物工場「土浦グリーンハウス」

太陽光利用型では，季節変動・天候による日射量の変動に対応する必要があるが，完全制御型と比べ照明コストが大幅に削減されるため経済的に成立しやすい[20]．太陽光利用型植物工場「土浦グリーンハウス」（図8.29）を運営するJFEライフ株式会社は，植物工場研究に関して長い歴史をもつ．1984年から植物工場の研究を開始し，1999年に太陽光利用型植物工場を兵庫県三田市で稼働させ，「土浦グリーンハウス」は2004年から運用している．2007年，2009年には需要の高まりを受け増設が行われた．

この施設では，リーフレタス類5品種が無農薬で栽培されている．野菜を定植した栽培パネルを培養液に浮かべ，「流れるプール」（「流れるプール方式」と呼称）のように栽培を行い，栽培環境および作業効率を向上させている．また，夏季にはどうしても施設内の温度が上昇しすぎるため，

図8.28 亀岡プラントの外観と栽培風景（写真提供：(株)スプレッド）

図8.29 土浦グリーンハウスの外観と栽培風景（写真提供：JFEライフ(株)）

気温を下げるために「気化熱利用型省エネ冷房システム（クールセル方式）」を採用し，冷房コストを削減している．冬季の曇天時などに日照が不足する場合は，高圧ナトリウムランプにより補光を行う．「エコ作」のブランド名で大手スーパーなどにて販売されている．

8.5.3　店舗内に植物工場を併設した「サブウェイ野菜ラボ」

植物工場，特に完全制御型植物工場の特徴として，設置場所の自由度がある．この点に着目したのが「サブウェイ野菜ラボ」（図8.30）である．

「サブウェイ」はサブマリン形のサンドイッチを主力商品とするファーストフードチェーンである．サブウェイのユニークな点に，基本的な商品をメニューから選択した後は顧客の要望（具材の多少，有無など）を聞きながら，目の前で具材をパンに挟んでサンドイッチを完成させていくサービスがある．したがってこの方式では，店舗内の植物工場で栽培された収穫直後のレタスのみずみずしさを，最大限に顧客にアピールすることができる．さらに，通常の店舗で使用されるレタスは短冊状にカットされるのに対して，「サブウェイ野菜ラボ」ではリーフ状で提供され，その見た目と食感から好評を得ている．このように店舗内で栽培し店舗内で消費する，地産地消ならぬ「店産店消」を実現することにより，流通コストが限りなくゼロになった[22]．また，野菜の栽培風景を客席から眺めることで，観葉植物のような癒しの効果や食育効果も期待できる．

8.5.4　有用物質生産のための「密閉型遺伝子組換え植物工場」

植物工場では，その高い環境制御技術と引き替えに，初期投資の高さ，ランニングコストの高さが問題となる．それゆえ植物工場で生産される作物には，コストに見合うだけの，植物工場独自の高い環境制御技術による食味の向上，栄養素の増強などの高付加価値化が求められる．実際に植物工場で，光環境・温度環境などを制御し，自然界では存在しないような環境を創出することによって高付加価値物質を生産する取り組みがある[3]．

経済産業省は「植物機能を活用した高度モノ作り基盤技術開発／植物利用高付加価値物質製造基盤技術開発（2006〜2010年度）」プロジェクトを実施し，民間企業，大学，公立研究機関が参加して，植物工場で医療用原材料，試薬，酵素など高付加価値の有用物質を植物生産する技術の開発を行った．植物工場を利用する理由として，遺伝子組換え作物の封じ込めが行えること，目的とするタンパク質や二次代謝産物を高効率で生産・蓄積させる環境を人工的に制御可能であること，また栽培環境を均一に保つことによる生産物品質の安定化などが挙げられる[19]．遺伝子組換え植物による有用物質生産の対象となるのはタンパク質や二次代謝産物であるのが，それらを植物内に高蓄

図8.30　店舗外観と店舗内イメージ（写真提供：日本サブウェイ(株)）

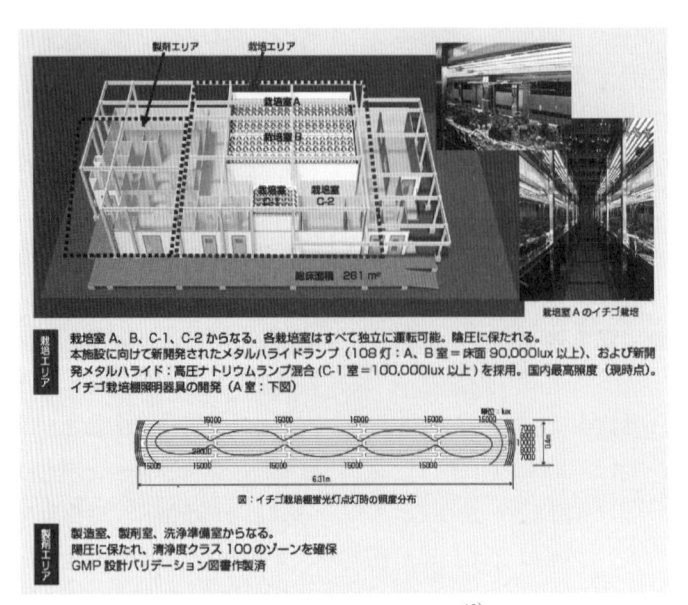

図 8.31 完全密閉型植物工場概念図（文献[19] より引用）

積させるための従来とは異なる環境制御技術について研究が行われている（例えば文献[18] など）．

ちなみに，産業技術総合研究所の完全密閉型植物工場生産システム（GM 植物工場システム，図 8.31）が，2007 年度のグッドデザイン賞金賞（新領域デザイン部門）を受賞している．医療用物質生産という目的を達成するために，植物バイオ研究，遺伝子拡散防止安全技術，次世代型製薬システム，さらに高効率な遺伝子組換え植物の栽培システムの開発を，複合的・横断的に行おうとする世界で初の画期的な研究デザイン施設であるところが評価された[14]．

◆章末問題

1. 植物工場には太陽光利用型と完全制御型があるが，それぞれの特徴を述べなさい．
2. 植物の成長に対する光の影響を評価する場合に，lx ではなく PPDF という単位が用いられる理由を述べなさい．
3. 密植した状態での植物が徒長する理由を述べなさい．
4. 草丈調節技術である DIF について説明しなさい．
5. 施設栽培において風も重要な要因の 1 つであるが，その理由を述べなさい．

◆参考文献

1) Erwin, J. E. et al. (1987) *Grower Talks*, **51**(7): 84-86, 88, 90.
2) Furuya, M. and Song, P-S. (1994) Photomorphogenesis in Plants (Kendrick, R. E. and Kronenberg, G. H. M. eds.), p.105-140, Kluwer Academic Publishers.
3) 後藤英司 (2009) *TechnoInnovation*, **70**: 20-25.
4) GREENHOUSE GROWER 編，大川 清・古在豊樹監訳 (1992) DIF で花の草丈調節 昼夜の温度差を利用する，農山漁村文化協会．
5) Hanan, J. J. (1998) Greenhouses: Advanced Technology for Protected Horticulture, CRC Press.
6) JFE ライフ株式会社 (2007) ニュースリリース．http://www.jfe-steel.co.jp/release/2007/09/g070904.html
7) 光合成研究会，光の単位．http://www.photosynthesis.jp/light.html
8) 古在豊樹ほか (1992) 新施設園芸学，朝倉書店．
9) 古在豊樹ほか編著 (2006)，最新施設園芸学，朝倉書店．

10) 古在豊樹（2009）太陽光型植物工場, p.161-162, オーム社.
11) Montheith, J. L. and Unsworth, M. (1990) Principles of Environmental Physics, Second Edition, Butterworth-Heinemann.
12) Larcher, W. 著, 佐伯敏郎監訳（1999）植物生態生理学, Springer.
13) 村瀬治比古（2000）植物工場学会誌, **12**(2): 99-104.
14) 日本デザイン振興会, グッドデザインファインダー.
http://www.g-mark.org/award/detail.php?id=33912&type=one
15) 日本学術会議（2009）日本学術会議公開シンポジウム「知能的太陽光植物工場」講演要旨集.
16) 日本施設園芸協会発行（2003）五訂 施設園芸ハンドブック.
17) 農林水産省, 植物工場の普及・拡大に向けて.
http://www.maff.go.jp/j/seisan/ryutu/plant_factory/index.html
18) Okayama, T. *et al.* (2009) *Environ. Food*, **2**(3): 83-88.
19) 産業技術総合研究所（2007）産総研 TODAY, **7**(8): 14-15.
20) 高辻正基（1996）植物工場の基礎と実際, p.59-75, 裳華房.
21) Thimijan, R. W. and Heins, R. D. (1983) *HortScience*, **18**: 818-822.
22) 塚田周平ほか（2010）植物工場物語, p.104-107, リバネス出版.

第9章

農産施設とトレーサビリティ

9.1 米の収穫後のプロセス

収穫直後の米（籾）は，水分が平均で25％程度（天候や収穫時期，収穫地域による変動があり，わが国全体では20〜30％程度の範囲）である．このような籾を生籾と呼ぶ．図9.1に収穫直後の米の構造と成分を示した．

生籾は水分が高いため，カビが発生する，籾の呼吸により熱が発生するなどして品質が大きく損なわれる可能性が高い．そこで，生籾を水分が14〜15％程度になるように乾燥する必要がある．乾燥した籾を乾籾とも呼ぶ．籾の表面は籾殻で覆われており，この籾殻を取り除き，玄米にすることを籾すりという．米は周年の安定供給を行う必要があるため，籾すりの前後に必要に応じて，籾貯蔵または玄米貯蔵を行う．

玄米は外周を果皮，種皮，外胚乳，糊粉層で覆われ，さらに胚芽と胚乳から構成されている．果皮，種皮，外胚乳，糊粉層を総称して糠と呼ぶ．

玄米から糠や胚芽を取り除くことを精米（または搗精）と呼び，搗精後の米を精米，白米または**精白米**と呼ぶ．精白米の大部分は胚乳であり，その成分は国産うるち米の平均的な値として，糖質（デンプン）が75％（アミロースが18％，アミロペクチンが82％），水分が15％，タンパク質が8％，脂質が1％，無機質が1％程度である（図9.1）．この精白米を炊飯し，米飯とする．

9.1.1 共同乾燥調製（貯蔵）施設

コンバインで収穫した生籾をトラックへ移し，乾燥機まで運搬する．個人農家が乾燥機をもっている場合，数軒の農家が共同で乾燥機をもっている場合（ミニライスセンターと呼ぶ），地域で農業協同組合などが共同乾燥調製（貯蔵）施設をもっている場合などがある．

(1) ライスセンターとカントリーエレベーター

図9.2に米の共同乾燥調製（貯蔵）施設（**共乾施設**）における籾の荷受から玄米の出荷までの流

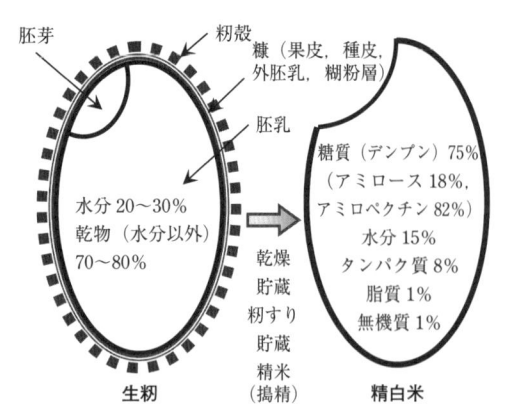

図9.1 米の構造と成分（生籾と精白米）

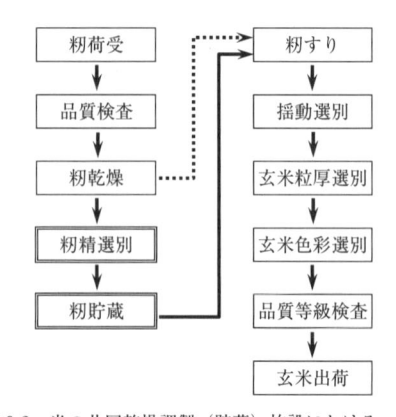

図9.2 米の共同乾燥調製（貯蔵）施設における籾荷受から玄米出荷までの流れ
点線矢印は，籾貯蔵をしないライスセンターの流れ．

れを示した．

米の共同乾燥調製施設をライスセンターと呼ぶ．ここでは，生産者が収穫した籾を搬入し，荷受時の計量と品質検査を経た後に乾燥させ，乾籾をただちに調製し（籾すり選別し）玄米を出荷する（図9.2の点線矢印の流れ）．

一方，共同乾燥調製貯蔵施設をカントリーエレベーターと呼ぶ．荷受した籾の計量と品質検査をした後に，一括張込み（生産者ごとの仕分けをせず一括してタンクやビン，乾燥機に張り込むこと）を行い乾燥する．乾燥後に籾の精選別を行い，サイロやドライストアビンに籾を貯蔵する．米卸業者の注文に応じてサイロから籾を出し，籾すり選別して玄米を出荷する．

図9.3にカントリーエレベーターの一例として，北海道上川ライスターミナルを示す．この施設は1996年に建設され（1期工事，写真の左半分，籾貯蔵能力5,000 t），1999年にさらに増設され現在の規模となった（2期工事，写真の右半分，籾貯蔵能力5,000 t）．この施設の籾の荷受口は12口で，25 t/hの能力の荷受ラインが6系列あり，計画籾処理量は生籾が約7,700 t，乾籾が4,100 tである．この施設は，循環型乾燥機（90 t×4基，60 t×6基，20 t×2基），比重選別機を中心とした籾精選別システム，超低温貯蔵が可能な籾貯蔵サイロ10,000 t（417 tサイロ×12基，500 tサイロ×10基），玄米色彩選別機（合計560チャンネル）を備えており，わが国最大規模のカントリーエレベーターの1つである．

わが国では，ライスセンターは1952年から，カントリーエレベーターは1964年から建設が開始された．2015年現在では，日本全国に3,409か所のライスセンターと，893か所のカントリーエレベーターがある．ライスセンターもカントリーエレベーターも，ほぼ日本全国に建設されている．

(2) 乾　燥

米（籾）の乾燥機は大別すると，籾を動かさないで乾燥を行う静置式乾燥機と，籾を動かしながら乾燥を行う循環式乾燥機とがある．静置式乾燥機は，送風の風上側と風下側の穀物で大きな水分差（水分ムラ）が発生する場合がある．

循環式乾燥機は，乾燥機下部に乾燥部を設け，上部にテンパリング部（貯留部）を設ける構造が多い．乾燥部の下にロータリーバルブとスクリューコンベアを設け乾燥直後の籾を排出し，バケットエレベータで乾燥機上部のテンパリング部に投入し，籾の循環を繰り返しながら乾燥を行う．これにより，籾を乾燥する時間と乾燥しない時間を交互に設けるテンパリング乾燥（間欠乾燥）を行う．テンパリング乾燥では，貯留中に籾1粒の中心の水分が表面に徐々に移動し，再び乾燥部で表面の水分を乾燥することを繰り返す．その結果，連続的な乾燥と比較して乾燥効率が向上する，水分ムラが減少する，胴割粒の発生が抑制される，などの利点が生じる．

近年の循環式乾燥機は，熱風温度センサ，籾温度センサ，籾水分計などを備え，コンピュータを組み込んだ乾燥機が一般的である．籾を乾燥機に張り込み乾燥終了水分を設定すると，乾燥作業はほぼ自動的に行われる．このとき，熱風温度は40℃前後，籾温度は35℃程度を上限温度の目安とする．

循環式乾燥機の容量（張込量）は，小規模個人農家向けの0.5 t程度から，大規模共乾施設向け

図9.3 米のカントリーエレベーター（北海道上川ライスターミナル）
籾処理量11,800 t，籾貯蔵能力10,000 t．

の90t程度まである．循環式乾燥機には加熱方式により，熱風乾燥機，遠赤外線乾燥機，籾殻燃焼乾燥機などがある．

1) 熱風乾燥機

熱源に灯油バーナを用い，空気を加熱した熱風により穀物を通風乾燥する．従来は圧送式送風機を用いていたが，現在はホコリの飛散防止などのために吸引式送風機を用いている．籾の乾減率（乾燥速度）は 0.6～1.0%/h 程度である．

2) 遠赤外線乾燥機

熱源は熱風乾燥機と同様に灯油バーナを用いるが，加えて遠赤外線放射体を加熱し遠赤外線放射熱も利用した乾燥機である．1998年から，循環式乾燥機の熱風路内に放射体を組み込んだ機種が市販されている．これは，放射体からの放射熱と熱風からの伝導熱を利用し穀物を加熱乾燥する．放射体の表面温度は 300～500℃ の高温となり，放射遠赤外線の中心波長は 3～5 μm である．個人農家向け（容量10t未満）に加え，共乾施設向け（容量30t程度）も市販されている．

ほぼ同容量の熱風乾燥機と遠赤外線乾燥機にほぼ同じ水分の籾を張り込んで乾燥を行った場合，一般に遠赤外線乾燥機の乾燥時間が短く乾減率が大きい．ただし，乾燥に要するエネルギー（灯油消費量と電力消費量を合計したエネルギー消費量）はほぼ同じである．

3) 籾殻燃焼乾燥機

第一次オイルショック（1973年）および第二次オイルショック（1979年）による石油価格高騰の影響を受け，籾殻を燃料として穀物を乾燥する籾殻燃焼炉の技術が開発された．しかしその後の石油価格高騰の沈静化，燃焼空気による直接加熱の問題，燃焼炉の維持管理費の問題があり，籾殻燃焼乾燥機の利用はほぼなくなった．

近年になり，米の乾燥における石油消費削減（二酸化炭素排出量削減）や低ランニングコストが注目され，再び籾殻燃焼乾燥機の開発と実用化が進んでいる．そういった中で，籾殻燃焼空気を熱交換し乾燥空気とする技術，燃焼炉の長寿命化，コンピュータによる各種自動制御などにより，従来の問題は解決されてきた．

籾殻燃焼乾燥機は灯油を使用せず，電気のみを使用する．従来の熱風乾燥機の数値を100%とすると，籾殻燃焼乾燥機では消費エネルギーが9%，ランニングコストが19%，乾燥に伴う二酸化炭素の排出量が16%であったとの報告[4]がある．一方で，導入価格（初期コスト）は熱風乾燥機に比較して高い．

(3) 籾貯蔵

乾燥後の米の貯蔵には，籾をサイロ（容量：数百～千t程度）やビン（容量：数十～数百t程度）でバラ貯蔵する籾貯蔵と，籾すりした玄米を袋（容量：30 kg，60 kg，1 t）に詰め玄米専用倉庫に貯蔵する玄米貯蔵とがある．

籾貯蔵は，籾殻が玄米を物理的・生物的に保護し，害虫や微生物の侵入を防ぎ，米の生理活性を抑制するため，玄米貯蔵に比べて品質保持効果が高い．そこで近年では，籾貯蔵を行うカントリーエレベーターが全国的に少しずつ増加している．わが国の籾貯蔵能力は266万t（2017年現在）であるが，後述する玄米貯蔵に比較するとその割合はまだまだ少ない．

一例として，図9.4と図9.5に米のカントリーエレベーターの平面図とサイロを示した．サイロは鋼板溶接構造で，1基は直径が 7.4 m，高さが 23.2 m であり，籾貯蔵能力は 480 t である．サイロは12基あって，全体の籾貯蔵能力は 5,760 t であり，鋼板の外側には 75 mm の硬質ポリウレタンフォームの断熱材が施されている．

北海道では1996年から2000年にかけて，上川ライスターミナル（図9.3）や雨竜町ライスコンビナート（図9.4，9.5）において，冬の寒冷外気を利用してサイロの籾を氷点下で貯蔵する超低温貯蔵の実証試験[3, 9-12]が行われ，その技術が普及している．

米は稲の種子として貯蔵中も生きている．その

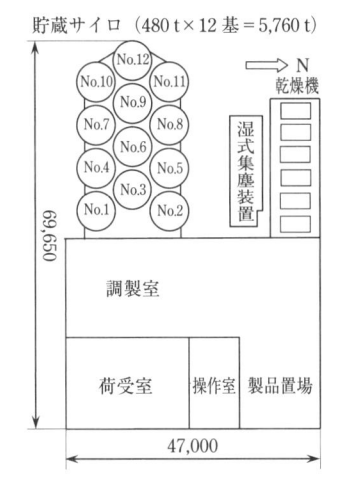

図9.4 米のカントリーエレベーターの平面図
（北海道雨竜町ライスコンビナート）
籾処理量 8,200 t, 籾貯蔵能力 5,760 t.

図9.5 米のカントリーエレベーターのサイロ（北海道雨竜町ライスコンビナート）

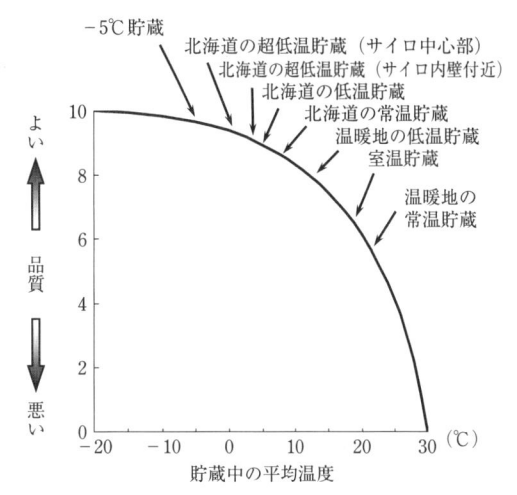

図9.6 米の貯蔵中の平均温度と貯蔵後の品質との関係（概念図）

ため米を低温で貯蔵すると米自身の生理活性や酵素活性が抑制され，貯蔵中の品質劣化も抑えられ，新米に近い食味を保持できる．また，乾燥後の米は水分が15%程度であるために−80℃でも凍結しないことが確かめられている[2]．したがって図9.6に示したように，貯蔵中の温度が低ければ低いほど，米の高品質保持が可能である．一方で，米の温度を低下させるために冷却設備と電気エネルギーを使うと貯蔵コストが増加するので，実用的には望ましくない．

北海道のような寒冷地では，冬季の寒冷外気という自然冷熱エネルギーを利用することにより，籾を氷点下に冷却貯蔵することが可能である．この籾貯蔵技術は，冷却設備や冷却のための電気エネルギーを必要としない．その上，貯蔵温度が低いため貯蔵中の害虫の発生がなく，殺虫剤なども不要であり，品質保持効果が大きい．わが国の米の主産地は北海道，東北，北陸地域であり，冬の気温が氷点下になる場所が多い．籾の超低温貯蔵は，こういった地域の自然環境を有効に活用する，低コスト省エネルギーで環境にやさしい貯蔵技術であるといえる．

(4) 籾すり

籾すり機には，ロール式籾すり機とインペラ式籾すり機とがある．ロール式籾すり機は，一対のロールを異なる周速度で逆方向に回転させ，ロール間に籾を通過させて剪断力により籾殻を取り除く．インペラ式籾すり機は，高速回転する羽根付きファンの中心部に籾を投入し，籾を遠心力で周囲に放出し，籾と羽根表面での圧縮力や摩擦力，さらには籾が外周に衝突することによる衝撃力で籾殻を取り除く．籾から剥離された籾殻は風力により吸引除去される．

籾すり直後の籾・玄米混合物の中の玄米の質量割合を脱ぷ率といい，籾すり選別後の玄米の質量を籾すり前の籾の質量で割った割合を籾すり歩留という．籾すり歩留は一般に80%程度であり，籾質量の約20%は籾殻であるといえる．

ロール式籾すり機は、農家や共乾施設の大型の籾すり機として広く使われている。図9.7は、ロール式籾すり機と風力選別機および揺動選別機を組み合わせた、共乾施設の籾すりシステムである。ロール式籾すり機による脱ぷ率は90％程度が適切であるが、脱ぷ率を高くすると玄米の砕粒や肌ずれが増加し、品質上の問題となる。また、籾すり直後に籾・玄米混合物の中から玄米を選び出すために揺動選別機と一体化されている。

インペラ式籾すり機は、回転数の調節により脱ぷ率をほぼ100％に設定可能である（よって揺動選別機が必要ない）。また、高水分の籾やごく少量の籾の籾すりも可能である。ただし、脱ぷ率を100％近くに設定すると玄米の脱芽や肌ずれが多くなり、品質上の問題が発生する場合が多い。したがってインペラ式籾すり機は、小型の卓上籾すり機として主に坪刈り試験（収穫直前に水田の一部の稲を刈り取り、米の収穫適期や収量、品質の判断材料とする）の籾すりや、下見検査、自主検査（共乾施設に荷受けされた籾の一部を採取し品質検査をする）の籾すりに使われている。

(5) 玄米貯蔵

わが国では、古くから玄米での貯蔵、流通が一般的に行われている。玄米貯蔵では、籾を収穫後に乾燥し、ただちに籾すりしてできた玄米を紙袋や樹脂袋に入れ、米専用の倉庫に貯蔵する。

玄米貯蔵には、常温貯蔵と低温貯蔵とがある。常温貯蔵では、倉庫内の温度制御を行わずに玄米を貯蔵する。そのため、春から夏にかけて外気温度が上昇すると庫内温度が高くなり、害虫（コクゾウムシやコクガ）が発生する。害虫が発生すると、必要に応じてポストハーベスト農薬（殺虫剤）を使用することもある。こういった害虫や温度上昇のために、米の品質劣化が大きい。

これに対し低温貯蔵では、冷却装置を使い年間通して倉庫内温度を15℃以下に保つため、害虫の発生や米の品質劣化を抑えることができる。わが国各地にある玄米の低温倉庫の収容力は2002年には662万t、2006年には748万tまで増加したが、その後減少に転じ、2008年には561万t、2010年には464万tとなっている。図9.8に玄米低温倉庫内の様子を示した。

先にも述べたように、わが国では玄米貯蔵が主流である。籾貯蔵は増加しつつあるものの、その割合は30％弱と低い。一方、世界に眼を向けると、日本以外の地域（国）ではすべて籾貯蔵を行っている。なぜ日本では玄米貯蔵なのだろうか？

その理由には歴史的経緯があり、話は約400年前の江戸時代初期にまでさかのぼる。戦国時代から江戸時代にかけて年貢米制度が定着し、領主は税金として農民から米を納めさせ、臣下に禄米、扶持米として給与した。この年貢米は、江戸時代初期には籾であった。しかし年貢米の収納にあた

図9.7 共乾施設の籾すりシステム
ロール式籾すり機と風力選別機および揺動選別機とを組み合わせたシステム.

図9.8 玄米低温倉庫
左は30kgの紙袋、右は1tのフレキシブルコンテナバッグ.

って厳格な品質検査が求められるようになり，籾では品質判定（肉眼による外観品質判定）しにくいため，徐々に年貢米を玄米で徴収するようになった．また当時の米の流通においても，籾と比較して玄米の容積重は大きく，同一容積の容器ならば籾より玄米の輸送量が大きかった．そのため，わが国では玄米貯蔵と玄米流通の制度が定着し，今に至っているのである．

現在でも，玄米貯蔵のメリットとして容積効率がよいことが挙げられる場合がある．例えば，玄米を貯蔵する容器に対して，同量の玄米となる籾（籾125 kgが玄米100 kgに相当する）を貯蔵する場合，約1.8倍の容積の容器が必要となる．しかし実際の貯蔵では，玄米は紙袋（30 kg），樹脂袋（60 kg）またはフレキシブルコンテナ（1 t）に入れて玄米倉庫に保管される．この場合，倉庫内の作業空間や堆積した玄米の上部空間があるため，倉庫の容積のうち玄米が占めているのは50%以下である．一方，籾はサイロやビンにバラ貯蔵されるため，容器容積の80〜90%を占めることとなる．したがって，実用規模の容積効率を考えると，玄米貯蔵も籾貯蔵もほぼ同じとなる．

多くの実験研究の結果から明らかなように，貯蔵中の米の品質保持のためには玄米貯蔵よりも籾貯蔵が有利である．したがって，米の品質，貯蔵効率，輸送効率を総合的に考慮すると，米の生産地で籾貯蔵を行い，貯蔵後に籾すりして玄米とし，さらに搗精した上で精白米で流通する（精白米を消費地に輸送する）ことが，最も望ましい米の貯蔵流通形態であると考えられる．

(6) 選 別

米に限らず，収穫直後の農産物の中には異物（目的の農産物以外の夾雑物，石やガラス，金属など）が混入していたり，品質のよいものと悪いものが混在していたりする場合が多い．そこで収穫後の農産物に対し，異物除去や品質向上のために選別が行われる．農産物の選別は，農産物の物理特性（大きさ，長さ，質量，比重，密度，色）や化学特性（水分，糖質，タンパク質，脂質）などの違いに着目して行われる．農産物の同じ特性に着目した同じ選別原理の選別を組み合わせて行っても，その選別効果には限界がある．重要なポイントは，異なる特性に着目して異なる原理の選別を組み合わせて行うことにより，その選別効果が倍増することである．

米の共乾施設では，各工程において以下のような選別が行われる．

①荷受直後の籾から粉塵や稲わらなどの夾雑物を除去するために，風力選別機と篩選別機で粗選別を行う．

②循環式乾燥機で乾燥中に，粉塵，しいな（空籾），稲わらなどを風力で吸引除去する．

③乾燥後の籾を貯蔵する前に，風力選別機，比重選別機，インデントシリンダ型選別機を組み合わせて籾の精選別を行い，しいな，未熟粒，被害粒，脱ぷ粒などを除去する．図9.9に籾精選別システムの流れを示した．この籾精選別システムは低コストで（最も少ない選別機の組み合わせで）籾の高品質化を実現する最適な精選別システムであり，籾すり歩留や良玄米歩留も向上させることができる．

④籾すり直後に風力選別機で籾殻を除去する．

⑤各所で磁石を用いた金属除去を行う．

⑥籾すり後の籾・玄米混合物から揺動選別機で玄米を選び出し，籾は籾すり機に再度戻す．

⑦粒厚選別機により粒厚の小さい未熟粒や死米などを除き，整粒割合を増やし，玄米の品質を向上させる．

⑧玄米の色彩選別機を用いて未熟粒，死米，被害粒，着色粒および異物を除去する．特に，玄米中の異物（玄米に類似した形状・色調・比重の小石，ガラス，金属類）をほぼ完全に除去する．

上記の選別のうち，③籾精選別システムと⑧玄米の色彩選別機は1990年代後半に開発され導入され始めた技術である．特に，玄米の粒厚選別機と色彩選別機を併用した玄米精選別技術は，品質

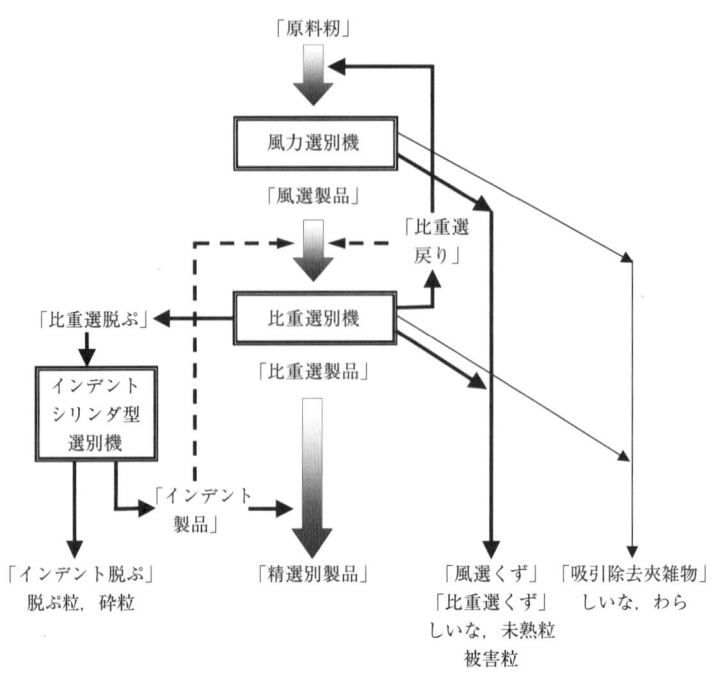

図 9.9 籾精選別システムの流れ

向上と選別歩留向上の効果が大きい．

では，なぜ玄米を粒厚と色で選別するのだろうか？　玄米の三軸方向の寸法は粒長，粒幅，粒厚であり，粒長が最も大きく，次に粒幅が大きく，粒厚が最も小さい．玄米を粒厚で選別する理由は米粒の生長過程にある．稲の花が咲き受粉した後に，種子（米粒）はまず粒長方向に生長する．続いて粒幅方向に生長し，最後に粒厚方向に生長する．したがって，粒長と粒幅は充分に生長していても，未熟な米粒では粒厚が小さくなる．よって粒厚により玄米を選別すると，粒厚が小さい玄米は未熟粒の割合が多くなり，粒厚が大きいと整粒（成熟した米粒）の割合が多くなる．

ところが，粒厚だけで玄米の成熟の程度（未熟粒か整粒か）が決まるのではない．粒厚が大きくなっても成熟の遅れている米粒は，糠層にクロロフィル（葉緑素）が残っており緑色をしている（これを青未熟粒という）．米粒が充分に成熟すると糠層のクロロフィルが消失し，玄米の色が半透明な薄茶色（いわゆる黄金色）となる．そのため粒厚は大きいが未熟な玄米や，粒厚はやや小さい

がすでに成熟した玄米も多く存在する．選別後の玄米の整粒割合を増加させるために粒厚選別機の篩の網目幅を大きくすると，選別くず（網下）に混入する整粒が増加し，選別製品（網上）の整粒割合増加にも限界が生じる．そこで，粒厚に加えて玄米を色で選別することが重要となる．

玄米では粒厚と色という2つの特性に着目し，異なる原理の選別機（粒厚選別機と色彩選別機）を組み合わせて行う相乗効果によって，品質向上と選別歩留の向上とが同時に可能となった．

(7) 品質検査

米の共乾施設における品質検査は，従来は荷受時や乾燥工程中，および出荷時の水分測定が中心であった．また自主検査のために，乾燥した籾の籾すり歩留や良玄米歩留の測定，肉眼による玄米の外観品質判定なども行われていた．

1990年代半ばから，可視光や近赤外光を利用した米の非破壊品質測定技術により，玄米の整粒割合，水分やタンパク質を短時間で簡単に測定することが可能となっている．実際に，可視光を利用した玄米の組成分析計（可視光分析計，最近で

は穀粒判別器と呼ばれる）と近赤外光を利用した成分分析計を組み合わせた自動品質検査システム（下見検査システム，自主検査システム）が北海道で実用化され，1999年から米の品質仕分けに使われ始めた．

図9.10に籾の自動品質検査システムの流れを，図9.11にその実用例の1つを示した．荷受時に計量機の後で自動的に採取した籾はインペラ式籾すり機で玄米となり，粒厚選別機を経た後に可視光分析計と近赤外分析計にそれぞれ送られ，整粒割合と水分含量およびタンパク質含量を測定する．試料の搬送はコンピュータに管理され，空気搬送，ベルトコンベヤ，バケットエレベータ，自然流下などで自動的に行われ，試料採取から5分程度で測定結果が表示される．なお，高水分生籾の場合はインペラ式籾すり機後の玄米に肌ずれが発生するため，整粒割合は測定できない．

共乾施設で荷受時に測定した品質情報は，生産者にフィードバックして営農指導に役立てることができる．荷受時の米のタンパク質には，同一地域の同一品種であっても大きなばらつきがある．このタンパク質のばらつきは，水田ごとの土壌の

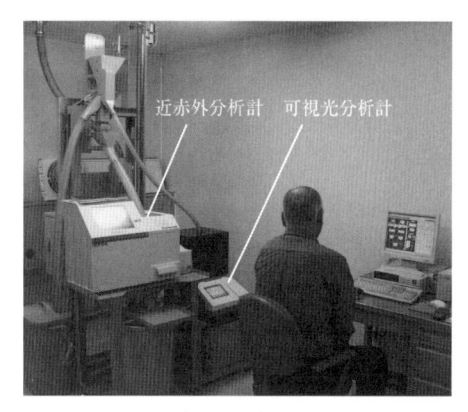

図9.11　籾の自動品質検査システムの一例

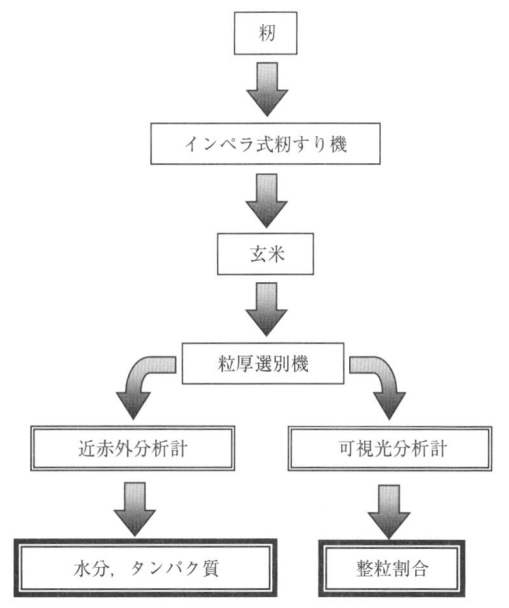

図9.10　籾の自動品質検査システムの流れ

違いと生産者ごとの栽培管理技術の違いによるところが大きい．人工衛星から測定する水田の稲のタンパク質情報，および共乾施設の荷受単位（荷受トラック）ごとの米の整粒割合やタンパク質情報と各水田の土壌情報，生産者の栽培管理情報および気象情報をデータベース化し蓄積することにより，これらの情報を高品質米の生産に利用することができる．

米の品質検査では，タンパク質含量と整粒割合とを測定して品質区分をする．ここでタンパク質含量が高いと品質が悪いとされる．なぜ米のタンパク質が多いと品質が悪いのだろうか？

炊飯前に精白米を研ぎ，水に浸漬した際，タンパク質は精白米の吸水を抑える働きをする．さらに加熱炊飯する際に，タンパク質はデンプンが膨潤する（炊飯により米粒が膨らむ）ことを抑える働きをする．その結果，タンパク質が多いと米飯が硬くなり粘りが弱くなる傾向がある．

一方，日本人を含めた東アジアの人々（いわゆる，照葉樹林文化帯に属する人たち）は，適度に柔らかく粘りのある米飯を好むという嗜好性をもっている．したがって，タンパク質の多い米は食味評価が低く品質が悪いとされるのである．

なお米飯の硬さや粘りには，タンパク質よりもアミロース（デンプン中のアミロース含量）のほうが大きな影響を与える．しかし日本では，飯用うるち米（もち米や，新形質米の低アミロース

米，高アミロース米を除く普通のうるち米）は品種改良の結果，アミロース含量が 16～20% 程度の狭い範囲に集中してきている．また，アミロースは品種や登熟中の気温によりほぼ決定され，農家の栽培技術によりアミロースをコントロールすることが難しい．

これに対して，タンパク質は施肥法など農家の栽培技術によりコントロールすることが可能である．さらに，近赤外分析計を用いると誰でも簡単かつ短時間に測定することが可能であり，その精度も化学分析法（ケルダール法）とほぼ同程度の測定ができる．一方，アミロースは近赤外分析計でも測定している（表示している）が，アミロース含量の変動幅が小さい日本産うるち米を測定するには測定精度が不十分であり，化学分析法（オートアナライザによる呈色比色法）に代わる，簡便な生産現場での測定法は確立されていない．

以上の理由で，日本のうるち米の品質検査においては，アミロースよりも相対的にタンパク質の方が重要視されている．なお近年，**近赤外分光法**を含めた非破壊分析法で米のアミロースを測定する研究が進行中である．

9.1.2 精米工場

わが国では，米の収穫後の共同乾燥調製（貯蔵）施設（ライスセンターやカントリーエレベーター）および玄米貯蔵倉庫は全国の生産地（農村地域）に立地する場合が多い．一方，全国には大型精米工場（精米機本機の所用動力が 50 馬力 = 37.5 kWh 以上の精米工場を大型精米工場と呼ぶ）が約 600 か所，それより小さい小型精米工場が約 1 万か所あり（2017 年推定値），主として都市または都市周辺に立地する場合が多い．小さな工場や古い工場を集約して規模の大きな新しい工場を建設することが少しずつ進んでおり，精米工場の数はやや減少する傾向にある．

生産地のカントリーエレベーターや玄米倉庫から出荷された玄米は，トラックで都市周辺の精米工場に運ばれる．

(1) 精米（搗精）

わが国において初めての動力精米機は，1897 年にアメリカから輸入されたエンゲルバーグ式精米機である．その後日本人により，横型円筒摩擦式精米機（清水広吉，1913 年），横型研削式精米機（佐竹利市，1919 年），噴風摩擦式精米機（毛利勘次郎，1931 年）などが開発された．現在，国内で使われる精米機のほぼすべては国産精米機である．

精米機には，大別すると研削式精米機（速度系精米機ともいう）と摩擦式精米機（圧力系精米機ともいう）とがある．研削式精米機は，米粒の表面を金剛砂ロール（砥石）で削り糠層や胚芽を切削除去する精米機である．摩擦式精米機は，精米機内の米粒に圧力をかけ，米粒どうしの摩擦により糠層や胚芽を剥離除去する精米機である．

図 9.12 に大型精米工場の精米機を示す．多くの大型精米工場では，研削式精米機 1 台と摩擦式精米機 2 または 3 台を直列に配置し搗精を行う．

(2) 無洗米

無洗化処理装置を用いて精白米（普通精米）の米粒表面を研磨した，無洗米（洗米しないで炊飯できる米）が市販されている．無洗米を炊飯に使用すると洗米水が発生しない（洗米水の排水処理をする必要がない）ことから，業務用に大量の炊

図 9.12 大型精米工場の精米機
研削式精米機（左 1 台）と摩擦式精米機（右 2 台）を直列に使用．

飯を行う米飯工場で多く利用される．さらに，最近では一般家庭でも無洗米の利用が進んでいる．

日本精米工業会では，無洗米の調製法（無洗化処理装置）を乾式研米仕上方式，加水精米仕上方式および特殊加工仕上方式の3つに大別している．これらの調製法は，いずれも普通精米の米粒表面を研磨し付着糠を除去することを目的に考案されたものである．

乾式研米仕上方式はブラシなどで米粒表面を磨く方法であり，加水精米仕上方式は水を使って表面を磨く方法である．特殊加工仕上方式は補助剤を使って米粒表面の糠を取り除く方法であり，直径数mmのタピオカデンプン粒を用いる方法や，直径数mmの糠玉を用いる方法がある．図9.13にタピオカデンプン粒を用いた無洗化処理装置を示す．

現在のところ無洗米の定義および品質基準は曖昧である．無洗米の品質基準は，日本精米工業会と全国無洗米協会が米穀業界の自主的ガイドラインとして，洗米水の濁度による指標をそれぞれ示しているが，統一はされていない．無洗米は普通精米に比べ白度が高い，透光度が低い，洗米水の濁度が低いなど品質特性が異なる．さらに無洗化処理直後は，洗米しないで炊飯した無洗米の食味は洗米して炊飯した普通精米の食味と同じであるが，無洗米を数か月間保管した後には，改めて洗米して炊飯するかどうかにより食味に有意な差が認められるようになる．すなわち無洗米であっても，保管後には洗米して炊飯する方が食味がよくなる傾向がある[13,14]．

(3) 選別

米の共乾施設と同様に精米工場の各工程においても各種の選別が行われる．特に大型精米工場では，精米工程の前後において何段階もの精選別設備を備えている．

荷受した玄米は風力選別機により軽い異物が除去され，石抜機により米よりも比重の大きい異物が除去され，ロータリーマグネット（金属除去機）により金属片が除去される．

搗精後の精白米はロータリシフター（回転式選別機）により糠球や砕粒が除去され，色彩選別機により粉状質粒，被害粒，着色粒および異物が除去され，インデントシリンダ型選別機により砕粒が除去され，ロータリーマグネットにより金属片が除去される．そして金属検知器により，最終製品として袋詰めした精白米の中に金属片の混入がないことを確認する．

多段階の精選別により，正常粒割合が多く（品質がよく）異物混入のない精白米を出荷（販売）する．特に精米工場から出荷する精白米の中の異物は，最終消費者にとって物理的危害の直接の原因となるため，異物の完全な除去が行われる．

(4) 品質検査

精米工場における品質検査は，荷受玄米と出荷精白米について行われる．荷受玄米の品質検査は水分，タンパク質，整粒割合，白度について行う．出荷精白米の品質検査は同じく水分，タンパク質，整粒割合，白度について行われ，これらのデータは後述する米のトレーサビリティシステムにより，一般消費者に開示される．

9.1.3 米のトレーサビリティ

2010年10月1日に施行された「米穀等の取引等に係る情報の記録及び産地情報の伝達に関する法律」（通称：米トレーサビリティ法）により，

図9.13 タピオカデンプン粒を用いた無洗化処理装置

同日から米・米加工品の取引などの記録の作成・保存が義務付けられた．また，同法に基づき2011年7月1日から，一般消費者への米・米加工品の産地情報の伝達が義務付けられた．

米トレーサビリティ法に基づき産地情報を一般消費者に伝達する方法の一例を，図9.14, 9.15 に示す．これはインターネットを通じて産地情報を一般消費者に伝える例である．精白米の袋の一部に精米年月日やロットナンバーが印刷されている．精米工場のホームページからロットナンバーを入力する（図9.14）と，購入した精白米の原料玄米の生産年，品種，生産地，精米工場への受入日，精米年月日および精白米の水分，白度，整粒割合などが表示される（図9.15）．この画面から生産地をクリックすると，さらに生産地の情報（農薬の使用状況）などが表示される．

9.2 果実・野菜の選別施設

9.2.1 共同選果施設

JAの統計（2004年）によれば，野菜や果実の青果物選果施設は，加工施設，冷蔵施設，集荷施設などを除いても全国で2,000か所近くある．最近ではそれらの多くの施設に，色選別センサ，TVカメラ，近赤外内部品質センサなどが導入されており，高精度の非破壊，全数検査が可能な状況にある．一般には，これらに用いられるセンシングシステムは高価であるため，地域が大型の選別システムを共同で購入し，それらの施設で包装，箱詰めなどの作業も同時に行うことが多い．近年では，そのような共同選果施設に農産物だけでなく，多くの情報を蓄積，活用することも始められており，トレーサビリティや精密農業に貢献している．

図9.16に，共同選果施設の例を示す．生産者からの生産物（果実や野菜）はトラックなどで本施設に運ばれ，荷受けの手続きが行われる．果実や野菜の場合，コンテナを使うことが多く，そのコンテナの移送，コンテナからラインに果実を取り出す作業，センサによる果実の外観および内部品質検査，検査結果に基づく果実の等階級仕分け，

図9.14 米トレーサビリティ法に基づき産地情報を一般消費者に伝達する方法の一例（ホクレン農業協同組合連合会ホームページより引用）

図9.15 精白米の産地情報などの表示（ホクレン農業協同組合連合会ホームページより引用）

図9.16 共同選果施設の例[7]

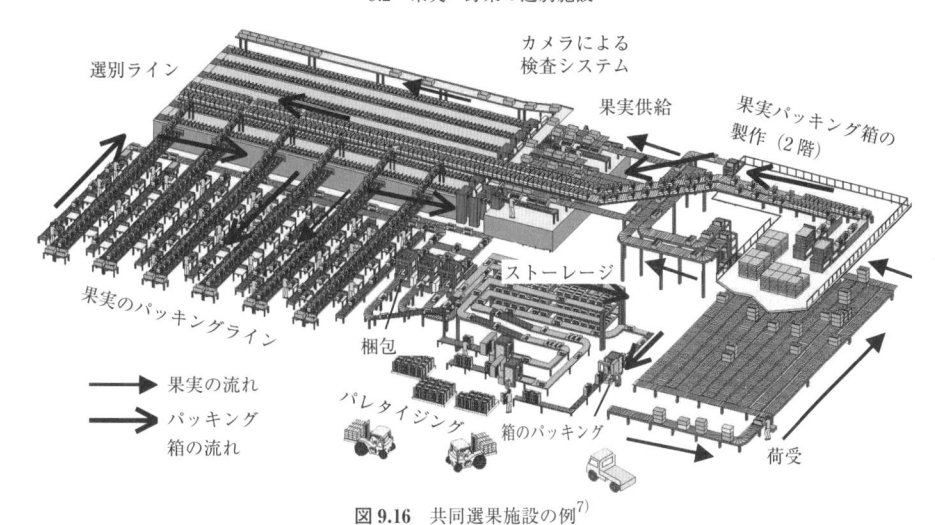

箱詰め，出荷などの作業が行われる．ここではカンキツなどの果実選別を例にとり，共同選果施設の作業の流れとそれらの施設に共通する技術について紹介する．

(1) 荷受

荷受とは，生産者がトラックなどで圃場から輸送してきた生産物を受け取ることで，最初に行わなくてはならない作業である．図9.16の右下部にあるように，通常施設の1階部分など輸送車の便利のよいところで行われ，果実の入ったコンテナを受け取る．その際，生産者の名前（ID），品種，数量，圃場IDなどの情報がカードあるいはバーコードなどを利用して入力（登録）されることが多い．

(2) デパレタイジング

デパレタイジングとは，図9.17に示すように積み上げられた状態にあるコンテナを積み降ろす作業のことである．ミカン用のコンテナの場合，通常1パレットに20コンテナ前後が積まれる．これを図のようにデパレタイザによって機械的に降ろし，コンテナ移送用コンベアラインに供給する．本装置では，1時間に1,200コンテナの処理が可能である．選果施設の1階を荷受，デパレタイジングなどの作業に用い，2階を実際の選別工程に利用している場合には，そのまま2階へコン

図9.17 デパレタイザ

テナを移送する．

(3) 一次選別および前処理

カンキツ果実などの場合，各コンテナはコンベアライン上で移送中に重量を計測された後，図9.18に示すダンパ（コンテナを上下反転させる装置）でゆっくりとローラコンベアに果実を放出する．続いて，腐敗果実，廃果すべき果実などの除去作業を人手で行う．この一次選別と呼ばれる作業は，機械で処理することが困難な果実，および処理すると機械のメンテナンス上問題になるような果実をあらかじめ取り除くために行われ，多くの作業者が必要とされる．

その後，小玉抜き，ブラシによる除塵，洗浄，ワックス処理，乾燥などの前処理を経た後，カメラなどによる選別工程（二次選別）に入る．微小なキズや病気をカメラなどで検査する場合には，

図9.18 ダンパと一次選別

図9.19 カンキツ果実の整列装置と近赤外糖酸計
果実は手前から白いボックスの方へ移動する．

これらの作業を行っておかないと，誤検出の原因となる．

このような前処理を行う選別システムはしばしば2層構造となっており，洗浄，ワックス処理，乾燥などは下層で行い，その後検査を上層で行うことも多い．果実の条件がよい場合には，それらの前処理作業の一部あるいは全部が省略されることもある．

(4) 整 列

それぞれの果実を検査する場合には，まず整列装置により，1列に整列する必要がある．図9.19にカンキツ果実の整列装置の一例を示す．各ラインにある白いボックスは糖酸計である．図に示すように1列に整列された後，速度の速いコンベア（1 m/s）に乗り移ることによって，果実どうしの距離を20 cm程度に離すことができる．自動的にこの整列作業が困難な場合，およびリンゴやモモのように果実が損傷を受けやすい場合には，手作業でラインや移送キャリアに果実を載果する．

(5) 外観検査と内部品質検査

現在，果実を移送するコンベアには，ローラピンのものと鍵盤式のものがある．図9.20に示すように，まず果実の糖度，酸度などの内部品質を計測した後，画像で寸法，色，形状，欠陥などの外観計測を行う．ローラピンによるものは，果実をローラピン上で上下反転させることにより，果実の上底面ともに上部からのカメラで撮影することが可能となる．同時に，側面4方向からのカメラで90度おきに撮像することで，全面計測ができる．鍵盤式のものは果実を反転することなく，果実がコンベア間を乗り移る際に，下方からカメラで計測する．近年の選果システムにおいては，

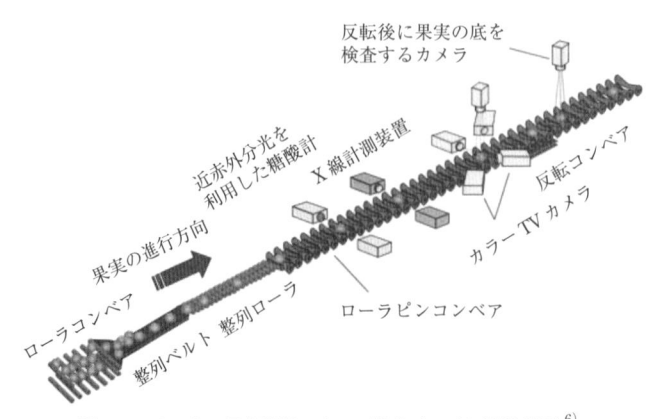

図9.20 カンキツ果実選別ラインの構成（シブヤ精機(株)）[6]

近赤外分光器を用いた糖酸計で計測後，カラーカメラにより6画像が入力されることが多い．さらに図中に示すように，糖酸計とTVカメラでの計測の間で，X線画像を用い浮皮など内部構造の検出をすることもある．糖酸度計測用およびX線画像計測用に1台ずつ，カラーカメラ用には2台PCが用いられることもあったが，最近ではコンパクトな画像処理装置を用いることが増えてきた．

(6) 仕分けと箱詰め

以上の計測に基づいて，果実や作物は数段階の階級および等級に選別され，図9.21のような作業者の目視による検査を通過後，出荷用段ボール箱に投入される．階級とは寸法に基づく分類で，等級とは品質に基づく分類を指す．カラーTVカメラおよび近赤外分光器での計測に基づいて，階級は約1mmの精度で，3S，2S，S，M，L，2L，3Lなどに，等級は3〜5段階（A, B, C, Dなど）に分けられることが多いが，選果施設によってその運用方法は異なる．異なる階級および等級の果実は同じ箱に梱包しないため，図9.22のように階級の数と等級の数をかけ合わせた数だけラインが並ぶことになる．

続いて，自動秤量機で5kgまたは10kgに計測された後，毎分100mで移送するコンベア上で，移動中の箱表面に等階級などがインクジェットプリンタによって印字される．この自動秤量機は，カンキツ用で1時間に450箱を処理する能力

図 9.21 仕分けラインでの作業者の目視検査

図 9.22 自動秤量機

を有する．その後封函され，貯蔵された後，適宜出荷される．出荷時には，ロボットパレタイザによってパレット上に箱が積載される．

本選別システムは，一次選別ならびに最終検査以外にはほとんど作業者を必要としない自動選別システムであり，カンキツ果実だけでなく，ジャガイモ，トマト，キウィフルーツなどにも利用されている．損傷を受けやすい果実の場合，移送トレイを利用したライン上での移送を行い，作業者や図7.48に示したようなロボットによるパッキングも行われる．

9.2.2 非破壊検査装置

(1) カメラによる外観計測

近年，CCDやMOSタイプの固体撮像素子は，CCTV用のカメラとしてだけでなく，携帯電話やWEBカメラとして用いられていることもあって，非常に安価で高解像度になってきた．選果施設用のカメラとしては，理想的にはミカンの黒点サイズが検査できる程度の解像度（XGAクラス以上）を用い，絞りをある程度絞り込んで被写界深度を果実のサイズ程度に深くし，シャッタースピードが1/1000秒よりも速く設定できるような感度の高いカメラが望ましい．

図9.23には，種々の果実を実際の選果工程で画像入力した画像および一部その処理を示す．これらの画像より，果実の寸法，色，形状，外観から判断できる欠陥を計測し，等階級に振り分ける

ためのデータとする．通常，カラー画像あるいは白黒画像より，面積，直径（等価円直径（(9.1)式），最大径など）などの特徴量により寸法を，円形度係数（(9.2) 式），複雑度（(9.3) 式），針状比（(9.4) 式，最大径と対角幅の比），遠心度（(9.5) 式）などにより形状を，HSI（色相，彩度，明度），色度，L*a*b*などにより色を計測する．

$$D_S = 2\sqrt{\frac{S}{\pi}} \tag{9.1}$$

$$C = \frac{E_p}{P} = \frac{2\sqrt{S\pi}}{P} \tag{9.2}$$

$$C_0 = \frac{P^2}{S} \tag{9.3}$$

$$R_S = \frac{D_{\max}}{W} \tag{9.4}$$

$$V = \sum \frac{(D_i - m_p)^2}{nS} \tag{9.5}$$

ここで，対象物の面積を S とし，その面積 S と同じ面積を有する円の周囲長を E_p，実際の対象物の周囲長を P，各々の画素からほかの境界画素までの距離のうちの最大値（最大弦長）を $D_{\max}$，この最大径に垂直な方向の最大径（対角幅）を W とする．また，$D_i = q_i - q_{i+1}$，q_i は重心から i 番目の輪郭画素までの距離，m_p は q_i の平均，n は輪郭画素の個数である．

欠陥に関しては，種々の画像処理を行った後，色情報，濃度値情報，形状情報などを組み合わせて判断することが多い．果実の種類によって欠陥の種類は異なり，カラー画像のみでは検出困難なこともある．図9.23の下にあるように，ナスの光沢はライン照明を用い，その反射部分のコントラストで判断することもできる[1]．また，カンキツ表皮の微小なキズ，腐敗部位などは，紫外光を照射し，果皮に含まれる蛍光物質の反応を利用した蛍光画像により判断する外観計測システムが実用化されている[8]．図9.24には腐敗した果実（上，イヨカン）と1cm四方に針で微小な傷を

つけた果実（下，ブンタン）を示す．図左が通常の画像，右が蛍光画像である．

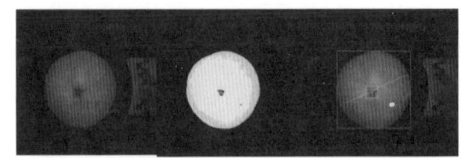

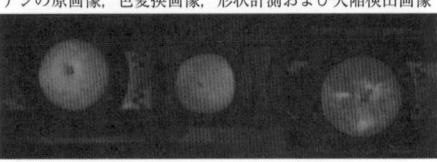

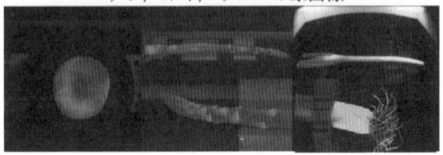

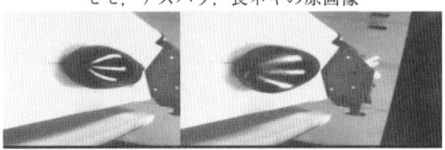

(2) 分光器による内部品質計測

果実の内部品質を計測する1つの重要な方法に近赤外分光法がある．これは図9.25に示すようにハロゲンランプなどの光源を用い，果実を透過してきた光を集光し，それを分光器で分光分析する方法である．**分光器**に集められた光は内部品質によってある特定の波長帯が吸収されているが，

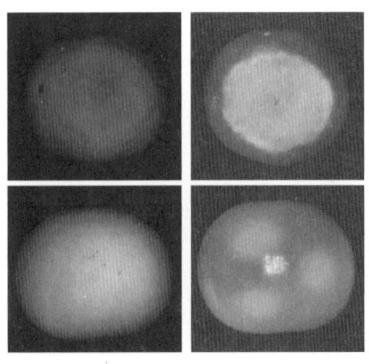

図9.23　種々の果実・野菜の画像

図9.24　腐敗果実（上，イヨカン）と損傷果実（下，ブンタン）の通常画像（左）と蛍光画像（右）

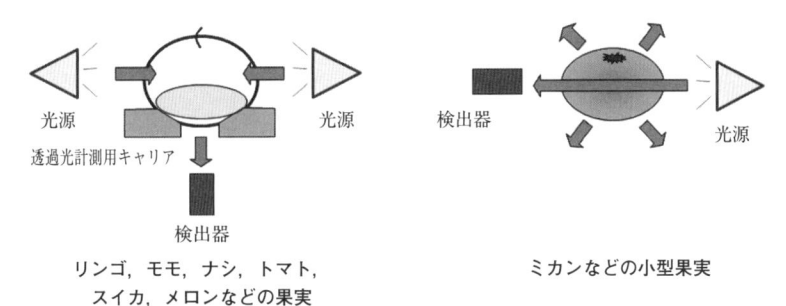

図9.25 近赤外分光法で内部品質を計測する場合の光の照射方法

それは次のような原理による．ショ糖はC—HおよびO—Hの原子団から成り立っており，それぞれ特有の振動数で振動している．その分子振動と共振する光が照射されると，光のエネルギーの一部が吸収され，分子振動は激しくなり，透過光は減衰する．その減衰の程度はエネルギーを吸収する原子団の数，つまりショ糖の濃度に比例する．

具体的な糖度の推定方法は，まず選果シーズンの初めに糖度の高い果実から低いと思われる果実まで多数用意しておき，実際に光を照射し，分光器で透過光のデータを波長ごとに収集する（例えば500～1,000 nm程度を1 nmごと）．同時に，**Brixメータ**などほかの計測器などを用いて，各果実のショ糖あるいは酸などを正確に計測する．分光データと実際の糖度の計測データから多変量解析などにより検量線をつくり，数種類の波長の吸光度と重み係数からなる数式で表現する．未知の糖度の果実に対して分光データを計測すれば，その検量線に基づいて糖度が推定できる．この原理で，果実中のショ糖だけでなく，種々の農産物の内部成分，内部品質を推定することができるが，果実の寸法および温度条件が異なると結果が変わるので，寸法，温度による補正などを行うことが，正確な推定のためには必要である．

(3) X線カメラによる内部品質計測

ミカンなどの選別において，実際の現場ではX線カメラによって果実の内部構造を知ることも行われている．特に浮皮は，輸送中の振動で容易に果皮が損傷し，腐敗の原因となるため，実際の選別結果においては等級を落として仕分けるところが多い．図9.26に実際のX線カメラによるミカンの画像を示す．X線は水を透過しにくいため，水分の多く含まれる部位は濃度値が低くなり，果皮とじょうのうの間の浮皮の部分が観察可能となる．

9.2.3 選果システムとトレーサビリティ

本選別システムでの大きな技術革新は，近赤外分光法による非破壊検査技術と画像処理技術である．これに加えて，PCの高速な処理と大容量のメモリを用いた情報の付加および記録・蓄積が，後に述べる生産者への営農指導や消費者への**トレーサビリティ**につながる技術を生むことになる．

図9.27に7章（図7.45～7.48）で述べた選果ロボットを例にとり，果実の情報の流れを示す．まず，コンテナで選果場に持ち込まれた果実の情報，生産者情報および圃場の情報が荷受時にバーコードリーダなどで取り込まれ，果実は選果ロボ

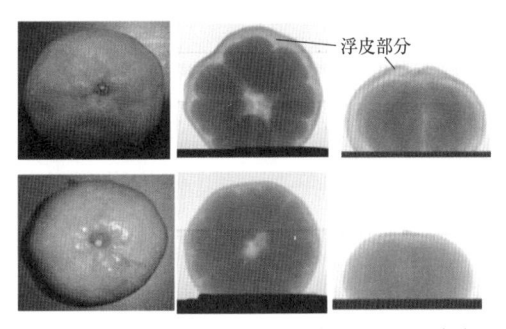

図9.26 温州ミカンの浮皮果実（上）と正常果実（下）

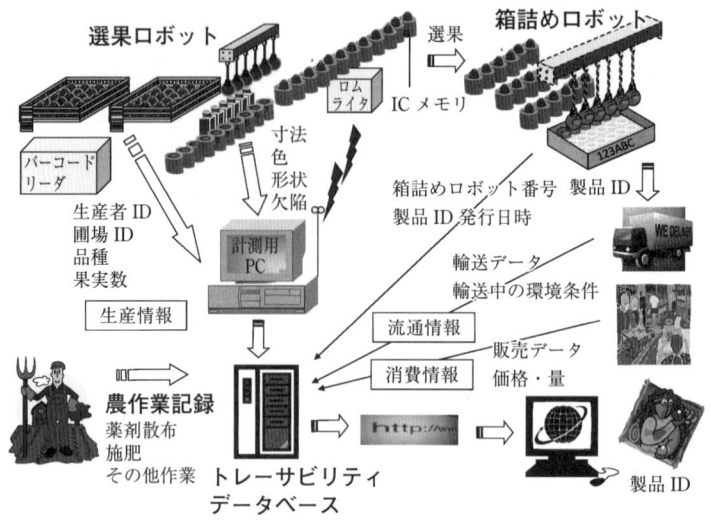

図 9.27 選果ロボットの情報の流れ

ットへ送られる．選果ロボットでは寸法，色，形状，欠陥などの選果情報が計測され，ロムライタによって移送キャリア内の RFID に書き込む．その情報に基づいて果実は仕分けられ，箱詰めロボットへ送られる．箱詰め時にはロボットの番号，箱詰めの日時情報が記録され，製品 ID が発行される．

一方，各生産者の農作業の記録がオペレータによって PC 入力され，トレーサビリティデータベースに蓄積されることもある．この情報も選果情報とともに生産情報として利用されうる．さらに流通における輸送データ，輸送中の環境情報，および小売店での販売情報が入手できれば，それらも生産情報とともにトレーサビリティデータベースで一元的に管理することが可能である．

生産者が記録する情報は種々あり，通常，施肥情報（肥料の種類，量，回数，時期），かん水情報，農薬情報（農薬の種類，量，回数，時期）などがある．それ以外にも耕作地の情報（地形，土質，標高，面積，土壌検査の情報），気象情報（日射量，降水量，気温など）が蓄積されていると，データに基づいた意思決定が可能となる．

これらの情報は消費者が毎回必要とする情報ではないものも多いが，問題が起こったときのリスク管理に役立つ．ウェブサイトを利用したトレーサビリティシステムでは，選果施設で発行された製品 ID をパソコンなどから打ち込むことにより，生産者名，選果日時，選果情報など，種々の生産情報，流通情報などが閲覧できる．

◆章末問題

1. ライスセンターとカントリーエレベーターについて，特にその違いについて説明しなさい．
2. 米の貯蔵中の温度と貯蔵後の品質の関係について説明しなさい．
3. 農産物の選別効果を向上させるにはどのようにすればよいか，述べなさい．
4. わが国で，タンパク質の少ない米の品質（味）がよいとされる理由を説明しなさい．
5. 共同選果施設で果実を検査するためのセンサとして用いられるものを 2 つ挙げ，それらの計測項目を説明しなさい．
6. 共同選果施設での作業を，ミカンを例に順に挙げなさい．
7. 階級および等級とは何か，説明しなさい．
8. 果実のトレーサビリティシステムで閲覧可能な情報について説明しなさい．

◆参考文献

1) Chong, V. K. *et al.* (2008) *Appl. Eng. Agric.*, **24**(6): 877-883.
2) 川村周三ほか (2003) 低温生物工学会誌, **49**(2): 97-102.
3) 川村周三 (2006) 農業技術体系 作物編 2-1 イネ (基本技術編), p.10-19, 追録 28 号, 農山漁村文化協会.
4) 川村周三 (2011) 北海道農業施設, (25): 1-6.
5) 近藤 直ほか (2004) 農業ロボット (I) ―基礎と理論―, コロナ社.
6) 近藤 直ほか (2006) 農業ロボット (II) ―機構と事例―, コロナ社.
7) Kondo, N. *et al.* (2007) *Jour. JSAM*, **69**(1): 68-77.
8) Kurita, M. *et al.* (2009) *Jour. Robot. Mech.*, **21**(4): 533-540.
9) 竹倉憲弘ほか (2003) 農業機械学会誌, **65**(4): 57-64.
10) 竹倉憲弘ほか (2003) 農業機械学会誌, **65**(4): 65-70.
11) 竹倉憲弘ほか (2003) 農業機械学会誌, **65**(5): 40-47.
12) 竹倉憲弘ほか (2003) 農業機械学会誌, **65**(5): 48-54.
13) 横江未央ほか (2005) 農業機械学会誌, **67**(4): 113-120.
14) 横江未央ほか (2005) 農業機械学会誌, **67**(4): 121-125.

第10章
バイオセンサ

10.1 バイオセンサ概論

10.1.1 バイオセンサの構成

私たちの体内では，日々さまざまな生体反応が生じることで生命活動を行っている．例えば酵素と呼ばれる分子は，生物が物質を消化，吸収，代謝，排出するに至るあらゆる過程に関与しており，生体が食物をエネルギーとして利用する過程で重要な役割を担う物質である．この酵素は，ある条件の環境下において特定のタンパク質を識別（**基質特異性**）し，ここで生じるある特定の化学反応に対してのみ触媒として作用（反応特異性）することで，生命維持に必要なさまざまな化学変化に役立っている．一方，生体が外界からの侵入者に対して防御する機能として知られている免疫反応も，体内に侵入してきた抗原を抗体が特異的に識別し，結合することで白血球やマクロファージの働きを促すところから始まる一連の反応である．このように，相手を選択的に識別できる能力をもった生体物質の機能をセンサとして利用した計測装置のことを，バイオセンサと呼んでいる．図10.1にバイオセンサの構成を示す．

検出対象と結合する場所となる分子認識素子として，これまで酵素，抗体，核酸，細胞などさまざまな生体分子が研究されており，これらがフィルタや膜，基板などに固定化されたものが用いられる．検出した信号を電気信号に変換する一般的な**トランスデューサー**の方式と種類は，表10.1に示すものが多い．

一方近年，生物生産や食品開発現場で用いられているE-noseと呼ばれるガスセンサがある．このセンサは半導体を分子識別素子として用いている場合が多く，ガス吸着などによる電気伝導度変化などを計測する．そのため，一般にはバイオセンサとは異なる区分のセンサとみなせる．バイオセンサの基本的な構成要素については先に述べた通りであるが，これらが従来の**クロマトグラフィー**などの化学分析法や，半導体を分子識別素子としたガスセンサなどと異なる点は，生物のもつ特

表10.1 一般的なトランスデューサーの方式と原理

方式	種類
化学—電気	電極，ガスセンサ，pHセンサなど
光—電気	フォトダイオード，CCD，CdSセルなど
温度—電気	サーミスタ，熱電対，焦電素子など
振動—電気	水晶振動子，AFMなど
磁気—電気	渦電流式近接センサ，磁気ヘッドなど

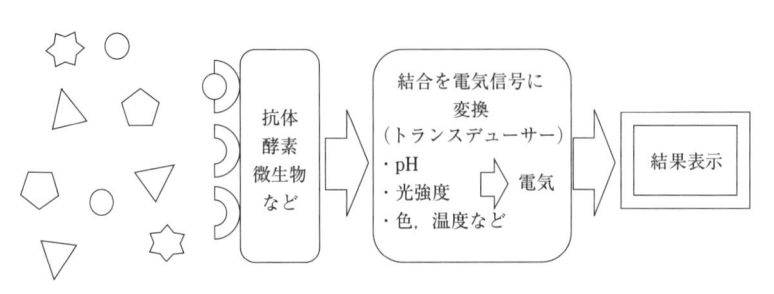

図10.1 バイオセンサの基本構成

異性を利用することで特定の物質のみに応答し，その濃度に比例した電気信号を生み出すことができる点にある．

実際に分子認識素子を作成するには，任意の生体高分子を基板や膜上に固定化する技術や，微細な構造をもつ基板を作成するための MEMS 技術などを必要とする場合がある．センサの各項目の詳細な説明はほかの成書に譲るとして，ここではバイオセンサを扱う上で必要となる生体物質の反応論の基礎知識について解説し，以降の節で具体的なバイオセンサの事例を紹介する．

10.1.2 速度反応論

生化学分野において，酵素の反応論は重要な研究対象である．それは，酵素は選択性が高く，強力な触媒として機能する分子であることから，新薬の発見や化学工業の発展に大きく寄与できると期待されるためである．そのため精製酵素を利用した研究では，古くから濃度などの反応条件と反応速度の関係がミカエリス−メンテン式を用いて研究されている．ここではまず，対象となるタンパク質などの特性を理解する目的で，このミカエリス−メンテン式について概説する[1]．

いま，次のような酵素と基質の反応を考える．酵素 E は，たった 1 種類の基質 S に対してのみ結合し，複合体 ES を経て以下の図のような反応で生成物 P を作り出す．

$$E + S \underset{k_{-1}}{\overset{k_1}{\rightleftarrows}} ES \xrightarrow{k_{cat}} E + P \quad (10.1)$$

ここで，k_1 は右向きの反応の速度定数，k_{-1} は左向きの反応の速度定数，k_{cat} は酵素 1 分子が毎秒処理する基質分子の数に等しい速度定数を表す．さらに，E+P から EP，続いて ES ができる逆反応がほとんど起きないものとして無視すると，(10.1) 式は E+S ⇔ ES と ES → E+P の 2 つの反応過程からできていると考えられる．定常状態を考えると，複合体の濃度 [ES] はほとんど一定なので，ES の解離速度と生成速度は等しくなり，

$$k_{-1}[ES] + k_{cat}[ES] = k_1[E][S] \quad (10.2)$$

と表される．

いま，全体の酵素の濃度を [E_0] とすると，

$$[E] + [ES] = [E_0] \quad (10.3)$$

で表され，(10.2) と (10.3) の連立方程式から，以下の関係を導くことができる．

$$[ES] = \left(\frac{k_1}{k_{-1} + k_{cat}}\right)([E_0] - [ES])[S] \quad (10.4)$$

ここで，定数 K_m を

$$K_m = \frac{k_{-1} + k_{cat}}{k_1} \quad (10.5)$$

とおくと，

$$[ES] = \frac{[E_0][S]}{K_m + [S]} \quad (10.6)$$

この K_m はミカエリス定数と呼ばれ，酵素の基質親和性を表す尺度であり，一般に K_m が小さいほど親和性が高く基質との結合が強いことを示す．

ここで，生成物 P は ES からのみ生成されるので，

$$V = \frac{d[P]}{dt} k_{cat}[ES] \quad (10.7)$$

を代入すると，以下のミカエリス−メンテン式が得られる．

$$V = \frac{k_{cat}[E_0][S]}{K_m + [S]} \quad (10.8)$$

さらに基質の濃度 [S] が十分に高い場合は，酵素が最も効率よく働いている状態であり，複合物 ES は定常状態とみなせる．このときの反応速度は最大値 V_{max} をとり，$V_{max} = k_{cat}[E_0]$ に近づく．そこで，ミカエリス−メンテン式を書き直すと，以下の関係が得られる．

$$V = \frac{V_{max}[S]}{K_m + [S]} \quad (10.9)$$

これらの式は図 10.2 のように表すことができる．S1 の基質の方が S2 よりも酵素に対する反応

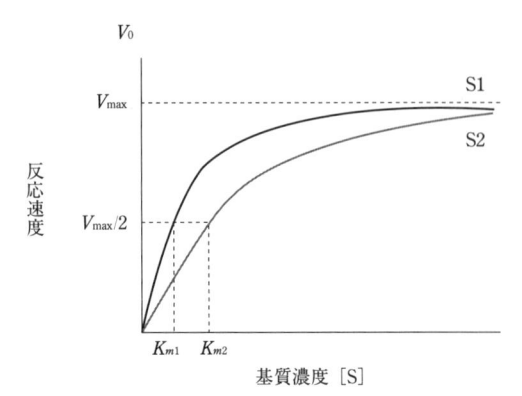

図 10.2 基質濃度と反応速度の関係

性が高いということができ，この図から酵素と基質の親和性を評価する事が可能となる．

このように，K_m と V_{max} は酵素の性質を表す重要な物性値ということができる．これらの値を得るときには，基質濃度の異なるサンプルを用いて，二重逆数プロットから求めることが多い．近年ではバイオセンサを用いることで，これらの値をより簡便に測定できる技術も開発されている．

バイオセンサを利用して目的物質を検出するには，目的物質と結合部位との結合定数（会合定数とも呼ぶ）を考慮に入れておく必要がある．これは，そもそもお互いの物質がもつ結合のしやすさを知っておくことであり，反応に要する時間や夾雑物との影響をふまえて測定結果を理解することに役立つ．

一般に，2種類の分子 A, B が結合し，その複合体 AB が溶液中で平衡状態にあるとき（(10.10)式），それぞれの濃度を [A], [B], [AB] とすると，結合定数 K_A は (10.11) 式で表される．このとき，濃度がかけ合わされているのは，複合体の形成が A と B の衝突頻度（[A]×[B] に比例する）に依存するためである．

$$A + B \rightleftharpoons AB \tag{10.10}$$

$$K_A = \frac{[AB]}{[A][B]} = \frac{1}{K_D} \tag{10.11}$$

解離定数 K_D と結合定数 K_A は逆数の関係にある．つまり，結合定数が大きいと解離定数が小さな値をとり，結合している物質の濃度が高くなることから，強く結合していることを表す．なお，先のミカエリス定数 K_m は，複合体の解離定数 K_D の近似値とみなせるため，ほぼ同じ意味をもつパラメータと考えてよく，ともに2分子間の親和性を表す．

目的の抗原を検出するためのバイオセンサを開発するときに，モノクローナル抗体と呼ばれる単一の抗体分子を作成する場合があるが，これを上記の関係式を用いて評価し，得られた解離定数からセンサの性能を見積もる事が可能である．また，ライフサイエンスや創薬分野においてもこのような抗体評価は頻繁に行われており，10.5 節で紹介する QCM や SPR といったタイプのバイオセンサが活躍している．こういった装置は結合反応の様子を時間変化で観測できるため，反応速度に関するパラメータである結合速度定数 k_{on} と解離速度定数 k_{off} の値を求めることができる．これらの値は，物質 A, B が各 1 M ずつ存在する溶液中で，1秒あたりに生成（もしくは解離）する複合体の数を表すパラメータである．

$$K_A = \frac{k_{on}}{k_{off}} = \frac{1}{K_D} \tag{10.12}$$

10.1.3 生体分子の基本構造と結合

バイオセンサにおいて，選択的に目的物質を検出することは重要な機能である．したがって，バイオセンサを開発する場合，生体分子の物質特異性を理解することが必要となる．多くは生化学の教科書から学ぶことができるが，ここでは抗体を例にとって，その基本構造とセンサとして利用する場合の注意点について説明する．

抗体は，数万〜数十万ものアミノ酸分子で構成されたタンパク質であり，タンパク質のもつ高次構造によってその機能を生み出す．このタンパク質は，熱，pH，圧力などで構造が崩れ機能を失うが，このように特徴的な構造を失うことを**変性**と呼び，DNA のような塩基配列構造をもつ生体高分子でも見られる．

図 10.3 に抗体の基本構造を記す．抗体は 2 種類の長さの 4 つのポリペプチド鎖からなる Y 字型構造をとっており，大きく F_{ab} 部と F_c 部に分けられる．長い鎖を H 鎖と呼び，F_{ab} 部にある短い鎖を L 鎖と呼ぶ．L 鎖の先端を抗原結合部位と呼び，この部分が選択的に抗原を認識する部位となる．

バイオセンサにおいても，変性が生じると検出精度や感度に大きな影響を与えることとなる．したがって，生体高分子が失活することなく，活性を保ったままで動作するようにセンサ基板上に固定化することが重要となる．また，反応液中の物質が非特異的に基板に直接結合することも誤差の要因となる．そのため，ブロッキングと呼ばれる処理を基板に施し，非特異吸着と呼ばれる結合を防ぐ工夫が必要となる．このような処理や洗浄プロセスを理解することで，バイオセンサのみならず，生化学分野で広く用いられている ELISA などの抗原抗体反応を利用した手法にも役に立つ．

よく知られている結合に，アビジンとビオチンの結合がある．アビジンは卵白中に存在する 68 kDa の塩基性糖タンパク質で，4 つのサブユニットからなる．一方，ビオチンは分子量が 244.31 の低分子であり，ビタミンの一種である．ビオチン 1 分子はアビジンのサブユニット 1 つと結合することができる．この結合は極めて強固であることが知られており，解離定数が 10〜15 M

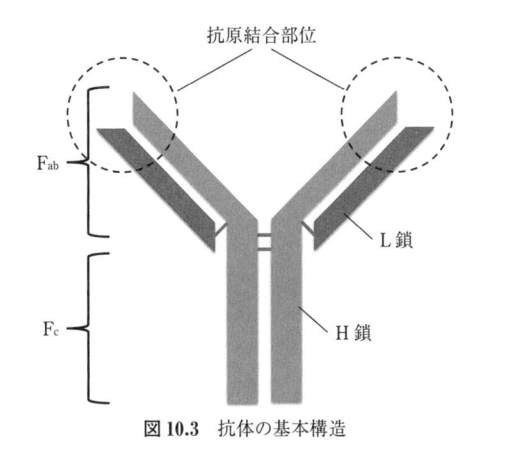

と通常の抗原抗体反応の 100 万倍以上で，実質上不可逆的に結合する．そのため，センサ基板上に目的物質を結合させておくためのリンカーとしても広く用いられている．

これらの酵素やアビジンなどが結合能を有するには，結合中心や活性中心のアミノ酸残基が変化を受けずに立体構造が保たれていることが重要となる．したがって，酵素などを基板に固定化する際には，分子レベルでの配向を考慮に入れるため化学的，物理的に十分制御された環境で行う必要がある．生体高分子の固定化方法については一長一短があるため，使用用途に応じて十分に検討する必要がある．

多種にわたるバイオセンサが研究，実用化されているが，その多くはこれら生化学的な手法を自動化，簡便化したものといえる．そのため，主として工学的な側面をもつバイオセンサと並行し，これらの従来技術を生物学的，化学的視点から学んでほしい．

10.2 味覚センサ

味覚は，臭覚と同様に単一の量ではなく，非常に多種類の化学物質を複合的に受容している感覚であり，生物がもつ高度なバイオセンサといえる．味質は，舌上にある味蕾と呼ばれる花のつぼみ状の感覚器官の中にある，数十個の味細胞で検出される．味細胞で受容される味質は，5 つの基本味（甘味，塩味，うま味，酸味，苦味）に分類され，私たちはこれらの複合的な味を感じることができる（図 10.4）．

酸味は主に水素イオンの生じる味，塩味は塩化ナトリウムなどの金属イオンの呈する味，うま味はグルタミン酸ナトリウムやイノシン酸ナトリウム特有の味，甘味はショ糖などの呈する味，苦味はカフェインなどの植物系アルカロイドの呈する味であり，これらが味細胞で受容されて味を生じる．近年の分子生物学的手法により，1 つの味蕾

図 10.3 抗体の基本構造

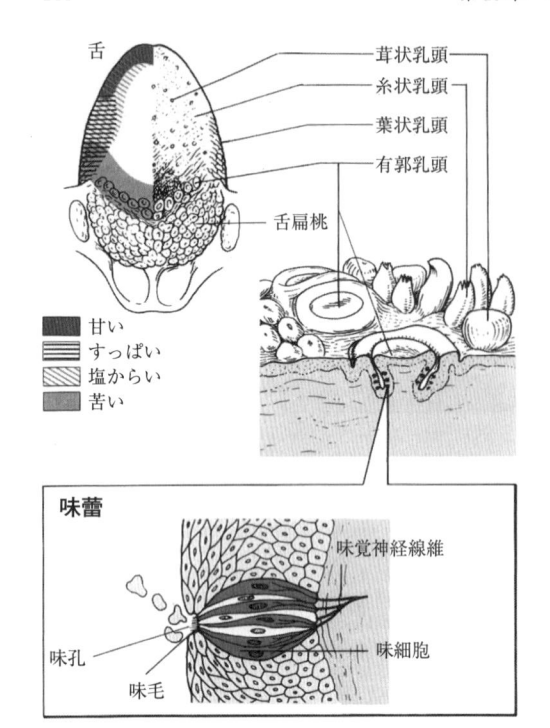

図 10.4 ヒトの舌の構造と味を感じる味蕾
（文献[6]を一部改変）

が単一の味質に応答するわけではなく，1つの味蕾で5つの基本味すべてに対応するという仮説が有力視されている．さらに，味細胞上端の細胞膜上には特定の味質に反応する味覚受容体やイオンチャネルが存在し，基本味を生み出す物質を選択的に認識することで，それぞれの味細胞とつながっている味神経を介して脳にシグナルが送られ，味が認識されると考えられている．

一般に，特定の化学物質を検出する化学センサと呼ばれるセンサは，高選択性と高感度を大きな特徴とする．このようなセンサで味覚をセンシングするには，すべての味物質に対応したものを用意する必要があり，現実的ではない．また味覚センサでは，味を司る物質間の相互作用といった非線形味覚現象を再現する必要がある点が，化学センサと異なる点となる．

ここでは，味覚センサの例として脂質膜を用いた方法を紹介する．図 10.5 に市販されている味覚センサの外観を示す．この脂質膜電極は，脂質/高分子ブレンド膜，KCl 溶液と銀・塩化銀線からなり，特に脂質/高分子ブレンド膜が味物質の受容部分として機能する．本装置は，複数の脂質膜からなる電位出力応答パターンから味を識別するもので，これは味細胞の生体膜が脂質とタンパク質からできていることを模倣している．特性の異なる脂質/高分子膜を用い，脂質膜電極と参照電極間の電位差を計測し，これら複数の出力電圧により構成されるパターンから味を識別する．表 10.2 に，脂質膜電極の脂質の構成例を示す．

例えば酸味物質 HCl の場合，脂質膜電極は負に帯電しているため，水素イオンが膜の親水基に吸着した結果，膜の表面荷電密度が変化する（図 10.6）．その結果，膜と水溶液の界面電位が ΔV_m 分変化し，それが応答電位として計測される．これらの応答電位は各チャネルの脂質膜から計測され，応答パターンとして図 10.7 のように表される．このように，本センサは似た味では似たパターンを示すことから，個々の味物質ではなく味そのものに応答しているといえ，味覚センサとして動作することを示している．

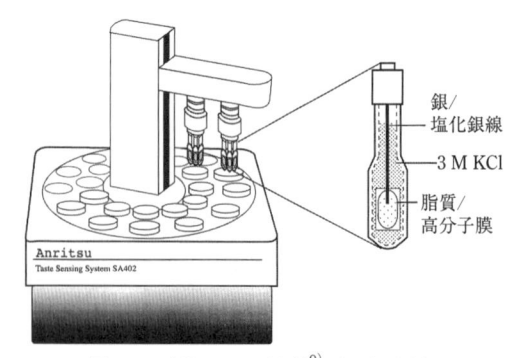

図 10.5 味覚センサ（文献[9]を一部改変）

表 10.2 脂質膜電極の構成[9]

Channel	Lipid (abbreviation)
1	n-Decyl alcohol (DA)
2	Oleic acid (OA)
3	Dioctyl phosphate (Bis (2-ethylhexyl) hydrogen phosphate, DOP)
4	DOP:TOMA=9:1
5	DOP:TOMA=5:5
6	DOP:TOMA=3:7
7	Trioctyl methyl ammonium chloride (TOMA)
8	Oleyl amine (OAm)

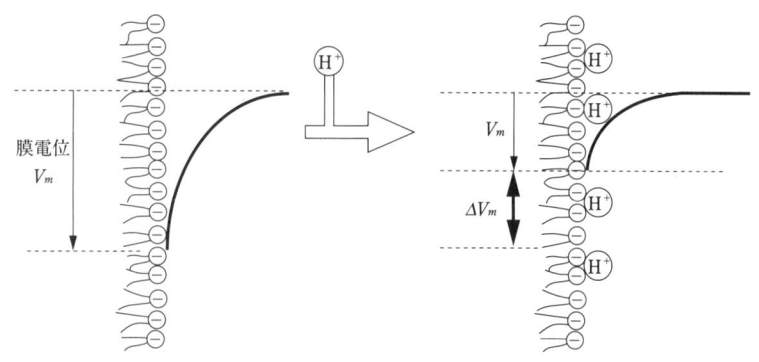

図10.6 膜に水素イオンが吸着した場合の表面荷電密度変化の様子

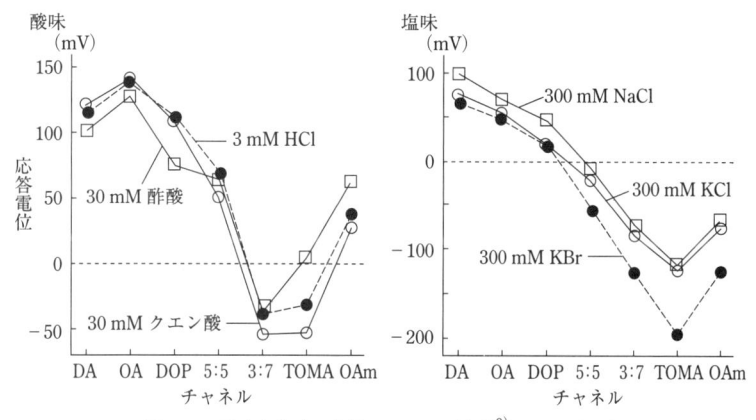

図10.7 酸味と塩味の応答パターン（文献[9]を一部改変）

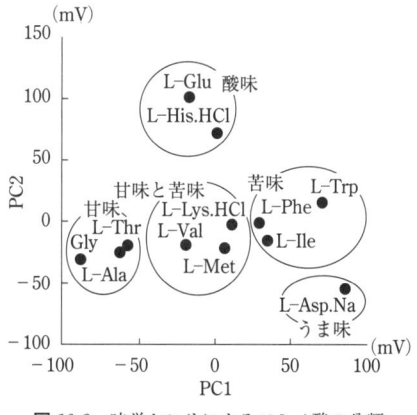

図10.8 味覚センサによるアミノ酸の分類（文献[9]を一部改変）

図10.8に，アミノ酸に対するセンサ応答に主成分分析を行った結果を示す．第一主成分（PC1）において甘味，苦味，甘味と苦味を表すアミノ酸の味が識別できており，第二主成分（PC2）方向では酸味とうま味が識別できている．

本センサでは単に目的の化学物質を検出するのではなく，それぞれのバイオセンサが基本味を計測し，統計的解析手法を組み合わせることで総合的に味を判断できる．このようなヒトの感覚に近い識別が可能なセンサは，食品検査や清酒の味評価などで活躍しており，今後は食品開発でも広く用いられる技術になると期待される．

10.3 鮮度センサ

魚介類の鮮度は，消費者にとって関心のある情報である．しかし，鮮度とは何を意味するのであろうか？ 例えば魚は死後，死後硬直→解硬→軟化→腐敗というように進行する（図10.9）．

一般に魚介類の品質を表す指標には，K値，トリメチルアミン（TMA），細菌数などのパラメータが用いられている．魚は，筋肉中に運動エネルギー源としてATP（アデノシン三リン酸）をもっている．魚が死ぬと血液が細胞に送られなくな

るため ATP の合成が止まり，ATP はアデノシン二リン酸（ADP），アデノシン一リン酸（AMP）へと速やかに分解され，さらに AMP はイノシン酸（IMP），イノシン（HxR），ヒポキサンチン（Hx）を経て，尿酸へと分解される．これら ATP 関連化合物の総量は魚体内でほぼ一定であり，死後硬直が終わる頃までに ATP は IMP，HxR，Hx に分解される．K 値はこの ATP 分解物の程度を表すもので，図 10.9 に示す死後変化のうち，死後硬直の過程での鮮度を表す指標となる．

一方，腐敗の程度の評価については，魚についている細菌数や腐敗産物の TMA を指標とする．つまり，K 値と TMA は鮮度の指標として全く異なるもので，K 値は「活きのよさ」を，TMA や細菌数は「初期腐敗の程度」を示す．

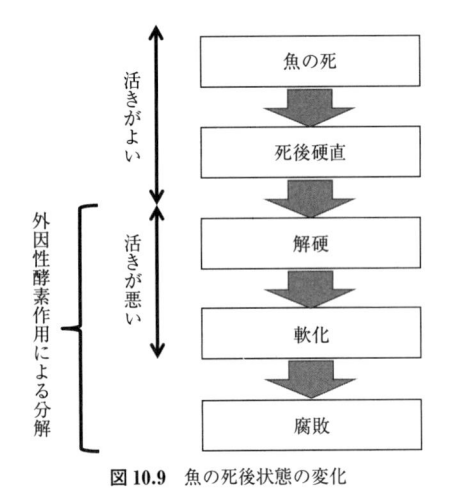

$$K 値(\%) = \frac{[HxR]+[Hx]}{[ATP]+[AMP]+[IMP]+[HxR]+[Hx]} \times 100 \quad (10.13)$$

上式で表される K 値は，低い値ほど鮮度がよいことを表し，即殺魚では 10％以下，刺身用には 20％以下，調理加工向けには 20〜60％が推奨されている．この値は高速液体クロマトグラフィー（HPLC）で測定できるものの，測定には時間を要するため，鮮度評価には迅速な検査手法が望まれていた．そこで，ATP 関連物質の動態について詳細に調査したところ，死後 5〜20 時間程度で解硬が終了し，魚肉中に ATP, ADP, AMP があまり存在しなくなることから，新たな指標として K_I 値が提案されている．

$$K_I 値(\%) = \frac{[HxR]+[Hx]}{[IMP]+[HxR]+[Hx]} \times 100 \quad (10.14)$$

図 10.10 に，K_I 値を求めるために必要な 4 成分を同時に分析できるバイオセンサの装置図を示す．この装置は，酵素を利用した IMP センサ，HxR センサ，Hx センサと参照用センサからなり，これらは多極型フローセルに組み込まれている．本センサは，以下のような酵素反応を基本としている．

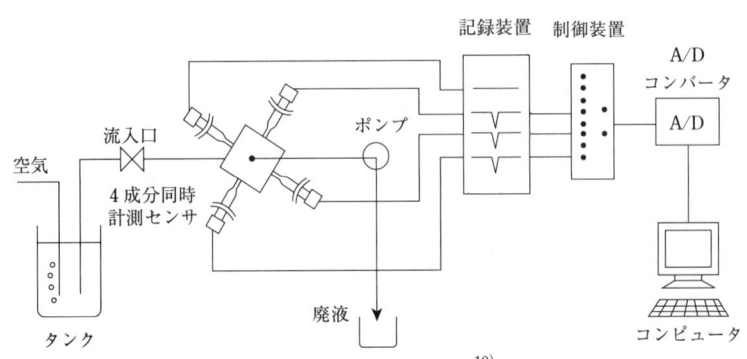

図 10.9 魚の死後状態の変化

図 10.10 K_I 値を測定する装置図（文献[10]を一部改変）

```
         5'-ヌクレオチダーゼ      ヌクレオシドホスホリラーゼ
IMP ─────────────→ HxR ──────────────────→ Hx
         キサンチンオキシダーゼ
                 ─────────────→ 尿酸
```

各 IMP，HxR，Hx の量は，最後に消費される酸素量を酸素電極で測定する電流値の減少として求められる．この装置で得られた各センサの電流値変化を図 10.11 に示す．図中(a)は酸素電極，(b)，(c)，(d)は順に Hx，HxR，IMP センサからの出力を表し，矢印は魚肉の過塩素酸抽出処理済みの試料を注入した時間を示す．測定値を用い，(10.14) 式から見かけの鮮度指数 K_I を求めることができる．この鮮度指数は，アジ，マグロ，タイ，サバなど種々の魚肉を試料として測定し，いずれも従来法である液体クロマトグラフィーで測定した結果とよく一致することが確認されている．この手法ならば，1 検体あたり 5 分以内で測定可能である．

さらに最近では，これらの酵素と発光反応を結び付け，最終的に過酸化水素とルミノール，ペルオキダーゼ系の発光に導くタイプの鮮度センサも報告されており，10 秒程度で魚肉の鮮度を求めることができる．用いられる酵素は西洋ワサビ由来のペルオキシダーゼ（HRP）であり，ルミノールの化学発光反応系として，酵素免疫測定法における HPR 標識の検出で知られている．ルミノールは 430 nm 付近をピークとする化学発光を生じるため，フォトダイオードで高感度に計測する事が可能である．

10.4 微生物センサ

現在，多くのバイオセンサの分子認識素子には分子認識能に優れた酵素が用いられている．しかし，酵素は不安定であったり高価だったりするため，微生物を分子認識素子に組み入れたセンサが開発されている．これらは微生物センサと呼ばれ，分子認識素子部はニトロセルロースなどの膜上に微生物を吸着固定したものや，寒天やコラーゲンなどの高分子中に包括固定したものからなる．これらの変化は，図 10.12 のように電極などによって電気信号に変換され，その測定原理から呼吸活性測定型と電極活物質測定型に大別される．

微生物は好気性と嫌気性に大別され，前者は生育に酸素が必要であり，後者は酸素が不要な微生物である．好気性微生物の場合，栄養源となる有

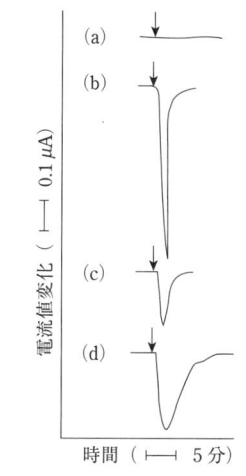

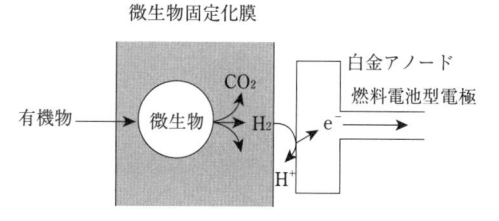

図 10.11 各センサの電流値変化

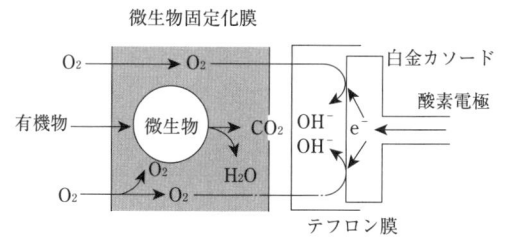

図 10.12 微生物センサの分子認識素子（文献[3]を一部改変）

機物を摂取すると呼吸が盛んになる．そのため，微生物を固定化した膜にガス透過性膜（テフロン）と酸素電極で構成された酸素センサを取り付けることで，微生物の呼吸量を電気信号として検出できる．つまり，検出目的の有機物を資化する微生物近傍の酸素濃度が減少し，その変化を酸素電極の電流値の差として測定すると，有機物の有無や量の検出が可能なセンサとして用いることができる．

逆に，微生物が代謝生成するアルコール，アミノ酸，水素，二酸化炭素といった電極活物質を計測する手法もあり，電極活物質測定型微生物センサと呼ばれる．例えば，糖類やタンパク質などを資化して水素を生成する水素産生菌を微生物固定化膜（高分子ゲル膜中）に固定化し，電極のアノード上に装着する．これを検出目的の有機化合物が含有する溶液中に挿入すると，有機化合物がゲル膜中の水素産生菌に資化されて水素が生成する．得られる電流値は拡散してきた水素量に比例し，この電極活性物質である水素の生成量は試料溶液中の有機化合物濃度に比例するため，測定対象の有機化合物濃度を電流値として計測することが可能となる．

この種のバイオセンサの利用例として，水質汚濁の評価が挙げられる．水質汚濁の1つの指標に**生物化学的酸素要求量**（BOD）があるが，これは有機物の酸化分解のために微生物が必要とする酸素の量から水中の有機物量を評価する方法で，日本工業規格に定められている．これまで，作業工程中に5日間の培養作業が必要なため，結果を出すまでに時間を要する問題があった．しかし微生物センサにより，センサプローブ内の微生物が検体中の有機物を分解する過程で変化する酸素量を溶存酸素電極で検出することによって，短時間にBODを評価できるようになった．

10.5 分子間相互作用計測

食品には，栄養素としての働き（一次機能）や，ヒトの感覚（嗜好）に訴える働き（二次機能）が知られており，数多くの研究が積み上げられてきた．しかし第1章で述べたように，近年食品に含まれる成分に三次機能としての生体調整機能が見出され，機能性成分として注目されている．一方，農産物にもこれら機能性成分が含まれていることが知られており，例えばトマトに含まれるリコピンやブルーベリーに含まれるアントシアニンなどは，抗酸化作用や眼精疲労などへの効能が報告されている．

このような機能性成分が含まれる食品群は，疾病リスク低減や効能が医学的に証明されれば，厚生労働大臣から「健康に対してどのような効果をもつか」の表示を許可され，特定保健用食品としての価値を付与して販売することが可能となる．特定保健用食品の認可には，関与成分の疾病リスク低減効果が医学的・栄養学的に確立されていること，安全性が長期にわたって保証されていることの2点が必要である．これらの効能の証明には，主に細胞を用いた遺伝子の発現確認や動物への投与試験などが行われている．

一方，新規の機能性素材を探索する取り組みも行われている．このような試験の方法には，機能性物質と生体との関わりを調べる必要があることから，古くから酵素などを用いた免疫学的な方法で研究が行われていた．しかし，相互作用を検出するために標識物質を必要とすることから，近年では非標識で分子間相互作用を計測できる技術が目覚ましい発展を遂げている．食品成分の分析のみならず，薬理効果のある物質の探索や創薬開発段階での評価技術に導入されるなど，今後はますます生物生産現場で重要な技術になっていくだろう．ここではその代表的な技術として，水晶発振子マイクロバランスセンサと表面プラズモン共鳴

センサについて紹介する．

10.5.1 水晶発振子マイクロバランスセンサ

水晶は圧電体の一種であり，薄い結晶の両側に電極を蒸着して電界を加えると変形を生じる．この特性を利用して交流電界を印加すると，一定の周期の振動子として利用でき，高い周波数精度をもつことからエレクトロニクスデバイスとしてさまざまな分野で用いられている．

水晶発振子マイクロバランス（QCM）は，この振動子上の質量変化に応じて変化する振動周波数から分子を検出するセンサ素子である（図10.13）．この周波数変化量と質量変化との関係については，1959年にSauerbreyにより次のような比例関係が見出されており，通常では温度特性を考慮したAT cut型の水晶振動子が用いられることが多い．

$$-\frac{\Delta F}{F_0} = \frac{\Delta m}{\rho A d} \tag{10.15}$$

ここで，ΔF は周波数の変化量，F_0 はセンサの基本周波数，ρ は水晶の密度，A は振動子の電極面積，d は水晶厚さ，Δm は電極上の物質の質量である．この式から，9 MHzで基本発振する水晶振動子に1 ngの物質が付着すると，約1 Hz周波数が低くなる．つまり，電極上にホストとなる分子を固定化すると，ナノグラムオーダーのゲスト分子の結合を周波数変化としてリアルタイムで計測する事が可能となる．このセンサは，水中，気相でも測定可能であり，さまざまな利用法が報告されている[2]．

図10.14に，QCM上のホスト分子にゲスト分子が結合した際に得られるセンサグラムから解離定数 K_D を求める方法の一例を示す．QCMでは，結合したゲスト分子の量を周波数変化量とみなせることから，解離定数を求めるには大きく2つの方法がある．1つは，ゲストサンプルを添加し平衡状態になった段階でさらにゲストサンプルを添加し，各ゲスト分子濃度における平衡吸着量を求める方法であり，もう1つは，各ゲスト分子の濃度でゲストサンプルを添加して独立の実験を行う方法である．ともに平衡状態での吸着量を求めることができるため，原理的には同じ結果が得られる．いずれの方法でも，濃度が高くなるにつれ一定の値に近づくLangmuir型の飽和プロットになる．この得られたプロットから，非線形回帰計算により曲線フィッティングを行うことで，最適な ΔF_{max} と解離定数が得られる．また，異なる濃度で独立の実験を行う方法では，反応速度に関するパラメータである結合速度定数 k_{on} と解離速度定数 k_{off} が得られ，(10.12)式を用いて解離定数を

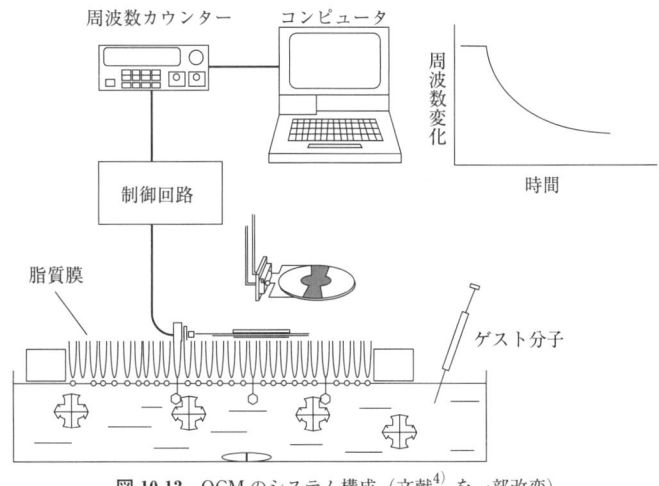

図10.13 QCMのシステム構成（文献[4]を一部改変）

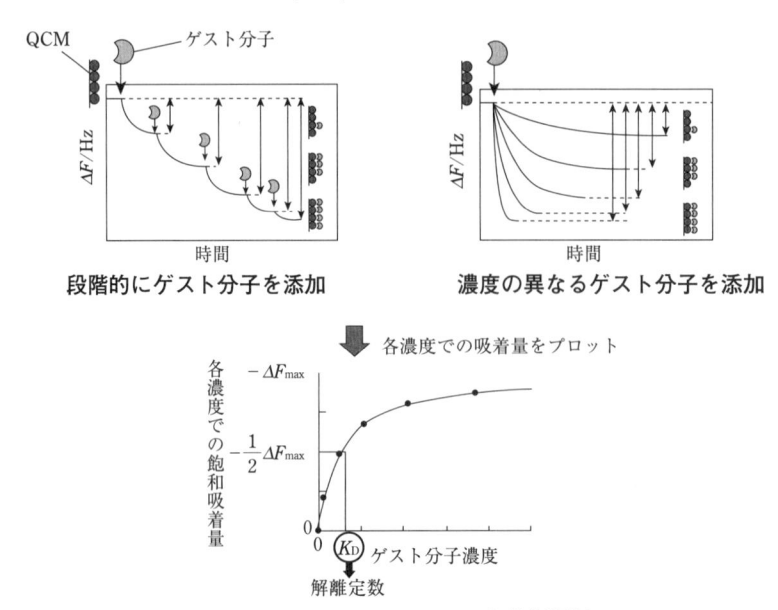

図10.14 QCMセンサグラムからの解離定数導出

求めることも可能である．

10.5.2 表面プラズモン共鳴センサ

金属表面に光が入射すると，光の電場によって金属内に量子化された自由電子の集団運動が励起される．この運動を表面プラズモンと呼び，表面プラズモンと光の結合した波を表面プラズモンポラリトン（SPP）と呼ぶ．通常，自由空間を伝搬する光と表面プラズモンが結合するには，ある条件を満たす必要がある．この条件に関する詳細な解説は専門書[5]に委ねるとして，ここではセンサの構成をもとに動作原理について説明する[7]．

図10.15のようなバイオセンサでは，抗体などのゲスト分子が流路を通り，厚さ数十 nm の金薄膜上に固定化されたホスト分子に結合する様子を，反射光の変化で計測する構成となっている．ある角度で入射した光と金薄膜上のSPPが結合し，共鳴現象を生じる．この現象を表面プラズモン共鳴（SPR）と呼ぶ．このセンサは，SPRを満たす角度条件が，金薄膜上の屈折率に応じて変化することを利用している．つまり，固定化されたホスト分子に対してゲスト分子が結合すると，金薄膜上部の微小領域で複合体が形成され，屈折率が変化する．この屈折率変化によって変化するSPRを満たす角度（共鳴角）を時間変化とともに計測し，センサグラムを得る．

図10.16にSPRセンサのセンサグラムを示す．今，ホスト分子と溶液のみの場合の共鳴角を θ_1 とし，ゲスト分子の結合によって θ_2 に変化したとする．この推移はゲスト分子の結合数（質量）によって変化するため，共鳴角は時間とともに変化する．一般にタンパク質の場合，1 mm^2 あたり 1 ng の物質が結合すると，0.1 度共鳴角が変化する．

本バイオセンサは，反応速度論的解析を用いることで2分子間の解離定数を導出することが可能である．そのため，医薬品開発などですでに多く

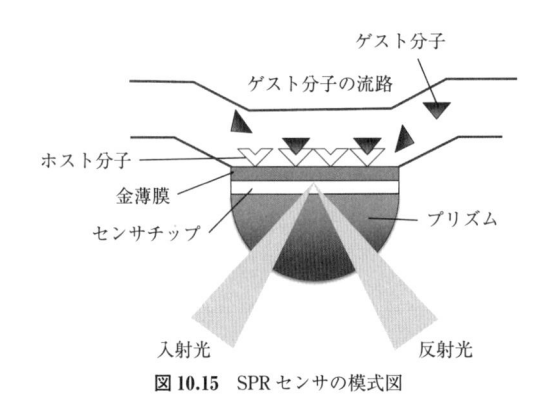

図10.15 SPRセンサの模式図

図 10.16 SPR センサのセンサグラム

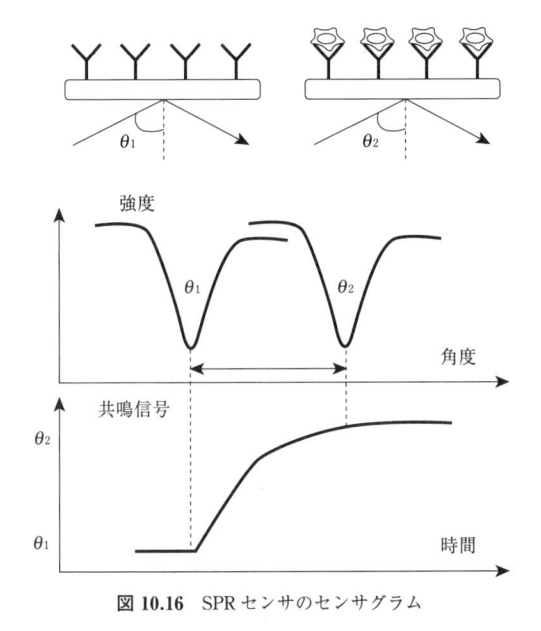

の実績を上げているが，農産物内に含まれる機能性物質の探索やプロバイオティクスへの応用など，今後農業・食品開発分野においても応用頻度が高くなることが見込まれる技術であるといえる．

◆章末問題

1. バイオセンサと半導体（ガス）センサの違いを説明しなさい．

2. 味覚を計測する場合に，特定の物質を検出する化学センサを用いることが困難な理由を説明しなさい．

3. 微生物センサのうち，呼吸活性測定型と電極活物質測定型についてそれぞれ説明しなさい．

◆参考文献

1) Alberts, B. 著，中村桂子・松原謙一監訳（2004）細胞の分子生物学 第4版, p.164, ニュートンプレス．
2) Cooper, M. A. and Singleton, V. T.（2007）*J. Mol. Recognit.*, **20**: 154-184.
3) 軽部征夫（1982）膜, **7**(6): 332-340.
4) 岡畑恵雄・古澤宏幸（2004）表面科学, **25**(3): 131-138.
5) 岡本隆之・梶川浩太郎（2010）プラズモニクス―基礎と応用, p.41-44, 講談社サイエンティフィク．
6) 境 章（2000）新訂 目でみるからだのメカニズム，医学書院．
7) Shankaran, D. R. *et al.*（2007）*Sensors and Actuators, B*, **121**(1): 158-177.
8) 都甲 潔（1995）日本化学会誌，(5): 334-342.
9) Toko, K.（2000）*Sensors and Actuators, B*, **64**: 205-215.
10) Watanabe, E. *et al.*（1986）*Bull. Japan. Soc. Sci. Fish.*, **52**(3): 489-495.

付　　　録

　農業現場で使う単位，および今でも使われている古い単位を中心に列記する．

1. 面積の単位

　1町が約1 ha，1反が約10 aで置き換えられることより，SI単位への移行は比較的スムーズに進んだ．しかし，それらはほぼ同じ面積であるため，現場では今でも町，反，畝，さらには坪も使うことがある．

町（ちょう）：　120 haが121町と定められていることより，1町は正確には0.9917 ha（9,917 m^2）となる．もともと長さの単位に町が用いられ，1辺が1町（約109 m）の正方形の面積を1町と呼んだ．町歩とも呼ぶ．3,000坪，10反にあたる．

反（たん）：　1町の1/10の面積，991.7 m^2，10畝，300坪．

畝（せ）：　1反の1/10の面積，99.17 m^2，30坪．

坪（つぼ）：　1畝の1/30の面積，1間×1間（畳2枚分），3.3 m^2，歩とも呼ぶ．

2. 体積の単位

　過去には米は「俵」単位で流通していたが，現在は「袋」単位で流通している．玄米の場合，1袋は30 kgになる（図A）．以前は2斗を1袋に詰めていたが，近年は袋詰めを質量で行うため，体積というより質量の単位としての利用に近い．俵も60 kgと換算されることが多い．

　炊飯器，日本酒の単位は今でも合，升を用いるのが一般的である．また，近年まで1斗の容積をもつ直方体のブリキ缶が燃料などに用いられ，現在では家庭でもポリタンクがその1斗缶の代わりに灯油を運搬する容器として使われている（図B）．

石（こく）：　約180 l（180.39 l），10斗，ドラム缶の容積（図A）．

俵（ひょう）：　約72 l，2袋，4斗．

袋（たい，ふくろ）：　約36 l，2斗．米の流通は袋で行われることが多い（図A）．

斗（と）：　約18 l，10升（図A，B）．

升（しょう）：　約1.8 l，10合（図A，C）．

合（ごう）：　約180 ml，10勺（図C）．

図A　ドラム缶（1石，10斗），1袋（米，2斗），1斗枡（10升），1升瓶（10合）

図B　1斗缶とポリタンク（18 l）

付　録

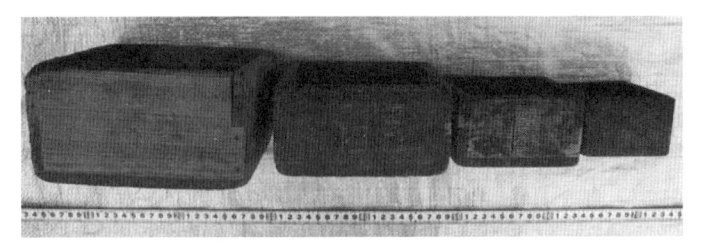

図C 1升枡，5合枡，2合5勺枡，1合枡

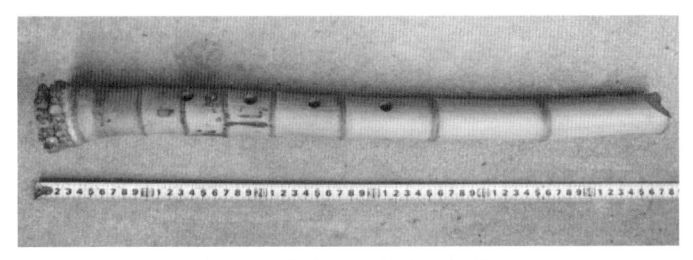

図D 尺八（54 cm の長さの楽器）

図E 寸単位の金尺（下，1寸が約3 cm）

勺（しゃく）：　約 18 ml，10 才．小さな種の計量をしていた．
才（さい）：　約 1.8 ml．

3. 長さの単位

一般に，畳は長さが1間（6尺），幅が3尺でつくられる．用材（木材）の長さは丈で表した．また，「一里塚」，「巻尺」，「寸分たがわぬ」，「一寸法師」という言葉などに名残がある．「尺八」という楽器（図D）は，1尺8寸の長さであったことより名前がついたという．

里（り）：　約 4 km（3.927 km），36町，12,960尺．
町（ちょう）：　約 109 m，360尺，60間．
丈（じょう）：　約 3.03 m，10尺．
間（けん）：　約 1.818 m，6尺．
尺（しゃく）：　約 30.3 cm，10/33 m，10寸．

寸（すん）：　約 3.03 cm，10分（図E）．
分（ぶ）：　約 3.03 mm．

4. 質量の単位

現在ではほとんど使われていないが，主に以下のような単位があった．図Fに示されるような

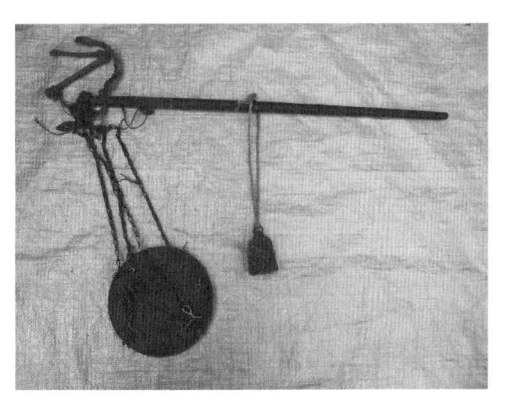

図F 天秤ばかりと2貫の重り

天秤ばかりを用いて計測し，種々の重りがあった（図G）．

貫（かん）： 3.75 kg，1,000 匁．

斤（きん）： 0.6 kg，160 匁．

匁（もんめ）： 3.75 g，文目とも書く．図Hのように3 kgが800匁にあたる．

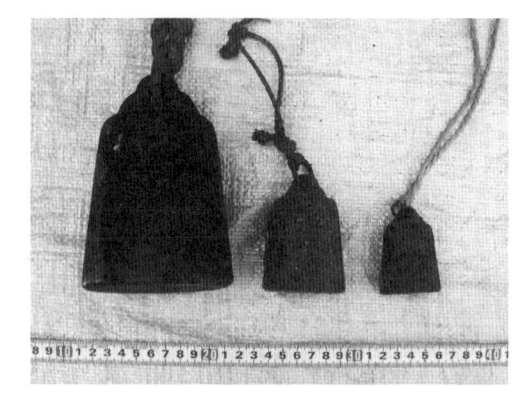

図G 25貫，5貫，2貫の重り

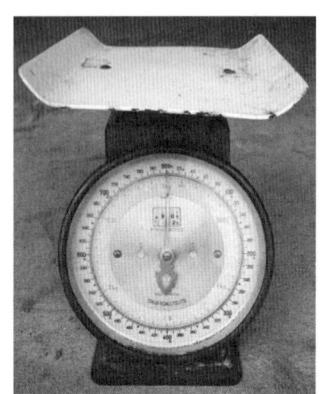

図H 800匁の台ばかりとその目盛

重要用語解説

第1章

経営耕地（operating cultivated land）：農家が経営する田，畑（果樹，桑，茶などの樹園地を含む），および借りている耕地を合計した耕地のこと．ただし，農家が貸している耕地や耕作放棄地は除く．

労働生産性（labor productivity）：単位時間に投入した労働力に対して，どれだけの付加価値を生み出したかを示す尺度のこと．具体的には，生産量を労働力（作業者数）で割った値として計算することができる．

内燃機関（internal combustion engine）：内部で燃料を燃焼させ，熱エネルギーを機械的なエネルギーに変換して動力を取り出す機械のこと．農業分野では，トラクタ，田植機，コンバインなどの主な農業機械の動力源として搭載されている．

灌漑・排水（irrigation/drainage）：さまざまな施設や機器を用いて，農地に水を人工的に供給し，また水はけをよくするために農地外に排出することを指す．これらによって農地における水管理を行う．

予措（pre-treatment）：作業を行う前に「予め行っておく措置」のことをいい，稲作用種子であれば，塩水選，種子消毒，浸種，催芽の一連の措置を指す．また果実予措は，収穫した果実を貯蔵あるいは輸送する前に，果皮における呼吸量を抑制するため，あらかじめ果皮を少し乾燥させておく措置のことを指す．

安全フレーム・安全キャブ（safety frame/safety cab）：トラクタが転倒した際，運転者の保護に必要な安全空間を確保するため，十分な寸法と強度を有している構造物のこと．安全フレームは十分な強度が保証された鉄製の枠で，2柱式と4柱式がある．

第2章

一次エネルギー（primary energy）：自然界に存在しているエネルギーを指す．

バイオマス（biomass）：本来は特定の地域に生息する生物の総量を指すが，最近では生物由来の物質そのものや現存量を表すことが多い．

ノッキング（knocking）：エンジンの点火時期が早すぎたり，圧縮比が高すぎたりする場合に，エンジンから金属性の音や振動が発生する現象．

カム軸（camshaft）：吸気弁と排気弁の開閉時期を決めるカムを回転させるための軸．4サイクル機関では，4行程で1回カム軸が回転するので，クランク軸の回転数の1/2で駆動される．

上死点・下死点（top dead center/bottom dead center）：上死点（TDC）は，エンジンのシリンダ内でピストンが最も高くなる位置のこと．このときシリンダ内体積は最小となる．逆に，ピストンが最も低くなる位置を下死点（BDC）といい，シリンダ内体積は最大となる．

アラゴの円盤（Arago's rotations）：フランソワ・アラゴが1824年に発見した現象で，円盤を回転させると円盤回転軸上の離れたところに吊るされた磁針が円盤の回転につられて回るというもの．アラゴの回転とも呼ばれる．三相誘導電動機の場合は，固定子の磁界を動かすと回転子がつられて磁界の移動方向に回転する．

空燃比（air-fuel ratio, AFR）：内燃機関における混合気中の空気質量と燃料質量の比．ガソリンの場合，燃料と空気中の酸素が過不足なく反応するときの理論空燃比は $14.7:1$ である．AFRの値により排気ガス中に含まれる燃焼生成物の組成が変化する．

第3章

直播栽培（direct sowing culture）：育苗作業を省略し，直接水田に種籾を播いて栽培する方法．代かきを行わない乾田直播と代かき後に播種する湛水直播に分類される．トラクタに専用の播種機を装着する場合が多い．乾田直播では播種する部分だけを

耕うんしながら播種する機械が，湛水直播では代かきをしながら播種する機械などが開発されている．専用の湛水直播機もある．出芽の不揃いや雑草対策，鳥害，収穫前の倒伏などの問題を克服するために各種手法が研究開発されている．

差動装置（differential）： 変速装置出力軸の回転を車軸方向に変換するための装置．デフあるいはデフギアともいう．車両が旋回するとき，旋回円の内側車輪と外側車輪で旋回中心からの距離に対応した回転数差を機械的に実現するもの．

ラグ（lug）： タイヤが路面と接するトレッド部のラグ形パターンにおける凸状突起部を特にラグと称する．トラクタの駆動用タイヤでは，けん引力を発揮するために，前から見て逆ハの字形の特徴的なパターンをもつ（図3.9(a)参照）．

耕盤（plough pan）： 水田の土壌は地表面から作土，耕盤，心土に分かれている．作土は毎年耕うんされる部分である．耕盤はその下に位置する耕うんされない部分で，農業機械によって踏み固められた層である．水田の透水性に影響を与える．

枕地（headland）： 圃場の両端において農業機械が旋回するために必要な部分．枕地における田植えなどの作業は，その圃場における作業の最後に行われる．

静油圧トランスミッション（hydrostatic transmission, HST）： 油圧ポンプと油圧モータを一体にした動力伝達装置で，油の流量を無段階に調節することで回転速度も無段階に変えられる．

転がり半径（rolling radius）： 着目するタイヤが自由に回転できるように走行系を中立位置にしたトラクタを別の車両でけん引したとき，そのタイヤ1回転で進む距離を2πで除して求めた値．タイヤたわみの影響が含まれている．

第4章

工芸作物（industrial crop）： 加工の原料として生産される作物の総称であり，テンサイ，サトウキビ，大豆，コンニャク，タバコなどである．また，デンプン原料となる芋類やトウモロコシなども含まれる．

不耕起栽培（no-till farming, direct planting）： 畑を耕起しない，または水田を代かきしないで作物を直接播種して栽培する方法．雑草の制御や収量低下などが問題となるが，省力化と環境保全が最大の特徴であり，北米や南米などの大規模農業で拡大している．

真空播種機（pneumatic seeder）： 種子の形状に合わせた大きさに開けた吸引孔を円板に配置し，その円板を負圧にして種子を吸着して播種する機構の精密播種機である．正常な種子1粒を確実に吸着して播種でき，また欠株が少ないなどの長所がある．

ポジティブリスト制度（positive list system for agricultural chemical residues in foods）： 農薬などが残留している食品の流通や販売を禁止する制度であり，その残量農薬基準値が明示されている．違反した場合，その食品の回収を含めた流通の禁止，懲役または罰金刑が課せられる．

ドリフト（spray drift）： 農薬が目的以外に散布されることであり，特に自然風の影響によって漂流飛散することをいう．

直流コンバイン（tangential flow combine）： 回転するこぎ胴に対して接線方向へ作物が通過する脱穀部をもつコンバインを指す．普通コンバインのことである．

軸流コンバイン（axial flow combine）： こぎ胴の回転軸方向に作物が脱穀されながら，通過する脱穀部をもつコンバインを指す．自脱コンバインも軸流コンバインに分類される．

第5章

粗飼料（roughage）： 家畜に給餌する牧草やわら類，青刈り作物など，繊維含量が高い飼料の総称である．特に，反芻家畜にとって必要不可欠な飼料である．

アルファルファ（alfalfa）： 和名はムラサキウマゴヤシであり，タンパク質やミネラル含量が非常に高いマメ科の多年生植物で，ルーサンとも呼ばれる．また，栄養補助食品としても利用されている．

ヘイキューブ（hay cube）： 牧草を貯蔵運搬するために細断して人工乾燥させ，キューブやペレット状に圧縮成型した乾草であり，その成型機をヘイキューバと呼ぶ．

TDN（total digestible nutrients）： 飼料の有効エネルギー量を示す単位の1つで可消化養分総量という．タンパク質，粗脂肪など飼料成分と消化率から求める．

強制換気（forced ventilation）： 換気扇など機械を使用して畜舎内の空気を外気と入れ替えること．これに対して，自然換気では風や畜舎内外の温度差を利用して換気を行う．

搾乳ユニット搬送装置（automatic transport equipment for milking unit）： つなぎ飼い牛舎において，ガイドレールとモータ駆動の自動搬送装置により，搾乳ユニット2台を一組としてパイプラインへの着脱，移動を自動化したもの．

牛房（pen）： 冊やフェンスなどで囲まれた家畜を収容する空間，小部屋．

ライナスリップ（liner slip）： 装着していたティートカップと乳頭の間から空気が入ること．

クラウドゲート（crowd gate）： 搾乳のための待機場所や待機場から搾乳室に乳牛を追い込む移動冊．

自動離脱装置（automatic cluster removal）： 搾乳中の乳流出量が設定値以下になったときに，搾乳真空圧を遮断して空気シリンダでユニットを引き外す装置．

トリゴン（trigone）： 作業ピットを中心にパーラのストール列を三角形に配置したタイプのこと．さらに4列にして菱形に配置したものをポリゴンタイプと呼ぶ．

ポストディッピング（postdipping）： 搾乳後の乳頭に対して主にヨウ素系の薬剤を浸漬あるいは噴霧して消毒すること．

第6章

マッピング（mapping）： 土壌の特性値，作物の生育状態，収量などの測定値を位置情報と組み合わせて，地図上に等高線図やメッシュ（格子状）図として表すこと．

生育診断（growth diagnosis）： 草丈，葉面積，葉色，窒素含有量などの測定値をもとに作物の生育状態の良否を判断すること．

マルチスペクトルカメラ（multispectral camera）： 2つ以上の波長の光を受光して2次元画像を撮影できるカメラを指す．カラーカメラは赤，緑，青の3波長の光を撮影できるマルチスペクトルカメラの一種．通常は近赤外，赤，緑を測定できるカメラを指す．

ハイパースペクトルカメラ（hyperspectral camera）： 多波長の光を高分解能で検出できるカメラ．ラインセンサのため，2次元画像を撮影するために走査が必要である．

米粒食味計（rice grain taste analyzer）： 近赤外分光法により玄米，白米などの味に関係する成分（水分，タンパク質，脂肪酸，アミロース）を測定し，食味値を100点満点で測定する装置．

飼養標準（feeding standard）： 乳牛を飼養するのに必要な栄養素の種類や量を示したもの．日本飼養標準や米国のNRC飼養標準がある．

瞳孔反射（pupillary reflex）： 瞳孔を散大させたり収縮させたりする反応のことを指し，通常色や光の反射を指すものではない．

自発摂餌（demand feeding）： 水産生物を養殖する場合，飼育者が餌の量や給餌時間を決めるのでなく，魚自身が餌の量および食べる時間を決めて摂餌すること．

第7章

サニャック効果（Sagnac effect）： 光ファイバジャイロスコープなどの回転する円形光路において，同じ入り口から入射した光が互いに反対方向に進むとき，回転により出口までの経路差が生じて到達時間に差が生じることを指す．

アッカーマン・ジャント操舵方式（Ackermann-Jeantaud steering geometry）： 旋回時に左右の前輪の向きを同じ角度だけ変える方式をアッカーマン操舵方式と呼ぶ．しかし，これでは左右のタイヤの旋回中心が異なるために円滑な旋回ができないので，旋回時に左右の前輪の操舵角を変えて，タイヤが同一の旋回中心になる方式をアッカーマン・ジャント操舵方式と呼ぶ．

横滑り角（side slip angle）： 車輪の進行方向と回転面（車輪が向いている方向）がなす角を車輪の横滑り角と呼ぶ．また，車体の進行方向と前後方向がなす角を車体の横滑り角と呼ぶ．

コーナリングフォース（cornering force）： 車輪の進行方向に対して直角方向に路面からタイヤに作用する力．横滑りがない場合は，横力と等しい．

ハフ変換（hough transform）： 画像中の特徴抽出法の1つとして，直線を抽出するために，直線 $r = x\cos\theta + y\sin\theta$ を表すパラメータの r と θ を決定する方法．

自由度（degree of freedom）： ロボットが自由に動かせる方向を表す数．

マシンビジョン（machine vision）： カメラなどを用いて，対象物の認識，位置決め，計測，および検査などを行う機械の目．

色温度（color temperature）： ある光源が発している光の色成分を，黒体を加熱したときの色と比較し，同じ光の色成分となるときの黒体の温度を指す．K（ケルビン）という単位で表す．

固体撮像素子（solid state image sensor）： フォトダイオードなどの半導体を用いてIC化された光電変換素子で，主としてCCD型とMOS型に分けられる．

濃度値（gray level）： 画像において各画素が有する明るさを指し，8ビットの場合，0～255の値をとる．

可視領域（visible region）： 380～780 nm付近の光を指す．

近紫外領域（near ultraviolet region）： 200～380 nm付近の光線を指し，さらにUVA（315～400 nm），UVB（280～315 nm），UVC（100～280 nm）に分けられることもある．

近赤外領域（near infrared region）： 780～2,500 nmの光線を指す．

ステレオ画像法（stereo vision）： 2台のカメラを用いて異なる地点から画像入力を行い，その視差によりカメラから対象物までの距離を知る方法．

光切断法（light cut method）： 別名，スリット光切断法と呼ばれる．スリット光が物体を走査して，3次元形状をカメラ画像から解析する方法．

光束遮断（luminous flux interception）： フォトダイオードと受光素子列の間に存在する物体の位置情報を得る方法である．

搾乳速度（milking speed）： 毎分搾乳量（kg/min）で表す．搾乳開始1分で最大に達し，搾乳の経過とともに低下する．また乳牛の泌乳能力，搾乳の機器や手順によっても速度は異なる．

第8章

高輝度放電灯（high intensity discharge lamp）： 発光管の両端にある電極間で発生する放電作用によって放出された電子が，内部に封入された水銀原子やナトリウム原子，金属ハロゲン化物に衝突し発光するランプのこと．封入されるガスにより，高圧水銀ランプ，高圧ナトリウムランプ，メタルハライドランプなどがある．

放射照度（irradiance）： 光源からある方向に向かって発する放射束を，その立体角分で割ったもので，単位立体角に含まれるエネルギーを表す．単位はワット毎ステラジアン（W/sr）．

短波放射・長波放射（short wave radiation/long wave radiation）： 放射のうち波長が200～3,000 nmの範囲を短波放射，3,000 nm～80 μmを長波放射という．短波放射は太陽放射，長波放射は地球放射とも呼ばれる．

層流・乱流（laminar flow/turbulent flow）： 流体が，隣り合う部分と混合されることなく規則正しく流線上を運動している流れのことを層流，渦が生じて不規則に運動している流れのことを乱流という．層流と乱流はレイノルズ数で分けることができ，遷移が起こるレイノルズ数を臨界レイノルズ数という．

電気伝導度（electric conductivity, EC）： 養液中あるいは土壌中に存在するさまざまな物質の総イオン濃度を表す．肥料成分はイオン化した状態で植物に吸収されるため，電気伝導度によって肥料濃度の評価を行う．

溶存酸素（dissolved oxygen）： 養液中（水中）に溶解している分子状の酸素，あるいは酸素濃度のこと．水温が高くなるほど溶けにくくなるが，植物の根の呼吸による酸素消費量は水温が高くなるほど活発になるので，夜温が高くなる夏季に酸素不足になりやすい．

ATP（adenosine triphosphate）： アデノシン二リン酸（ADP）にリン酸が結合したもので，リン酸を放出するときにエネルギーを発生する．生物体内で行われている生合成，呼吸，能動輸送など，あらゆる反応のエネルギー源となっている．

クロロフィル（chlorophyll）： 光合成反応において，光エネルギーを効率的に吸収して化学エネルギーに変換する色素で，光合成の中心的な役割を果たしている．クロロフィルa，b，c，d，fなどがあるが，多くの高等植物はクロロフィルaとbを含んでいる．

第9章

籾・玄米・精白米（rough rice/brown rice/white rice）： 籾を籾すりして玄米としたときの籾すり歩留（玄米/籾×100）はおよそ80％であり，玄米を搗

精したときの搗精歩留（精白米/玄米×100）はおよそ90％である．わが国の米の生産量の概数は，籾では1,000万t，玄米では800万t，精白米では720万tである．米の生産量や消費量の統計数値などを見るときに，それが籾の値か，玄米の値か，精白米の値かを注意する必要がある．日本では玄米貯蔵・玄米流通の制度なので，米に関する多くの数値が玄米の質量で表される場合が多い．一方，世界では籾貯蔵・精白米流通なので，米に関する数値が籾または精白米の質量で表される場合が多い．

共乾施設（cooperative grain drying processing (storing) facility）：米の共同乾燥調製（貯蔵）施設を省略して，共乾施設と呼ぶ．共乾施設には，乾燥後の籾をただちに籾すりして玄米を出荷するライスセンターと，乾燥後の籾をサイロやビンで籾貯蔵し，貯蔵後に籾すりして玄米を出荷するカントリーエレベーターとがある．

サイロ・ビン（silo/bin）：穀物をバラの状態で短期間または長期間貯蔵する円柱または四角柱の容器がサイロやビンである．一般に，サイロはその直径よりも高さが大きく，ビンは直径よりも高さが小さい．サイロは数百〜千t程度，ビンは数十〜数百tの貯蔵能力である．サイロやビンは数基から数十基を一体化して建設する場合が多く，全体の貯蔵能力は数百〜数十万tとなる．わが国のカントリーエレベーターのサイロやビンは多くが鋼板製であり，輸入穀物を貯蔵する港湾サイロはコンクリート製が多い．

米の品質仕分け（grading rice quality）：共乾施設に搬入された米は従来から品種ごとに仕分けして乾燥調製を行っており，異なる品種を混合することはない．品種仕分けに加えて，1999年から北海道で品質仕分けが導入された．これは，共乾施設で米のタンパク質含量を迅速簡便に測定する近赤外分光技術が普及してきたからである．この米の品質仕分けは北海道から全国に拡大してきている．

近赤外分光法（near-infrared spectroscopy）：物質の官能基が特定の波長の電磁波と共振してエネルギーを吸収することを利用し，特定の物質の濃度を測定するのが分光分析法である．近赤外光領域（波長が760 nm付近から2,500 nmまで）の電磁波を利用する方法を近赤外分光法と呼ぶ．測定対象物（例えば農産物や食品）を破壊することなくそのままの状態で測定することが可能であるため，非破壊分析法とも呼ばれる．

共同選果施設（cooperative grading facility）：果実や野菜の生産地域において生産者が共同で導入する選別施設で，主として農協などが運営・管理しており，そのデータをもとに生産者への営農指導，消費者のためのトレーサビリティデータを扱う．共同で購入するため，政府の補助金を導入することも多い．

分光器（spectrometer, spectroscope）：光をスペクトルに分解する装置で，通常，プリズム，回折格子，干渉計などを用いる．

非破壊検査装置（nondestructive inspection device）：近赤外線，可視光線，X線などのような電磁波，あるいは音波などを用いて，対象物を破壊することなく検出する装置のことを指す．

Brixメータ（Brix meter）：果実などの糖度を計測する装置で，果汁が糖度によって屈折率が異なることを利用している．

トレーサビリティ（traceability）：生産物の流通経路について，生産から消費に至るまでの情報が閲覧でき追跡可能な状態およびその仕組みを指し，リスク管理に利用可能である．特に農産物では，牛肉や米および米の加工品にトレーサビリティが義務化されている．

第10章

基質特異性（substrate specificity）：ある酵素が特定の基質構造を識別し，その基質に対してのみ高い反応特異性を示すこと．そのような酵素反応は基質特異的であるという．

トランスデューサー（transducer）：ある種類のエネルギーを別のものに変える装置を指す．センサ素子で得た物理量を電気信号に変える装置や機器，素子などの総称を意味する．

クロマトグラフィー（chromatography）：混合物から特定の物質を分離・精製する方法の1つで，食品中の農薬や添加物などの分析に用いられている．固体に対する吸着性や異なる液相に対する溶解度の違いなどを使用して分離する方式で，分離に用いる担体や移動相の種類により，ガスクロマトグラフィー，液体クロマトグラフィー，薄層クロマトグラフィー，ペーパークロマトグラフィーなどがある．

解離定数（dissociation constant, K_D）：解離反応における平衡定数を意味し，会合のしやすさを表

す値.平衡状態における受容体とリガンドそれぞれの濃度と,それらの複合体である生成物質の濃度比で表される.K_Dが小さい物質ほど,受容体に強く結合していることになるため,分子間の相互作用を表す指標としても用いられ,反応性を評価する場合の重要なパラメータである.

変性(denaturation): タンパク質や核酸が熱・薬品などの作用により,結合の切断を伴わずにその高次構造に変化を起こして生物的活性を失うこと.可逆的なものと非可逆的なものがある.

生物化学的酸素要求量(biochemical oxygen demand, BOD): 水質汚染の指標となる数値で,水中の微生物が有機物を分解するために必要とする酸素濃度.単位は一般的にmg/lで表され,この数値が大きくなれば,水質が汚濁していることを意味する.

章末問題解答

第1章

1. 消費者の生活様式の変化により，食生活が洋風化してきた．昔は主食として米を食べていたが，パンやパスタなどを食べる人が増えてきた．パンやパスタはほとんどが輸入小麦でつくられている．また，家畜飼料もほとんどが輸入に依存しており，このようなことからカロリーベースの自給率が40％程度にまで低下している．

2. 人間にとって農作業は比較的重労働であった．農業機械を使用することにより，労働強度を低減し労働生産性を向上させることができた．また農作業の精度や質がよくなり，土地生産性が向上した．さらに適期作業が実現でき，農産物の収量と品質が向上した．

3. 日本で動力を利用した稲作用農業機械が開発されたのは明治の終わりごろで，第二次世界大戦までは定置式の機械であった．その後，耕うん機や田植機，バインダが開発され，圃場内での機械化作業体系が確立された．さらに，乗用トラクタや乗用田植機，自脱コンバインが開発され普及し，機械の大型化と作業能率の向上が進んだ．

4. 水田で栽培される作物は，光合成や蒸発散によって光や熱を吸収し，気温を下げる働きがある上，水面からの蒸発により気候の変動を緩和する．また，大気中の有毒ガスや亜硫酸ガス，二酸化窒素なども吸収し，炭酸ガスを吸収して酸素を発生させるだけでなく，大気汚染物質の無害化にも寄与している．

5. 栄養機能，感覚機能，生体調整機能

第2章

1. 生物由来燃料は再生可能なエネルギー源であり，その燃料を燃焼させても地表の循環炭素量を増やさないため，環境に与える負荷が低い点が長所である．その反面，現時点では生物由来燃料を生産するために使用されるエネルギー（主に化石燃料）と生産されるエネルギーのバランス（エネルギー収支）が悪く，環境負荷を与えることになっている．また，バイオエタノールやバイオディーゼルの原料となる作物は，食料や食用油原料と競合することが大きな問題である．

2. 実際に得られるパワー P_e は，

$$P_e = \frac{1}{2}\rho C_P A V^3 = \frac{1}{2} \times 1.22 \times 0.4 \times 0.27 \times 5^3 = 8.235 \text{(W)}$$

となる．

3. 与えられた数値をディーゼルサイクルの熱効率の式に代入すると，

$$\eta_d = 1 - \frac{1}{16^{0.35}}\left\{\frac{1.8^{1.35}-1}{1.35(1.8-1)}\right\} = 1 - 0.379 \times \frac{1.211}{1.08}$$
$$= 0.575$$

より，熱効率は57.5％となる．

4. シリンダ内には一定量の理想気体が存在するものとして，気体の状態方程式より

$$\frac{P_1 V_1}{T_1} = \frac{P_2 V_2}{T_2} = \frac{P_3 V_3}{T_3} = \frac{P_4 V_4}{T_4} \tag{A.1}$$

サイクルの圧縮（1→2）および膨張（3→4）は断熱的に行なわれるから，

$$P_1 V_1^\kappa = P_2 V_2^\kappa, \quad P_3 V_3^\kappa = P_4 V_4^\kappa \tag{A.2}$$

(A.2) 式を圧縮比 ε を用いてまとめなおすと，

$$\frac{P_2}{P_1} = \frac{P_3}{P_4} = \left(\frac{V_1}{V_2}\right)^\kappa = \varepsilon^\kappa$$

(A.1) 式より，T_2，T_4 について，

$$T_2 = T_1 \frac{P_2 V_2}{P_1 V_1} = T_1\left(\frac{P_2}{P_1}\right)\left(\frac{V_2}{V_1}\right) = T_1 \varepsilon^\kappa \frac{1}{\varepsilon} = T_1 \varepsilon^{\kappa-1} \tag{A.3}$$

$$T_4 = T_3 \frac{P_4 V_4}{P_3 V_3} = T_3\left(\frac{P_4}{P_3}\right)\left(\frac{V_4}{V_3}\right) = T_3 \varepsilon^{-\kappa}\varepsilon = T_3 \varepsilon^{1-\kappa} \tag{A.4}$$

(A.3)，(A.4) 式より，

$$\frac{T_3}{T_2} = \frac{T_4\left(\frac{1}{\varepsilon^{1-\kappa}}\right)}{T_1 \varepsilon^{\kappa-1}} = \frac{T_4 \varepsilon^{\kappa-1}}{T_1 \varepsilon^{\kappa-1}} = \frac{T_4}{T_1}$$

気体の質量を m として，供給熱量と排出熱量は同じ定容比熱を用いると，

供給熱量： $q_1 = mC_v(T_3 - T_2)$

排出熱量： $q_2 = mC_v(T_4 - T_1)$

以上より，熱効率は

$$\eta_0 = \frac{q_1 - q_2}{q_1} = 1 - \frac{q_2}{q_1} = 1 - \frac{T_4 - T_1}{T_3 - T_2} = 1 - \frac{T_1(T_4/T_1 - 1)}{T_2(T_3/T_2 - 1)}$$

$$= 1 - \frac{T_1}{T_2} = 1 - \frac{1}{\varepsilon^{\kappa-1}}$$

となることが確認される．

第3章

1. 研削式精米機は，米粒の表面を金剛砂ロール（砥石）で削り，糠層や胚芽を切削除去する精米機である．摩擦式精米機は，精米機内の米粒に圧力をかけ，米粒どうしの摩擦により糠層や胚芽を剥離除去する精米機である．多くの精米工場では，研削式精米機1台と摩擦式精米機2または3台を直列に配置し搗精を行う．

2. 田植機の植付け条数が多くなると，同時に移植する条数が多くなるため水田を往復する回数を減らすことができる．また，枕地旋回する場合に回転半径が大きくてもよいため操縦が容易になる．最終的に枕地部分の田植えをする場合に，1行程分の作業ですませることができる．

3. 刈取部は，作物を引き起こしながら，穀稈を挟んで株元を刈り刃で切断する．搬送部は，刈り取られた刈稈を挟んで穂先を脱穀部に供給する．脱穀部は，穂先のみをこぎ胴で脱穀する．選別部は，受け網を通った穀粒を揺動選別，ふるい選別，風選別によって単粒，穂切れ粒，枝梗付着粒およびチャフなどに分ける．穀粒貯留部は，選別された穀粒を貯める．排わら処理部は，脱穀された後のわらを束ねたり，細かく切断して圃場に落とす．

4. 走行速度3.6 km/h は換算すると1.0 m/s である．したがって滑り率 i は，

$$i = \left(1 - \frac{V}{r\omega}\right) \times 100 = \left(1 - \frac{1.0}{0.75 \times 2.6}\right) \times 100$$

$$= \left(1 - \frac{1.0}{1.95}\right) \times 100 = 48.7 \ (\%)$$

5. (a) 走行速度： エンジン出力軸回転数 N_e が 1,500 rpm であるから，後輪駆動軸の回転数 N_d は，減速比 i_n を用いて以下のように求められる．

$$N_d = \frac{N_e}{i_n} = \frac{1,500}{60} = 25 \ (\text{rpm})$$

よって走行速度 V は，滑りが無視できることから，

$$V = r\omega = r \times 2\pi N_d/60 = \frac{1.24}{2} \times 2\pi \times 25 \times \frac{1}{60} = 1.62 (\text{m/s})$$

(b) 推進力： エンジン出力軸トルク T_e が 50 Nm のとき，後輪駆動軸トルク T_d は，

$T_d = T_e i_n = 50 \times 60 = 3,000 \ (\text{Nm})$

よって，後輪の推進力 H は，

$$H = \frac{T_d}{r} = \frac{3,000}{1.24/2} = 4,839 \ (\text{N})$$

第4章

1. トラクタの進行方向に向かって，①左のロアリンク，②右のロアリンク，③トップリンクの順番である．PTOを利用する作業機の場合は，最後にユニバーサルジョイントを取り付ける．作業機を取り外す場合は，取り付けの順番と逆になる．

2. 発土板プラウは土壌の反転を目的とした耕起作業機であり，前作の残渣物や雑草などを下層に，休んでいた下層土を表層に移動させることができる．耕深は30 cmと深く，バレイショやテンサイなど地下に生育する作物の増収効果が期待できる長所がある．しかし，けん引力が大きいために大型トラクタを必要とし，消費するエネルギーも大きい．また，耕盤を形成するなどの欠点がある．

3. リバーシブルプラウは，左右にれき土を反転できるため，ワンウェイプラウのように口開け耕法の必要がなく，外返しや内返し耕法を必要としない．圃場の端から連続的に作業ができることから，デッドファロやバックファロもなく，圃場全体が平坦になり，枕地での旋回距離も少なく作業能率が高い．また，等高線作業が可能で，傾斜地での土壌流亡を防げるなどの長所がある．しかし，発土板を上下に回転させる機構が必要であり，機体重量も大きく価格も高く，また大型トラクタを必要とするなどの欠点がある．

4. ブームノズル全体の毎分散布量は $q = 1.8 \times 60 = 108 \ (l/\text{min})$ であり，散布幅は $w = 0.3 \times 60 = 18 \ (\text{m})$ である．ここで，10 a あたりの散布量を $Q = 100 \ (l/10 \ \text{a})$，作業速度を $v \ (\text{m/s})$ とすると，$Q = 1,000/(v \times w) \times q/60$ と表される．したがって，$v = (1,000/w) \times q/(60 \times Q) = (1,000/18) \times 108/(60 \times 100) = 1.0 \ (\text{m/s})$

となる.

5. 自脱コンバインは，刈稈の下部をフィードチェーンで挟持して脱穀部に搬送し，穂先だけをこぎ室に供給して脱穀するのに対して，普通コンバインは刈稈のすべてをこぎ室に供給して脱穀する構造である．したがって，自脱コンバインは稲や麦類に限定されるが，普通コンバインは対応する穀物が多い．

6. バレイショ栽培は，発土板プラウ，ディスクハロー，ロータリハローによる耕うん砕土整地作業に始まり，ポテトプランタによって播種作業を行う．管理作業は，カルチベータによって複数回中耕除草を行うとともに，整形培土機によって培土作業を行う．また，病害虫の被害を防ぐため，ブームスプレーヤによって6〜10回程度農薬散布を行う．収穫は，ポテトハーベスタで茎葉を処理しながら土中から芋を堀上げ，コンテナに収納して出荷する．

7. 北海道の小麦は，秋にバレイショを収穫した後に，プラウやコンビネーションハローで耕うん砕土した圃場にグレーンドリルで播種される．播種後，ブームスプレーヤによって除草剤散布や冬枯れ防除が行われ，越冬する．翌春にブロードキャスタで追肥作業を行い，ブームスプレーヤによる防除が数回行われる．7月下旬に大型の普通コンバインで一気に収穫され，乾燥施設に運ばれて乾燥調製される．

8. 10 a = 1,000 m² であるから，株数は $1,000/(0.2 \times 0.6) = 8,333.3$（株），すなわち，種子数は $8,333.3 \times 2 = 16,666$（粒）となる．

第5章

1. 牧草を乾草として収穫し家畜に給餌することは酪農の基本である．しかし，わが国は降雨が多く，また多湿であるために，天日乾燥のみで長期貯蔵に耐える水分に調整することは極めて困難である．一般に乾草として調整する場合，晴天日が3日間連続することが必要であるが，天候的に困難である．また日中乾燥した牧草は，そのまま夜間も広げておくと吸湿して品質が低下することから集草され，翌朝また拡散が行われる．このように，拡散と集草を繰り返すとエネルギーを消費するばかりか，栄養価が高いマメ科牧草の葉を落としてしまうなどの問題が生じる．

2. 1.8 ha = 18,000 m² であるから，理論圃場作業時間は $t_0 = 18,000/(2.5 \times 2.0) = 3,600$（s）となる．しかし，刈り残しがないように重複作業をするため，作業時間は多くなり，$t_1 = t_0/0.9 = 4,000$（s）となる．

また，実際の圃場作業では枕地旋回などの空転時間が生じるため，圃場効率が80%のとき，圃場作業時間は $T = 4,000/0.8 = 5,000$（s），すなわち1時間23分20秒となる．

さらに圃場作業量 C は，$C = 1.8/(5,000/3,600) = 1.296$（ha/h）となる．

3. イネ科牧草： オーチャードグラス，チモシー，イタリアンライグラスなど

マメ科牧草： アルファルファ，シロクローバ，アカクローバなど

飼料作物： トウモロコシ，ソルガム，大麦，稲など

サイレージ調整の注意点： 原料の水分，嫌気性，糖含量，乾物密度（踏圧）

4. タワーサイロ： コンクリート，ブロック，スチールでつくられた円筒形のサイロ．

バンカーサイロ： 平地にコンクリート製の床と2.4〜4.2 m の側壁を設けて，ホイールローダなどで十分に踏圧しながら，詰め込む．大規模経営においてはタワーサイロよりも経済的．

5. 直線刃（牧草用），鎌刃（デントコーン用）

6. つなぎ飼い牛舎： 1頭ごとに繋留する方式で，対尻式と対頭式がある．個体別の飼養管理がしやすい．

フリーストール牛舎： 乳牛は舎内を自由に移動して，飼料の採食や休息をする．また舎内には1頭が休息できるストール床が複数列配置されている．群単位による省力的な飼養管理により多頭化が可能．

7. 搾乳終了後1時間以内に10℃まで，2時間以内に4℃まで冷却，2回目の搾乳時に投入された生乳による温度上昇が10℃を超えないこと．

8. パラレルパーラ（またはサイドバイサイドパーラ）

9. エンドレスチェーン式，シャトルストローク式

第6章

1. 肥料の可変量散布システムをブロック線図で例示すると図A.1のようになる．

2. 収量（単位面積あたりの穀物収穫量）y は次式で得られる．

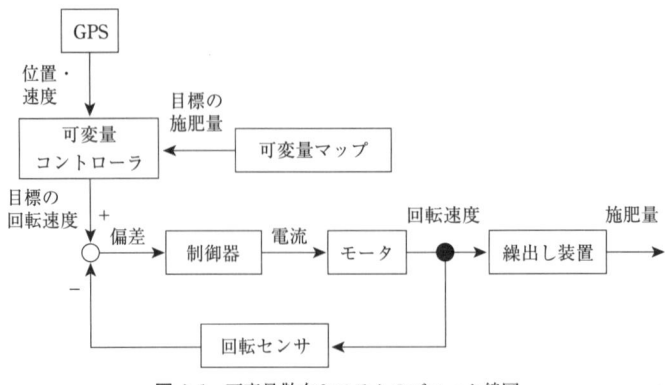

図 A.1 可変量散布システムのブロック線図

$$y = \frac{\int_{t_1}^{t_1+1} \rho(t)\,dt}{wv}$$

ただし，コンバインの刈り幅を w (m)，速度を v (m/s)，時刻 $t=t_1$ から1秒後までに収量センサで検出した穀粒流量を $\rho(t)$ (kg/s) とする．

さらに，水分センサで穀粒の平均水分 σ (％) を測定して乾物質量で収量 y_{dry} を求めると，

$$y_{dry} = \frac{100-\sigma}{100}y$$

となる．

3. 高品質な牛肉生産の方法： 繁殖農家から導入した血統のよい生後10か月程度の月齢の子牛に対して，ストレスを与えず，運動をさせず，高カロリーの給餌を行う．それに加えて，血中ビタミンA濃度を制御する給餌方法を採用する．

精密肥育を確立するための技術： 血中ビタミンA濃度をストレスを与えず計測する技術（モニタリング技術），1頭ずつの健康状態に基づき，適切に可変給餌する技術など．

4. 個体管理するための養殖魚の体積計測ならびに品質計測を行う技術，各養殖魚に適切な給餌を行う技術．さらには，これらに基づく精密養魚の概念．

5. 植物の葉に多く含まれるクロロフィルは波長400〜500 nm の青色光と波長620〜690 nm の赤色光を多く吸収し，波長500〜600 nm の緑色光の多くを反射する分光反射特性をもつ．このため葉に反射して人間の目に届く光は，緑色光を多く含むので緑色に見える．

6. 人工衛星，航空機，地上部からの撮影に分類される．撮影高度が高いほど広い範囲を効率よく撮影可能であるが，空間分解能は悪化する．人工衛星からの撮影は大気中の雲の影響を受けるが，航空機や地上部からの撮影はそれを避けることができ，撮影の自由度が高い．

7. 50頭/人・時

2台1組であるため，隣接する2頭の乳量が異なり搾乳時間に差がある，あるいは搬送装置の片側ユニットのみを使用する場合は能率が低下する．

8. 生年月日，個体（耳標）番号，産次，体重，乳量，乳脂率，分娩後日数，次回分娩予定日，治療記録など．

第7章

1. 米国のGPS，ロシアのGLONASS，欧州のGALILEO，日本の準天頂衛星（QZSS），中国の北斗衛星測位システム，インドのIRNSSなど

2. 時刻 t のときのビークルの位置 (x, y) と方位 ϕ は，

$$x = x_0 + V\int_0^t \sin(\beta+\phi)\,dt$$

$$y = y_0 + V\int_0^t \cos(\beta+\phi)\,dt$$

$$\phi = \phi_0 + \int_0^t \gamma\,dt$$

となる．ただし，ビークルの速度を V (m/s)，ヨー角速度を γ (rad/s)，横滑り角を β (rad)，時刻 $t=0$ のときのビークルの位置を (x_0, y_0)，方位を ϕ_0 とする．

3. 運動モデルは，

$$\dot{X} = AX + B\delta,$$

$$A = \begin{bmatrix} \dfrac{-2(k_f+k_r)}{mV} & \dfrac{-2(k_fl_f-k_rl_r)-mV^2}{mV} \\ \dfrac{-2(k_fl_f-k_rl_r)}{I} & \dfrac{-2(k_fl_f^2+k_rl_r^2)}{IV} \end{bmatrix}$$

$$B = \begin{bmatrix} \dfrac{2k_f}{mV} \\ \dfrac{2k_fl_f}{I} \end{bmatrix}, \quad X = \begin{bmatrix} \beta \\ \gamma \end{bmatrix}$$

となる.

4. 車載ネットワークの利用による長所: 配線数の削減とそれによる軽量化,分散処理による各 ECU の負担軽減など

車載ネットワークの利用による短所: 階層化と分散化によるシステムの複雑化

5. 自由度の数,関節の種類,リンク間長,オフセット長

6. 苗生産作業はセルトレイあるいは苗床などで行われ,その領域は直方体となる.マニピュレータのうち,最も簡単な構造であるものは直角座標型で,その作動領域は直方体となり,苗生産作業に適するため.

7. エンドエフェクタを交換することにより,複数の作業を行えるようにすること,および植物工場のように 1 年間に複数回の生産が行える環境で用いること.

8. キュウリの果実は,800〜850 nm 付近の近赤外領域で反射率が非常に高い(80%)が茎葉は 50% 程度である.一方 550 nm 付近では,逆に濃い緑色の果実は薄緑色の茎葉よりも反射率は低い.この特性を利用して,それらの 2 つの波長帯を比較する.

9. 長所: 搾乳ストールの訪問回数が増える.

短所: 牛群頭数が増えたとき待機時間が長くなり採食行動を阻害する.

10. 70.5 頭

搾乳可能頭数:

$$N_{\text{cow}} = \dfrac{3600 \times 2.4 \times 12 \times 22.8}{28 \times (2.4 \times 149 + 60 \times 12)} \times 0.9 = 70.5$$

第 8 章

1. 太陽光利用型植物工場は植物の光合成に基本的に太陽光を用いるものであり,すべての光合成を人工光で行う完全制御型に比較して照明のための電気代は安くなるが,1 段の栽培面しかとることができない.また,大きな土地が必要となるため,地価の安い郊外に設置される場合が多い.

一方,完全制御型植物工場は蛍光灯や LED などの管面からの放熱が小さい光源を用いることで多段化が可能となり,小さい土地でも多くの収量を得ることができ,大都市内の空きビルなど地価の高い所でも設置可能となっている.

2. lx は人間の目の比視感度を対象とした光強度の単位であり,人間にとってどれくらい明るいかということを示している.一方,PPFD は植物の光合成を対象とした評価方法で,光合成は PAR(400〜700 nm)領域の光量子量が重要であり,この数をモル数で表した PPFD が評価単位として用いられる.

3. 密植状態では,その中に位置する植物は周りの植物からの光の反射を多く受けることになる.植物は PAR 領域の光を多く吸収し,それ以上の波長領域(700 nm 以上)の光はほとんど反射する.したがって,密植されている植物は周りの植物から 700 nm 以上の光を多く受光することになる.植物の光受容体の 1 つであるフィトクロムは R 光と FR 光を受光することでその形態を変化させ,さまざまな生理反応に関係するが,FR 光を受光することによって活性型フィトクロム Pfr 型が減少し,伸長成長が促進される.

4. DIF とは温室の昼温から夜温を引いた数値のことで,ある植物ではこの値が大きくなると開花時の草丈が高くなり,小さくなると低くなる.昼温と夜温が同じ場合はゼロ DIF になるが,この場合には開花時の草丈は同じになる.また,開花までの時間は日平均気温(ADT)によって調節することができる.DIF と ADT は独立にコントロールすることができるので,これらの 2 つの値を調節しながら,出荷日に開花させて適切な草丈まで成長させることが可能となる.欧米では草丈調節技術の 1 つとして現場で利用されている.

5. 空気は粘性流体であるため,葉面境界層が生成されるが,この層は二酸化炭素や水蒸気などの分子や,熱などのエネルギー交換の抵抗となる.したがって,栽培環境としてはできるだけ葉面境界層を薄くしたほうがよい.一般に葉面境界層は風速が速いほど薄くなるため,温室や植物工場では植物の周囲に 0.5 m/s 程度の風速を発生させることがよいとされて

第9章

1. ライスセンターとは共同乾燥調製施設のことであり，カントリーエレベーターとは共同乾燥調製貯蔵施設のことである．ライスセンターは乾燥後の籾をただちに籾すりして玄米を出荷する．カントリーエレベーターは乾燥後の籾を籾貯蔵し，貯蔵後に籾すりして玄米を出荷する．

2. 乾燥後の米は水分が低いために $-80℃$ でも凍結しないことが確かめられている．米を低温で貯蔵すると，米自身の生理活性や酵素活性が抑制され，貯蔵中の品質劣化も抑えられ，新米に近い食味を保持できる．したがって，貯蔵中の温度が低ければ低いほど，米の高品質保持が可能である．

3. 農産物の選別は，農産物の物理特性（大きさ，長さ，質量，比重，密度，色）や化学特性（水分，糖質，タンパク質，脂質）などの違いを利用して行う．農産物の同じ特性に着目した同じ選別原理の選別を組み合わせて行っても，その選別効果には限界がある．異なる特性に着目して異なる原理の選別を組み合わせて行うことにより，その選別効果が向上する．

4. 炊飯前に精白米を洗米して水に浸漬した際，タンパク質は精白米の吸水を抑える働きをする．さらに加熱炊飯する際にタンパク質はデンプンが膨潤する（炊飯により米粒が膨らむ）ことを抑える働きをする．その結果，タンパク質が多いと米飯が硬くなり粘りが弱くなる傾向がある．日本人を含めた東アジアの人々は，適度に柔らかく粘りのある米飯を好む嗜好性が強く，タンパク質の少ない米の方が食味評価・品質ともによいとされる．

5. 近赤外分光器とマシンビジョン（カメラ）．近赤外分光器は果実の糖度，酸度などの内部品質を計測し，マシンビジョンは果実の色，寸法，形状および欠陥などの外観品質を計測する．

6. 荷受，一次選別，二次選別（外観検査と内部品質検査），仕分け，箱詰め，出荷

7. 階級とは寸法に基づく分類，等級とは品質に基づく分類である．

8. 生産者，圃場，品種，外観品質および内部品質，選果日，使用機械番号など，および薬剤散布，施肥などの農作業記録などのうち，管理者が定めたもの

第10章

1. 半導体（ガス）センサは，目的のガス（例えば塩素や硫化水素など）が吸着することによる電気伝導度の変化を電気信号として出力する半導体素子を分子識別素子に用いている．一方でバイオセンサは生体分子のもつ特異性を利用しているため，分子識別素子には抗体などの生体高分子を利用し，特定の物質のみに選択的に応答してその濃度に比例した電気信号を出力する点が異なる．

2. 特定の化学物質を検出する化学センサは，高選択性と高感度を大きな特徴とするセンサであるが，味覚をセンシングするにはすべての味物質に対応したセンサを用意する必要があるため，現実的ではない．

3. 呼吸活性測定型は，微生物を固定化した膜にガス透過性膜と酸素電極で構成された酸素センサを取り付けることで，微生物の呼吸量を電気信号として検出する方式である．つまり，検出目的の有機物を資化する微生物をセンサとして用いることで，微生物近傍の酸素濃度が減少し，その変化を酸素電極の電流値の差として測定すると有機物の有無や量の検出が可能となる．

一方，電極活物質測定型は，微生物が代謝生成するアルコール，アミノ酸，水素，二酸化炭素といった電極活物質を検出する方式である．検出目的の有機化合物を含有する溶液中に挿入すると，有機化合物がゲル膜中の微生物に資化されて電極活物質が生成され，得られる電流値は拡散してきた電極活物質に比例する．つまり，測定対象の有機化合物濃度を電流値として計測することで有機物の有無や量を検出する．

索　引

欧　文

ADT（平均気温）（average daily temperature）　116
ASTM（American Society for Testing Materials）　14
ATP（adenosine triphosphate）　112
Brix メータ（Brix meter）　137
CAN（controller area network）　87
CCD（charge coupled device）　93, 135
CEC（cation exchange capacity）　66
CO_2 飽和点（carbon dioxide saturation point）　116
C マウント（C mount）　94
DFT（湛液水耕）（deep flow technique）　111
DIF（昼夜間温度差）（difference between day and night temperature）　115
EC（electric conductivity）　66
ECU（electric control unit）　87
E-nose（electric nose）　140
FR 光（far red light）　114
F 値（F number）　94
GALILEO　83
GLONASS（global navigation satellite system）　83
GNSS（global navigation satellite system）　83
GPS（global positioning system）　83
GPS コンパス（GPS compass）　85
HMT（hydraulic mechanical transmission）　28
HSI（hue/saturation/lightness）　136
IC タグ（integrated circuit tag）　78
ISOBUS　87
K 値（K value）　145
L*a*b*　136
MEMS（micro electromechanical systems）　84, 141
MOS（metal oxide semiconductor）　93, 135
NADPH（nicotinamide adenine dinucleotide phosphate）　112
NFT（薄膜水耕）（nutrient film technique）　111
OECD テストコード（OECD test code）　34
RFID（radio frequency identification）　78, 138
R 光（red light）　114
TDN（total digestible nutrients）　55
TMR（total mixed ration）　54
UXGA（ultra extended graphics array）　93
VGA（video graphics array）　93
WGS84（world geodetic system 1984）　83
XGA（extended graphics array）　135
X 線カメラ（X-ray camera）　137

ア　行

脚型（legged type）　96

アッカーマン・ジャント操舵方式（Ackermann-Jeantaud steering geometry）　86
アッカーマン理論（Ackermann steering geometry）　29
圧縮（compression）　18
圧縮比（compression ratio）　20
アップカット法（up-cut）　40
アブレスト（abreast）　61
アミロース含量（amylose content）　129
アラゴの円盤（Arago's rotations）　19
アルファルファ（alfalfa）　53
安全キャブ（safety cab）　8, 29
安全フレーム（safety frame）　8, 29

生簀（fish cage）　79
意志決定支援システム（decision making support system）　65
移植栽培（transplanting culture）　25
移植ロボット（transplanting robot）　97
一次エネルギー（primary energy）　13
一次機能（primary function）　10
一次耕（primary tillage）　38
一次選別（first step grading）　133
位置制御（position control）　29, 39
遺伝子組換え作物の封じ込め（containment of a genetically-engineered plant）　119
色温度（color temperature）　93
インターレース（interlace）　94
インデントシリンダ型選別機（indented cylinder separator）　127
インペラ式籾すり機（impeller-type huller）　125

植込みフォーク（planting folk）　30
植付け爪（planting finger）　29
浮苗（floating seedling）　31
運搬車（carry car）　49

衛星コンステレーション（satellite constellation）　83
永年性作物（perennial crop）　49
栄養補助食品（nutritional supplement）　11
液化石油ガス（liquefied petroleum gas, LPG）　14
液状肥料（liquid fertilizer）　68
エコ作　119
枝肉（dressed carcass）　76
エチル・ターシャリ・ブチル・エーテル（ethyl tertiary-butyl ether, ETBE）　15
エネルギー代謝率（relative metabolic rate, R. M. R.）　5
円形度係数（circularity factor）　136
遠赤外線乾燥機（far-infrared radiation dryer）　124

円筒座標型マニピュレータ（cylindrical coordinate manipulator）89
エンドエフェクタ（end-effector）92
円板プラウ（disk plow）38

往復耕法（return plowing）39
大型精米工場（large scale milling plant）130
オットーサイクル（Otto cycle）21
オフセット長（offset length）92

カ 行

加圧水型（pressurized water reactor, PWR）15
外観計測（appearance measument）135
回転関節（rotational joint）89
回転目皿（seed plate）42
解離速度定数（dissociation rate constant）142
解離定数（dissociation constant, K_D）142
化学センサ（chemical sensor）144
化学肥料（chemical fertilizer）41
かご形誘導モータ（squirrel-cage indution motor）19
下死点（bottom dead center, BDC）18
可視領域（visible region）93
化石燃料（fossil fuel）13
画像処理技術（image processing technology）137
ガソリン機関（gasoline engine）21
型枠苗（plug seedling）43
カーフハッチ（calf hutch）59
株間（hill space）31
株間除草機（intra-row weeder）44
可変コントロール（variable control）69
可変量作業技術（variable-rate application technology, VRT）68
カム軸（camshaft）18
亀岡プラント　117
渦流室（swirl chamber）21
カルチパッカ（culti-packer）41
カルチベータ（row crop cultivator）44
灌漑（irrigation）7
乾球温度（drybulb temperature）109
環境負荷（impact to environment）65
慣性計測装置（inertia measurement unit, IMU）87
完全制御型（fully artificial light-type）105
完全養殖（complete aquaculture）79
乾草収穫体系（hay harvesting system）52
カントリーエレベーター（country elevator）123
ガントリシステム（gantry system）96
乾籾（dried rough rice）122
機械化作業体系（consistent power farming systems）7
機械利用経費（machinery cost）8
気化器（carburetor）22
基幹作物（basic crops）37
気孔開度（stomata opening）116
基質特異性（substrate specificity）140
機能性食品（functional food）10
機能性成分（functional component）148
吸気ポート（intake port）19
給餌機（feeder）57

給餌養殖（feeding aquaculture）79
吸着パッド（suction pad）99
吸入（intake）18
牛乳配管（ミルクパイプライン）（milk pipeline）61
吸・排気弁（intake/exhaust valve）18
牛房（pen）59
境界層抵抗（boundary layer resistance）110
共乾施設（共同乾燥調製（貯蔵）施設）（cooperative grain drying processing (storing) facility）122
強制換気（forced ventilation）58
共同選果施設（cooperative grading facility）132
極座標型マニピュレータ（polar coordinate manipulator）91
近紫外領域（near ultraviolet region）93
近赤外内部品質センサ（near infrared internal quality sensor）132
近赤外分光器（near-infrared spectrometer）135
近赤外分光法（near-infrared spectroscopy）130
近赤外分析計（near-infrared spectrometer）129
近赤外領域（near infrared region）93

空間分解能（spatial resolution）70
空間変動（spatial variability, spatial variation）65
空気室（air chamber）45
空燃比（air-fuel ratio, AFR）22
空冷エンジン（air-cooled engine）18
クチクラ層（cuticular layer）95
駆動作業（PTO-driven work）29
クラウドゲート（crowd gate）62
クランク軸（crankshaft）18
クリプトクロム（cryptochrome）114
グレーンタンク（grain tank）32
グレーンドリル（grain drill）43
黒毛和種（Japanese black cattle）76
クロマトグラフィー（chromatography）140
クロロフィル（chlorophyll）70, 113

経営耕地（operating cultivated land）3
経営面積（farm acreage）9
蛍光画像（fluorescent image）136
蛍光灯（fluorescent lamp）107
傾斜地用コンバイン（hill side combine）47
結合速度定数（association rate constant）142
結合定数（coupling constant, K_A）142
血中ビタミンA濃度（serum vitamin A）77
けん引効率（tractive efficiency）34
けん引作業（tractive work）29
けん引出力（drawbar power）34
けん引力（drawbar pull, net traction）34
けん引力制御（draft control）39
懸架式TMR自動給餌機（suspended automatic TMR feeder）75
研削式精米機（abrasive type mill）130
ケンブリッジローラ（cambrigde roller）41
玄米（brown rice, husked rice）25, 122
玄米精選別（brown rice fine cleaning）127
玄米貯蔵（brown rice storage）126

合（単位） 152
耕うん（tillage） 25
耕うん爪（tillage tine） 40
高輝度放電灯（high intensity discharge lamp） 105, 107
工芸作物（industrial crop） 36
光合成作用スペクトル（photosynthetic action spectra） 113
光合成有効光量子束密度（photosynthetically photon flux density, PPFD） 107
光合成有効放射（photosynthetically active radiation, PAR） 107
耕作放棄地（idle agricultural land） 3
酵素（enzyme） 140
光束遮断（luminous flux interception） 101
抗体（antibody） 142
耕盤（plough pan） 30
高付加価値化（high added value） 119
交流電動機（AC motor） 19
固液分離機（solid liquid separator） 63
呼吸活性（respiratory activity） 147
石（単位） 152
穀粒損失（grain loss） 47
穀粒判別器（rice segregator） 129
個体管理（individual manegement） 77
固体撮像素子（solid state image sensor） 93
個体識別番号（individual identification number） 76
固定費（fixed cost） 8
コーナリングパワー（cornering power） 86
コーナリングフォース（cornering force） 86
ゴム履帯（rubber track） 33
米トレーサビリティ（rice traceablity） 131
転がり半径（rolling radius） 34
転び苗（turn-downed seedling） 31
混合制御（mixed control） 29, 39
コントラクタ（農作業受託組織）（agricultural contractors） 54
コンパクトベーラ（compact baler, rectangular baler） 53
コンビネーションハロー（縦軸回転形ハロー）（combination harrow） 40
コンピュータグラフィックス（computer graphics） 73
コンプリートフィード（complete feed） 54
コーンベールサイレージ体系（shredded corn wrapping bale silage system） 55

サ 行

細菌数（bacterial count） 145
最小耕うん（minimum tillage） 39
最大径（maximum length） 136
最大けん引出力試験（performance test for maximum drawbar power） 34
彩度（saturation） 136
サイドドライブ（side-driven） 40
サイレージ（silage） 55
サイレージカッタ（silage cutter） 57
サイレージ収穫体系（silage harvesting system） 52
サイロ（silo） 55, 123
サイロアンローダ（silo unloader） 56
作業能率（rate of work） 32

搾乳速度（milking speed） 102
搾乳ユニット（milking unti） 61
搾乳ユニット搬送装置（automatic transport equipment for milking unit） 58, 74
搾乳ロボット（milking robot） 100
雑草防除（weed control） 26
差動装置（differential） 28
作動領域（operational space） 89
サニタリートラップ（sanitary trap） 60
サニャック効果（Sagnac effect） 84
サバテサイクル（複合サイクル）（Sabathé cycle (mixed cycle)） 20
サブウェイ野菜ラボ 119
サブソイラ（subsoiler） 39
三次機能（tertiary function） 10
三相誘導電動機（three-phase induction motor） 19
3点リンクヒッチ（three-point hitch） 28
散播（broadcasting） 42

直播栽培（direct sowing culture） 25
色彩選別機（color sorter） 127
色相（hue） 136
色度（chromaticity） 136
軸出力（brake power） 22
軸流（axial flow） 47
自己着火（self-ignition） 20
脂質膜（lipid membrane） 144
自然エネルギー（renewable energy） 16
自脱コンバイン（head-feeding combine） 31
湿球温度（wetbulb temperature） 109
湿度（humidity） 116
自動操向（automatic steering） 33
自動脱穀機（automatic thresher） 31
自動品質検査システム（automatic quality inspection system） 129
自動哺乳装置（哺乳ロボット）（automatic calf feeder） 59
自動離脱装置（automatic cluster removal, ACR） 62
自発摂餌システム（demand feeding system） 79
ジベレリン（gibberellin） 114
脂肪交雑（beef marbling standard, BMS） 76
死亡事故（fatal accident） 8
締切比（cutoff ratio） 20
湿り空気線図（psychrometric chart） 109
ジャイロスコープ（gyroscope） 84
シャッタースピード（shutter speed） 94
車輪型（wheel type） 96
収穫ロボット（harvesting robot） 98
自由度（degree of freedom） 89
収量センサ（grain yield sensor） 72
収量モニタリング（grain yield monitoring） 72
主動力取出軸性能試験（performance test for main power take-off） 35
受乳容器（レシーバー）（receiver） 61
循環式乾燥機（circulation drier） 123
準天頂衛星（quasi zenith satellite system, QZSS） 83
升（単位） 152
常温貯蔵（environment-temperature storage） 126
条間（row space） 31

蒸散（transpiration）109
上死点（top dead center, TDC）18
焦点距離（focal length）94
照度（illuminance）106
条播（drilling）42
飼養標準（feeding standard）75
乗用型機械（riding type machine）7
植生指数（vegetation index, VI）70
植物工場（plant factory）104
食料自給率（food self-sufficiency）4
　　——，カロリーベースの（calory basis food self-sufficiency）4
　　——，生産額ベースの（production value basis food self-sufficiency）4
ショ糖（sucrose）137
シリンダ（cylinder）18
シリンダ型カッタ（cylinder type cutter）58
真空計（vacuum gauge）60
真空タンク（vacuum tank, buffer tank）60
真空配管（エアーパイプライン）（air pipeline）60
真空播種機（精密播種機）（pneumatic seeder）42
真空ポンプ（vacuum pump）60
針状比（ratio of maximum length and width）136

水晶発振子マイクロバランス（quartz-crystal microbalance, QCM）149
垂直多関節マニピュレータ（vertically articulated manipulator）92
水分センサ（moisture sensor）73
水平多関節（SCARA）マニピュレータ（selective compliance assembly robot arm manipulator）91
水冷エンジン（water-cooled engine）18
スタックサイロ（stack silo）56
ステータ（stator）19
ステレオ画像法（stereo vision）94, 99
ストロマ（stroma）113
スパイクハロー（spike tooth harrow）40
スピードスプレーヤ（speed sprayer）49
スプリングハロー（spring tooth harrow）40
滑り率（slip, travel reduction）34
スラリー（slurry）63
スラリーインジェクタ（slurry injector）42
スロットルバルブ（throttle valve）22

畝（単位）152
生育診断（growth diagnosis）65, 69
青果物選果施設（fresh fruit grading facility）132
正規化植生指数（normalized difference vegetation index, NDVI）70
青色光（blue light）115
静置式乾燥機（flat bed drier）123
静電容量式水分センサ（electric capacitor type moisture sensor）73
制動装置（brake）29
精白米（milled rice, white rice, white milled rice）122
生物化学的酸素要求量（biochemical oxygen demand, BOD）148
精密飼養管理システム（precision herd management software）75
精密畜産（precision livestock）77
精密農業（precision agriculture）8, 65
精密肥育（precision fattening）77
精密養魚（precision aquaculture）79
静油圧トランスミッション（hydrostatic transmission, HST）32
整流子（commutator）20
整粒割合（sound whole kernel rate）129
絶対湿度（absolute humidity）110
接地圧（ground pressure）33
施肥（fertilizer application）26
選果・パッキングロボット（fruit grading and packing robot）99
専業農家（full-time farmer）1
センタドライブ（center driven）40
せん断力（shearing force）34
鮮度（freshness）145
選別制御装置（grading control device）33
全量測定式（whole mass measurement type）72

ソイルコンディショニング方式（soil conditioning and seed potato）45
ソイルブロック苗（soil block seedling）43
総合施肥点播機（fertilizer seeder）42
走行抵抗（motion resistance）34
総収入（gross income）9
相対湿度（relative humidity）110
層流（laminer flow）109
側条施肥機（fertilizing machine for side dressing）30
粗飼料（roughage）52
組成分析計（可視光分析計）（rice component analyser（visible light analyser））128
損益分岐点（ak-even point）9
損傷粒（damage grain）47

タ　行

第一種兼業農家（first grade part-time farmer）1
対角幅（breadth）136
第二種兼業農家（second grade part-time farmer）1
タイヤ（tire）33
太陽光利用型（sunlight-type）105
太陽電池（solar cell）16
対流による熱伝達（convective heat transfer）109
田植機（rice transplanter）29
ダウンカット法（down-cut）40
脱窒（denitrification）10
脱ぷ率（hulling rate）125
タワーサイロ（tower silo）56
反（単位）152
単相誘導電動機（single-phase induction motor）19
タンデム（tandem）62
単独測位（point positioning）84
ダンパ（dumper）133
タンパク質含量（protein content）129
タンパク質センサ（protein sensor）73
短波放射（short wave radiation）109

地磁気方位センサ (geomagnetic direction sensor, GDS) 84
チゼルプラウ (chisel plow) 38
昼間温度 (day temperature, DT) 115
チューブ式サイロ (tube silo) 56
町 (単位) 152
調圧器 (regulator) 60
調圧弁 (pressure regulator) 45
調速機 (governor) 18
超低温貯蔵 (super-low-temperature storage) 124
長波放射 (long wave radiation) 109
直接噴射 (direct injection) 21
直動関節 (prismatic joint) 89
チョークバルブ (choke valve) 22
直流 (tangential flow) 47
直流電動機 (DC motor) 19
直角座標型マニピュレータ (cartesian coordinate manipulator) 89, 97
チョッパミル (chopper mill) 58
チラコイド (thylakoid) 113
地理情報システム (geographic information system, GIS) 73

2サイクル機関 (two-stroke cycle engine) 18
土浦グリーンハウス 118
つなぎ飼い牛舎 (stall barn) 58
坪 (単位) 152
坪刈り (crop estimate by unit aceage sampling) 72

定圧サイクル (constant-pressure cycle) 20
定圧比熱 (specific heat at constant pressure) 20
低温貯蔵 (low-temperature storage) 126
抵抗制御 (draft control) 29
ディスクハロー (円板ハロー) (disk harrow) 39
ディーゼル機関 (diesel engine) 20
ディーゼルサイクル (diesel cycle) 20
ティートカップ (teat cup) 59
ディファレンシャルGPS (differential GPS, DGPS) 84
定容比熱 (specific heat at constant volume) 20
摘採機 (plucking machine) 50
テッダレーキ (tedder rake) 53
デパレタイザ (depaletizer) 133
デパレタイジング (depaletizing) 133
デフロック (locking differential) 29
点火コイル (ignition coil) 22
点火装置 (ignition system) 22
点火プラグ (ignition plug) 22
電気抵抗式水分センサ (electric resistance type moisture sensor) 73
電気伝導度 (electric conductivity, EC) 111
電極活物質 (electrode active material) 147
電磁波 (electro-magnetic wave) 69
電池点火 (battery-operated ignition) 22
点播 (hill planting, dibbling) 42
点播機 (planter) 42
テンパリング乾燥 (間欠乾燥) (tempering drying (intermittent drying)) 123

斗 (単位) 152
等価円直径 (equivalent circle diameter) 136
等高線マップ (contour map) 74
瞳孔反射 (pupillary reflex) 77
糖酸計 (sugar acid meter) 134
動物福祉 (animal welfare) 78
動力取出軸 (power take-off shaft, PTO軸) 28
動力噴霧器 (power sprayer) 45
特定保健用食品 (food for specified health use, FOSHU) 148
土壌診断 (soil diagnosis) 66
土壌センシング (soil sensing) 66
土壌反射スペクトル (soil reflectance spectrum) 67
土壌マップ (map of soil parameters) 68
土中貫入部 (soil penetrator) 67
土地利用率 (rate of land utilization) 3
ドップラ速度計 (Doppler speed sensor) 85
トマト果房収穫ロボット (tomato cluster harvesting robot) 98
トラクタ (tractor) 27
トランスデューサー (transducer) 140
トリゴン (trigon) 62
ドリフト (漂流飛散) (spray drift) 45
トリメチルアミン (trimethylamine, TMA) 145
トルクライズ特性 (torque rise characteristics) 23
トレーサビリティ (traceability) 78, 137

ナ 行

内燃機関 (internal combustion engine) 6, 18
苗生産ロボット (seddling production robot) 97
ナガイモプラウ方式 (chinese yam plow) 48
生籾 (raw rough rice, undried rough rice) 122

荷受 (receiving) 133
肉質等級 (quality grade) 76
二酸化炭素 (carbon dioxide) 116
二次機能 (secondary function) 10
二次耕 (secondary tillage) 38
二次選別 (second step grading) 133
2値画像 (binary image) 99

糠 (bran) 122

熱効率 (thermal efficiency) 20
熱風乾燥機 (heated air dryer) 124
燃焼室 (combustion chamber) 20
燃料消費率 (specific fuel consumption) 23
燃料噴射ノズル (fuel injection nozzle) 20
燃料噴射ポンプ (fuel injection pump) 20

農機具 (agricultural implement) 7
農業機械 (agricultural machinery) 6
農業総産出額 (gross agricultural production) 36
濃厚飼料 (concentrate) 55
農作業 (farm work) 5
農作業強度 (agricutral work intensity) 6
農産機械 (agricultural processing machinery) 6
濃度値 (gray level) 93

ノッキング（knocking） 14

ハ 行

バイオエタノール（bioethanol） 15
バイオガス（biogas） 16
バイオセンサ（biosensor） 140
バイオディーゼル（biodiesel） 15
バイオマス（biomass） 13
排気（exhaust） 18
排気ポート（exhaust port） 19
排水（drainage） 7
バイナリーサイクル（binary cycle） 17
ハイパースペクトカメラ（hyperspectral camera） 71
ハイラグタイヤ（high-lug tire） 33
バインダ（binder） 26
白米（milled rice, white rice, white milled rice） 25
バーコードリーダ（barcode reader） 137
発光ダイオード（light-emitting diode, LED） 108
発酵茶（fermented tea） 50
発土板プラウ（moldboard plow, bottom plow） 38
ハフ変換（hough transform） 88
パラレル（parallel） 62
バルククーラ（牛乳冷却タンク）（bulk cooler） 61
パルセータ（pulsator） 60
バンカーサイロ（bunker silo） 56
バーンクリーナ（barn cleaner） 63
バーンスクレーパ（barn scraper） 63
反応特異性（reaction specificity） 140
半発酵茶（half fermented tea） 50
ハンマミル（hammer mill） 58

避陰反応（shade-avoidance syndrome） 114
光形態形成（photomorphogenesis） 114
光切断法（light cut method） 101
比重選別機（gravity separator） 127
ピストン（piston） 18
ビート移植機（beet transplanter） 42
ビートタッパ（beet topper） 47
ビートハーベスタ（beet harvester） 47
比熱比（specific heat ratio） 20
非破壊検査技術（nondestructive inspection technology） 137
非破壊検査装置（nondestructive inspection device） 135
俵（単位） 152
病害虫防除（disease and pest control） 26
表面プラズモン共鳴（surface plasmon resonance, SPR） 150
ビン（bin） 123
ビーンカッタ（bean cutter） 48
品質仕分け（quality grading） 129

ファイアゾーン（fire zone） 55
フィードグラインダ（feed grinder） 58
フィトクロム（phytochrome） 114
フィードチェーン（feed chain） 31
風力選別機（wind separator） 127
4サイクル機関（four-stroke cycle engine） 18
フォトトロピン（phototropin） 114

フォーレージハーベスタ（forage harvester） 54
負荷運転試験（test of load operation） 23
複合養殖（composite aquaculture, compound aquaculture） 79
複雑度（complexity） 136
不耕起栽培（no-till farming, direct planting） 39
普通コンバイン（conventional combine） 47
沸騰水型（boiling water reactor, BWR） 15
歩留まり等級（yield grade） 76
不発酵茶（unfermented tea） 50
ブームスプレーヤ（boom sprayer） 45
プラウ耕体系（plow tillage system） 38
ブラシ（brush） 20
フリーストール牛舎（free stall barn） 58
フリーバーン（free barn） 58
プログレッシブタイプ（progressive type） 94
ブロードキャスタ（broadcaster） 41
分光器（spectrometer, spectroscope） 136
分光反射（spectral reflectance） 94
分光反射特性（spectral reflection characteristics） 70
噴霧耕（spraying culture） 112
噴霧ノズル（spray nozzle） 45, 112

ヘイキューブ（hay cube） 54
ヘイテッダ（hay tedder） 53
ヘイベーラ（hay baler） 53
米粒食味計（rice grain taste analyzer） 73
ヘイレーキ（hay rake） 53
ベジタス 118
ペーパーポット苗（paper pot type seedling） 43
ヘリンボーン（herringbone） 62
ベールカッタ（bale cutter） 58
変性（denaturation） 142
変動費（variable cost） 8

ホイール型カッタ（flywheel type cutter） 58
飽差（vapor pressure deficit） 110
放射照度（irradiance） 108
膨張（expansion） 18
飽和水蒸気圧（saturated vapor pressure） 110
歩行型機械（walking type machine） 7
ポジティブリスト制度（positive list system for agricultural chemical residues in foods） 45
圃場機械（farm machinery） 6
圃場情報マッピング（field informantion mapping） 65
ポストディッピング（postdipping） 62
ポストハーベスト農薬（postharvest chemicals） 126
ポテトディガ（potato digger） 47
ポテトハーベスタ（potato harvester） 47
ポテトプランタ（potato planter） 42
ポンプ（pump） 63

マ 行

前処理（preprocessing） 133
マグネト点火（magneto ignition） 22
枕地（headland） 31
摩擦式精米機（friction type mill） 130
摩擦力（frictional force） 34

索　引

マシンビジョン（machine vision）　93
マット苗（mat seedling）　29
マニピュレータ（manipulator）　89
マニュアスプレッダ（堆肥散布機）（manure spreader）　41
マルチスペクトルカメラ（multispectral camera）　70
マルチング（mulching）　44
回刈り（round harvest）　88

ミカエリス定数（Michaelis constant, K_m）　141
ミカエリス-メンテン式（Michaelis–Menten kinetics）　141
味覚（taste）　143
見かけの推進力（gross traction, thrust）　34
水管理（water management）　26
密閉型遺伝子組換え植物工場（closed-type GM-plant factory）　119
ミルキングパーラ（搾乳室）（milking parlor）　61
ミルクポンプ（milk pump）　61

無給餌養殖（aquaculture without artificial feeding）　79
無洗米（rinse-free rice）　130

明所標準比視感度（photopic spectral luminous efficiency）　106
明度（intensity）　136
メタン発酵（methane fermentation）　68
メタン発酵消化液（methane fermented digested sludge）　68

モーア（mower）　52
モーアコンディショナ（mower conditioner）　53
モノコック構造（monocoque structure）　29
籾（rough rice）　122
籾殻燃焼乾燥機（husk burner dryer）　124
籾すり歩留（hulling yield）　125
籾精選別システム（rough rice fine cleaning system）　127
籾貯蔵（rough rice storage）　124

ヤ　行

夜間温度（night temperature, NT）　115

油圧昇降装置（hydraulic lifting system）　28
有機肥料（organic fertilizer）　41
有用物質（useful substance）　119

養殖業（aquaculture industry）　79
溶存酸素（dissolved oxygen）　111
揺動選別機（oscillating tray-type paddy separator）　127
葉面境界層（leaf boundary layer）　110
葉緑体（クロロプラスト）（chloroplast）　113
横滑り角（side slip angle）　86

予措（pre-treatment）　7
予燃焼室（precombustion chamber）　21
四輪駆動（four-wheel drive）　27

ラ　行

ライスセンター（rice center）　123
ライナスリップ（liner slip）　61
ライムソーワ（lime sower）　41
ラグ（lug）　29
乱流（turbulent flow）　109

リアルタイムキネマティク GPS（real-time kinematic GPS, RTK–GPS）　84
リアルタイム土壌センサ（real-time soil sensor, RTSS）　67
履帯（crawler, track belt）　33
履帯（クローラ）型（crawler type）　96
リバーシブルプラウ（reversible plow）　39
リモートセンシング（remote sensing）　69
粒厚選別機（thickness grader）　127
流量測定式（grain flowrate measurement type）　72
リンク間長（link length）　92
輪作（crop rotation）　36

ルミノール（luminol）　147

冷陰極型蛍光灯（cold cathode fluorescent lamp, CCFL）　108
レーザレンジファインダ（laser range finder）　85
レシプロモーア（reciprocating mower）　53
レール型（rail type）　96
連作（continuous cropping）　36
連続定格出力（continuous rated power）　22

労働生産性（labor productivity）　6
労働代謝（work metabolism）　6
ロータ（rotor）　19
ロータリ（稲作）（rotary）　26
ロータリ（畜産）（rotary）　62
ロータリカルチベータ（rotary cultivator）　44
ロータリ耕体系（rotary tillage system）　38
ロータリハロー（rotary harrow）　40
ロータリヒラー方式（rotary hiller）　45
ロータリプラウ（rotary plow）　38
ロータリモーア（rotary mower）　52
ロックウール耕（rockwool culture）　111
ロール式籾すり機（roll-type huller）　125
ロールベーラ（round baler）　53
ロールベールラッパ（round bale wrapper）　54

ワ　行

和すき（japanese plow）　38

編著者略歴

近藤　直
1984年　京都大学大学院農学研究科
　　　　修士課程修了
現　在　京都大学大学院農学研究科
　　　　教授
　　　　農学博士

清水　浩
1986年　京都大学大学院農学研究科
　　　　修士課程修了
現　在　京都大学大学院農学研究科
　　　　教授
　　　　博士（農学）

中嶋　洋
1981年　京都大学大学院農学研究科
　　　　修士課程修了
現　在　京都大学大学院農学研究科
　　　　准教授
　　　　農学博士

飯田訓久
1991年　京都大学大学院農学研究科
　　　　修士課程修了
現　在　京都大学大学院農学研究科
　　　　教授
　　　　博士（農学）

小川雄一
1997年　岡山大学大学院農学研究科
　　　　修士課程修了
現　在　京都大学大学院農学研究科
　　　　准教授
　　　　博士（農学）

生物生産工学概論
―これからの農業を支える工学技術―　　　　定価はカバーに表示

2012年9月30日　初版第1刷
2022年2月10日　　　第6刷

編著者　近　藤　　　直
　　　　清　水　　　浩
　　　　中　嶋　　　洋
　　　　飯　田　訓　久
　　　　小　川　雄　一
発行者　朝　倉　誠　造
発行所　株式会社 朝倉書店
　　　　東京都新宿区新小川町 6-29
　　　　郵便番号　162-8707
　　　　電　話　03(3260)0141
　　　　FAX　03(3260)0180
　　　　http://www.asakura.co.jp

〈検印省略〉

ⓒ 2012〈無断複写・転載を禁ず〉　　　　Printed in Korea

ISBN 978-4-254-44028-7　C 3061

JCOPY　〈出版者著作権管理機構 委託出版物〉

本書の無断複写は著作権法上での例外を除き禁じられています．複写される場合は，
そのつど事前に，出版者著作権管理機構（電話 03-5244-5088, FAX 03-5244-5089,
e-mail: info@jcopy.or.jp）の許諾を得てください．

日大 瀬尾康久・前東大 岡本嗣男編 **農業機械システム学** 44020-1 C3061　A5判 216頁 本体4300円	生産効率と環境調和という視点をもちつつ、コンピュータ制御などの先端技術も解説。〔内容〕緒論／エネルギーと動力システム／トラクタ／耕うんと整地／栽培／管理作業／収穫後調整加工施設／畜産機械と施設／農業機械のメカトロニクス
前東農大 長野敏英・東大 大政謙次編 **新農業気象・環境学** 44025-6 C3061　A5判 224頁 本体4600円	学際的広がりをもち重要性を増々強めている農業気象・環境学の基礎テキスト。好評の86年版を全面改訂。〔内容〕気候と農業／地球環境問題と農林生態系／耕地の微気象／環境と植物反応／農業気象災害／施設の環境調節／グリーンアメニティ
京大 稲村達也編著 **栽培システム学** 40014-4 C3061　A5判 208頁 本体3800円	農業の形態は、自然条件や生産技術、社会条件など多数の要因によって規定されている。本書はそうした複雑系である営農システムを幅広い視点から解説し、体系的な理解へと導く。アジア各地の興味深い実例も数多く紹介。
古在豊樹・後藤英司・富士原和宏編著 **最新施設園芸学** 41026-6 C3061　A5判 248頁 本体4500円	好評のテキスト「新施設園芸学」の全面改訂版。園芸作物の環境応答に関する基本を解説するとともに、近年めざましい学術的・技術的発展も紹介。〔内容〕緒論／園芸植物の特性／園芸施設の環境調節／栽培管理／新領域（園芸療法、宇宙農場他）
東大 相良泰行編 食の科学ライブラリー1 **食の先端科学** 43521-4 C3361　A5判 180頁 本体4000円	〔内容〕形や色の識別／近赤外分光による製造管理／味と香りの感性計測／インスタント化技術／膜利用のソフト技術／超臨界流体の応用／凍結促進物質と新技術／殺菌と解凍の高圧技術／核磁気共鳴画像法によるモニタリング／固化状態の利用
水間 豊・上原孝吉・萬田正治・矢野秀雄編 **最新畜産学** 45015-6 C3061　A5判 264頁 本体4800円	環境や家畜福祉など今日的問題にもふれた新しい教科書。〔内容〕畜産と畜産学／日本の畜産／家畜と家畜の品種／畜産物の生産と利用／繁殖／家畜の栄養と飼料／草地と放牧／家畜の管理と畜舎／畜産と環境問題／人間と動物の共生／付表
前東農大 今西英雄編著 見てわかる農学シリーズ2 **園芸学入門** 40542-2 C3361　B5判 168頁 本体3600円	園芸学（概論）の平易なテキスト。図表を豊富に駆使し、「見やすく」「わかりやすい」構成をこころがけた。〔内容〕序論／園芸作物の種類と分類／形態／育種／繁殖／発育の生理／生育環境と栽培管理／施設園芸／園芸生産物の利用と流通
龍谷大 大門弘幸編著 見てわかる農学シリーズ3 **作物学概論**（第2版） 40548-4 C3361　B5判 208頁 本体3800円	作物学の平易なテキストの改訂版。図や写真を多数カラーで収録し、コラムや用語解説も含め「見やすく」「わかりやすい」構成とした。〔内容〕総論（作物の起源／成長と生理／栽培管理と環境保全）、各論（イネ／ムギ／雑穀／マメ／イモ）／他
前東大 田付貞洋・元筑波大 生井兵治編 **農学とは何か** 40024-3 C3061　B5判 192頁 本体3200円	人の生活の根本にかかわる学問でありながら、具体的な内容はあまり知らない人も多い「農学」。日本の農学をリードしてきた第一線の研究者達が、「農学とは何をする学問か？」「農学と実際の『農』はどう繋がっているのか？」を丁寧に解説する。
東京農業大学「現代農学概論」編集委員会編 シリーズ〈農学リテラシー〉 **現代農学概論** ―農のこころで社会をデザインする― 40561-3 C3361　A5判 248頁 本体3600円	食料問題・環境問題・エネルギー問題・人口問題といった、複雑にからみあう現実の課題を解決し、持続的な社会を構築するために、現代の農学は何ができるか、どう拡大・進化を続けているかを概説したテキスト。農学全体を俯瞰し枠組を解説。
食品総合研究所編 **食品技術総合事典** 43098-1 C3561　B5判 616頁 本体23000円	生活習慣病、食品の安全性、食料自給率など山積する食に関する問題への解決を示唆。〔内容〕I．健康の維持・増進のための技術（食品の機能性の評価手法）、II．安全な食品を確保するための技術（有害生物の制御／有害物質の分析と制御／食品表示を保証する判別・検知技術）、III．食品産業を支える加工技術（先端加工技術／流通技術／分析・評価技術）、IV．食品産業を支えるバイオテクノロジー（食品微生物の改良／酵素利用・食品素材開発／代謝機能利用・制御技術／先進的基盤技術）

上記価格（税別）は 2022年 1月現在